高分光学遥感卫星在轨几何定标方法及应用

王 密 皮英冬 杨 博 曹金山 著

科学出版社

北京

内 容 简 介

本书主要介绍高分辨率光学遥感卫星系统在轨几何定标方法及应用，重点围绕卫星在轨几何定标(场地定标与自主定标)的理论基础、数学模型、技术方法和应用效果进行了梳理和介绍，全书共 8 章，综合介绍近20 年来国内外高分辨率光学遥感卫星在轨几何定标的技术发展现状和发展趋势，围绕高分辨率光学遥感卫星成像链路系统性几何误差精确补偿的关键问题，重点介绍高分辨率光学遥感卫星在轨几何定标基础、高分辨率光学遥感卫星在轨几何定标模型构建、基于地面定标场的光学遥感卫星在轨几何定标方法、线阵成像卫星载荷在轨自主几何定标方法、面阵成像卫星载荷在轨自主几何定标方法、光学遥感卫星对天成像在轨几何定标方法，以及在轨几何定标软件系统及工程应用。

本书可供摄影测量与遥感、地球空间信息、航空航天等学科领域和高分辨率光学遥感卫星应用领域的科研人员、技术开发人员和管理人员等阅读参考，也可作为对地观测领域硕士和博士研究生的参考书。

图书在版编目（CIP）数据

高分光学遥感卫星在轨几何定标方法及应用 / 王密等著. -- 北京：科学出版社，2025.2
　　ISBN 978-7-03-076914-5

Ⅰ. ①高… Ⅱ. ①王… Ⅲ. ①高分辨率－遥感卫星－定位法－研究 Ⅳ. ①P228.1

中国国家版本馆 CIP 数据核字(2023)第 216676 号

责任编辑：闫　悦 / 责任校对：胡小洁
责任印制：师艳茹 / 封面设计：蓝正设计

科学出版社 出版
北京东黄城根北街 16 号
邮政编码：100717
http://www.sciencep.com

保定市中画美凯印刷有限公司印刷
科学出版社发行　各地新华书店经销

*

2025 年 2 月第 一 版　开本：720×1 000　1/16
2025 年 2 月第一次印刷　印张：14　插页：2
字数：281 000
定价：139.00 元
（如有印装质量问题，我社负责调换）

前　言

　　卫星遥感具有覆盖范围广、成像速度快、不受地域限制等优势，在国家经济建设、国防安全和全球战略中发挥着重要应用价值。近10年来，随着全球航天科技的高速发展，高分辨率光学遥感卫星已成为对地观测系统最重要的组成部分。美国的地球眼（GeoEye）系列、世界观测（WorldView）系列，法国的普莱雅（Pleiades）系列，中国的资源系列、高分系列、遥感系列等国内外高分辨率光学卫星相继成功发射，卫星影像最高空间分辨率突破0.3m，为全球对地观测提供高质量的数据产品，推动卫星遥感对地观测向精细化、全球化和智能化快速发展。

　　随着空间分辨率的不断提升，光学卫星影像的清晰度和解析能力不断增强，影像细节信息愈加丰富。在卫星影像"看得清"的基础上，如何使其"测得准"则成为充分发挥高分辨率光学遥感卫星应用性能和潜力的关键问题。例如，在国防安全领域中，利用光学卫星影像获取高精度的地理空间信息，构建高精度的战场环境，实现远程精确打击和提升打击效果评估的准确性；在国民经济建设领域中，利用高精度光学卫星影像进行地形图的测绘、全球地理信息资源的建设与更新，以及资源环境的准确调查等。在这些诸多应用中，卫星影像的几何精度直接决定了其获取地理空间信息的准确性，进而决定其应用效果。此外，在卫星遥感数据地面和在轨处理中，几何精度对于保障其数据处理质量、降低处理复杂度、减少处理成本也起到关键作用。例如，全色影像的几何纠正、多光谱影像的配准、影像的匹配、立体像对的区域网平差等处理环节，其处理质量、复杂度以及成本很大程度上取决于其影像的原始几何精度。然而，由于受到卫星发射和运行过程中不可避免的热学与力学等因素以及必要的相机镜头调焦等操作影响，卫星在地面实验室标定的几何成像参数较在轨实际参数存在较大误差而无法适用。因此，利用在轨获取的影像对光学遥感卫星进行几何定标，获取其精确的几何成像参数，是高分辨率光学遥感卫星影像高精度几何处理的关键。

　　纵观国际上先进的光学遥感卫星，在轨几何定标服务于卫星系统的整个生命周期，持续消除卫星成像系统的系统性几何误差，以提高卫星影像产品的外部绝对与内部相对几何精度。然而，长期以来，国外相关组织和机构所发表的文献中大多仅对定标结果进行了介绍，但可供参考的相关的定标模型和方法资料少之又少。面向发展国产光学遥感卫星系统、掌握自主可控的卫星对地观测能力的重大需求，我国科研人员经过十余年的技术攻关，建立了适用于国产光学遥感卫星在轨几何定标技术体系，并在近年针对一些高分辨率卫星的自主几何定标技术进行探索性研究与应用。

在此背景下，本书作者及研究团队结合多年来从事高分辨率光学遥感卫星在轨几何定标模型算法研究成果和软件系统研制经验，系统地对该技术的理论基础、数学模型、技术方法和应用效果进行梳理和介绍，包括高分辨率光学遥感卫星在轨几何定标基础、基于成像链路几何误差分析的在轨几何定标模型构建、基于地面定标场的光学遥感卫星在轨几何定标方法、线阵成像光学卫星载荷在轨自主几何定标方法、面阵成像光学卫星载荷在轨自主几何定标方法、光学遥感卫星对天成像几何定标方法以及在轨几何定标软件系统及工程应用。

本书是作者及研究团队十余年来从事国产光学遥感卫星在轨几何定标处理和系统研制工作的总结，同时也吸收了本领域国内外同行的研究成果和经验。感谢项目组的戴荣凡、赵简平等博士生，吴一宁、舒斌等硕士生对本书的写作、修改和完善所做的大量工作。

本书的出版得到了国家自然基金项目（项目编号：42192583，42201479）的资助，在此表示感谢！

限于作者的专业范围和水平，书中难免存在不当之处，敬请读者批评指正。

作　者

2024 年 7 月

目　　录

彩图

第 1 章 绪　　论

近年来，随着世界航天科技的快速发展，高分辨率光学遥感卫星已成为高分辨率对地观测系统中最重要的组成部分。位置信息是高分辨率卫星遥感影像承载所有信息的空间基准，几何定位精度是衡量高分辨率光学遥感卫星系统先进性和应用效能的核心指标。然而，由于卫星发射和运行过程中不可避免的热学与力学等环境因素的改变以及卫星在轨运行后必要的相机镜头调焦等操作，使得卫星发射前地面标定的成像几何参数较在轨实际状态存在较大误差而无法适用。因此，利用在轨获取的遥感影像对光学遥感卫星进行几何定标，获取成像系统精确的成像参数，是高分辨率光学卫星影像高精度几何定位的关键。

结合卫星在轨几何定标背景与需求，本章将首先对高分辨率光学遥感卫星及载荷的发展现状和趋势进行总结和分析；然后，在此基础上介绍近 20 年来国内外在高分辨率光学遥感卫星在轨几何定标技术的发展和应用情况，并展望未来的发展趋势；最后，概述本书的主要内容和组织结构。

1.1　高分辨率光学遥感卫星系统的发展

1.1.1　高分辨率光学遥感卫星

自 1972 年第一颗陆地卫星 Landsat-1 发射至今，航天遥感技术取得了长足的进步，截至 2020 年 9 月，全球共有 824 颗遥感卫星在轨运行，其中，美国有 462 颗，中国有 182 颗，形成了面向不同需求、不同任务的多层次空间对地观测系统。美国已建设了以高分辨率对地观测卫星世界观测（WorldView）系列、中分辨率对地观测卫星 Landsat 系列等为代表的光学遥感卫星体系，其卫星影像最高空间分辨率优于 0.3m，单天观测面积可达 300 万平方公里，并进一步利用 PlanetScope、RapidEye、SkySat 等小卫星星座实现全球实时监控服务；法国 SPOT 和普莱雅 Pleiades 系列组成卫星星座，实现了每天两次的重访能力；俄罗斯 Resurs-P 卫星、日本先进对地观测卫星（advance land observing satellite，ALOS）、印度 CartoSat 卫星相继发射，带来了巨大的军事与经济效益。从 2010 年高分辨率对地观测系统重大专项的启动实施起，经过十余年的发展，我国已形成了以天绘系列、资源系列和高分系列等为代表的光学遥感卫星体系，其卫星影像最高空间分辨率已优于 0.5m，光谱分辨率可达 5/10nm，通道数为 330 个，卫星机动能力显著提高，可实现敏捷动中成像，与国外先进卫星的差距正不断缩小。总体来说，全球光学遥感卫星正在不断向高空间分辨率、高光谱分辨率、高时间分辨率、多观测模式、小型敏捷等方向发展，正越来越多地在国防、资源调查、应急响应等领域扮演愈加重要的角色。

1. 国外高分辨率光学遥感卫星系统的研制

高分辨率光学遥感卫星的行业应用已成为国际潮流，美国、欧洲、以色列、印度、日本等主要航天大国(地区)纷纷推出了自己的高分辨率光学遥感卫星系统。美国和法国代表了当前高分辨率光学遥感卫星发展的最先进水平，引领光学遥感卫星不断向高空间分辨率、高光谱分辨率、高时间分辨率、多角度、小型敏捷等方向发展。

1)美国

美国在高分辨观测领域一直处于世界领跑地位，其在轨卫星数量最多、技术最为先进，在军用、民用、商用领域都有着广泛的应用(图 1-1)。1999 年美国发射伊科诺斯(IKONOS)卫星，空间分辨率为 1m，是世界上第一颗高分辨率商业卫星，利用卫星平台姿态机动能力实现同轨和异轨多角度立体成像。2001 年发射的快鸟(QuickBird)卫星采用三轴平台和载荷进行稳定一体化设计，搭载波尔(Ball)高分辨率相机，全色分辨率 0.61m/多光谱分辨率 2.44m，幅宽 16.8km。2008 年发射的 GeoEye-1 卫星由 SA-200HP 平台和新一代光学载荷组成，搭载有高精度姿态控制器，指向角精度 75″，姿态稳定度 0.007°/s，具备敏捷的姿态机动能力，全色分辨率 0.41m，多光谱分辨率 1.65m，幅宽 15.3km，平面定位精度 2.5m(CE90)，高程精度 3m(LE90)。

(a)IKONOS 卫星   (b)QuickBird 卫星   (c)GeoEye-1 卫星

图 1-1 美国早期商业遥感卫星[①]

美国数字地球公司发射的 WorldView 系列卫星是全球空间分辨率最高的对地观测商业遥感卫星，是美国 NextView 计划的重要组成部分。如图 1-2 所示，自

---

① 图来自网站 https://www.satimagingcorp.com/satellite-sensors

2007 年以来，WorldView 系列卫星已先后成功发射了 4 颗。其中，WorldView-1 能进行全色成像，无地面控制的定位精度为 3.5m；WorldView-2 将多光谱相机增加到了 8 个谱段；WorldView-3 是迄今为止空间分辨率最高的商业遥感卫星，可提供 0.31m 分辨率的全色、1.24m 分辨率的多光谱、3.7m 分辨率的短波红外和 30m 分辨率的云、气溶胶、水气、冰和雪(cloud, aerosol, water vapor, ice and snow, CAVIS)影像，平均回访时间不到 1 天，开创了更高级别清晰度的卫星影像时代；WorldView-4 可获取 0.31m 分辨率全色影像和 1.24m 分辨率多光谱影像，与 WorldView-3 卫星组成对地观测星座，实现协同对地观测。

图 1-2 美国 WorldView 系列卫星发展历程

WorldView 军团卫星星座是下一代光学遥感卫星星座，如图 1-3 所示，该星座采用 6 星组网，具备置换和升级能力，运行在 450km 的低轨道上，沿极地和中倾角轨道飞行在需求最大的地球区域内采集更多影像，以每天高达 15 次的重访频率，提供 0.29m 高空间分辨率和优于 1.5m 高定位精度的卫星遥感影像。

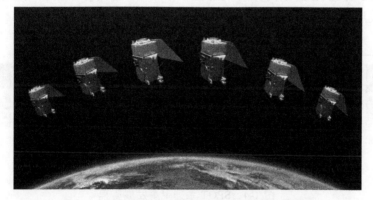

图 1-3 WorldView 军团卫星星座系统示意图[①]

星座将支持全天时的持续对地监测，并减少收集之间的窗口，从而实现更持

① 图来自网站 https://digitalglobal.in/

久的监控。这种覆盖增强了对紧急响应、海上监视、任务规划、基础设施和其他关键区域远程监控需求的支持，使我们能够前所未有地了解不断变化的地球。表 1-1 所示为 WorldView 军团卫星星座技术指标。

表 1-1　WorldView 军团卫星星座技术指标

指标	设计指标参数
轨道高度	450km
设计寿命	10 年
卫星重量	625kg
传感器波段	全色：450～800nm；多光谱：400～895nm
分辨率	全色：29cm；多光谱：1.16m
幅宽	星下点：9km
重访次数	15 次/天
采集能力	5000km^2/天

2）法国

自 1986 年法国发射首颗 SPOT 卫星以来，已经建成了 SPOT、Pleiades 等领先全球的高分辨率光学遥感卫星观测系统。SPOT-1/2/3 卫星可获取分辨率 10m 全色影像和分辨率 20m 多光谱影像，并可通过交向观测得到立体像对；SPOT-4 在此基础上增加了短波红外波段和宽视场植被探测仪。2002 年发射的 SPOT-5 卫星具备单线阵异轨立体成像和双线阵同轨立体成像能力。SPOT-6/7 双子卫星分别发射于 2012 年 9 月和 2014 年 6 月，可采用同轨前、后视立体或前、下、后视三视立体成像，可获取 1.5m 空间分辨率全色影像和 6m 空间分辨率多光谱影像。SPOT系列卫星发展历程如图 1-4 所示。

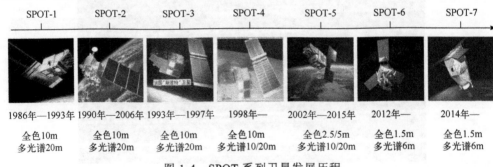

图 1-4　SPOT 系列卫星发展历程

Pleiades 双星观测星座是继 SPOT 系列后，法国国家空间研究中心发展的全球首个可提供每日重访的高分辨率光学遥感卫星星座。Pleiades-1A 卫星和Pleiades-1B 卫星分别发射于 2011 年 9 月和 2012 年 12 月，可获取 0.5m 分辨率的全色影像和 2.0m 分辨率的多光谱影像，具备快速机动与稳定控制能力，可短时间调整观测角度实现对不同目标观测，主要用于大面积区域测绘，以及矿业、工业、军事区域及自然灾害的监测等。

Pleiades Neo 星座(图 1-5)是由法国空中客车卫星公司研制的新一代光学遥感商业卫星，由 4 颗卫星组成，最高可实现每天 2 次重访拍摄，其中，Pleiades Neo 3/4 分别发射于 2021 年 4 月和 2021 年 8 月。2022 年 12 月 21 日，搭载 PleiadesNeo-5/6 等 2 颗遥感卫星的"织女星-C"运载火箭，从法属圭亚那库鲁航天发射场发射升空，但由于二级故障，无法提供足够的速度增量，发射任务失利。

图 1-5 Pleiades Neo 星座①

Pleiades Neo 星座可获取 0.3m 空间分辨率的全色影像和 1.2m 空间分辨率、6 波段的多光谱影像，为各种测绘应用提供单视、两视和三视立体影像。Pleiades Neo 星座有最快的反应速度和数据传输速度，可直接访问欧洲数据中继通信系统，即"太空数据高速公路(space data highway)"，给卫星提供最快的反应速度、最低的响应延迟和最大量的数据传输，每天高达 40TB 的数据可以实时传输到地球，再不需要像其他常规卫星一样经历几小时的延迟。表 1-2 所示为 Pleiades Neo 星座技术指标。

表 1-2 Pleiades Neo 星座技术指标

指标	设计指标参数
星座卫星数量	在轨 4 颗
分辨率	30 cm
轨道高度	620 km
成像模式	单视，两视、三视立体成像
设计寿命	10 年
量化位数	12 bit
覆盖范围	2000 km²/天
波段组合	深蓝、蓝、绿、红、红边、近红外、全色

① 图来自网站 https://earth.esa.int/eogateway/missions/pleiades

2. 国内高分辨率光学卫星遥感系统的发展

相对于美法等航天强国，我国高分辨率光学遥感卫星系统的研制和应用起步较晚。目前，具有代表性的高分辨率光学遥感主要为天绘、资源、高分等系列卫星以及部分商业遥感卫星。表 1-3 列出我国近十余年发射的部分高分辨率光学遥感卫星基本参数。

表 1-3 我国高分辨率光学遥感卫星基本参数

发射年月	卫星名称全称/简写	轨道高度/km	传感器类型	空间分辨率/m	成像幅宽/km
2007.09	资源一号 02B	778	高分(high-resolution，HR)相机	2.36	54(2 台)
			CCD 相机	20	113
2010.08	天绘一号	500	三线阵相机(three linear camera，TLC)	5	55
			全色(panchromatic，PAN)相机	2	
			多光谱(multispectral，MS)相机	10	
2011.12	资源一号 02C	780	高分相机	2.36	54(2 台)
			全色多光谱相机 PAN/MS	5/10	60
2012.01	资源三号 01 星	504	三线阵相机下视/前后视	2.1/3.5	51/52
2016.05	资源三号 02 星				
2020.07	资源三号 03 星		多光谱相机	5.8	51
2013.04	高分一号卫星	645	全色多光谱相机	2/8	60(2 台)
			多光谱相机	16	800(4 台)
2014.08	高分二号卫星	631	全色多光谱相机	1/4	45(2 台)
2018.06	高分六号卫星	644.5	全色多光谱相机	2/8	90
2019.11	高分七号卫星	505	两线阵相机前视/后视	0.8/0.65	20
			多光谱相机	2.6	20
2020.07	高分多模卫星	643.8	三线阵相机全色多光谱相机	0.5/2	15

1)天绘系列卫星

天绘一号系列卫星(图 1-6)实现了中国传输型立体测绘卫星零的突破，其中，天绘一号 01 星、02 星、03 星、04 星分别于 2010 年 8 月 24 日、2012 年 5 月 6 日、2015 年 10 月 26 日和 2021 年 7 月 29 日发射成功并组网运行，通过多星组网极大地提高了卫星数据获取效率,实现无地面控制点条件下的 1∶50000 高精度测图，并达到与美国 SRTM(shuttle radar topography mission)同等的技术水平。

2)资源系列卫星

2007 年发射的资源一号 02B 卫星具备高、中、低三种空间分辨率的对地观测能力，高分相机分辨率为 2.36m，使我国迈入了民用高空间分辨率遥感时代；2012 年发射的资源三号 01 星(02 星于 2016 年发射，03 星于 2020 年发射)是中国自主设计和发射的第一颗民用高分辨率立体测绘卫星，搭载前后视 3.5m、下视 2.1m 的三线阵立体相机，主要用于 1∶50000 高精度立体测图。图 1-7 是我国资源系列光学遥感卫星。

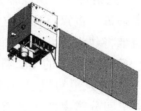

(a)资源一号卫星   (b)资源三号卫星

图 1-6 天绘一号系列卫星   图 1-7 我国资源系列光学遥感卫星

3) 高分系列卫星

2013 年发射的高分一号卫星，可实现 2m 空间分辨率、大于 60km 幅宽和 16m 分辨率、大于 800km 幅宽的成像，具备多模式成像能力；2014 年发射的高分二号卫星，空间分辨率优于 1m，同时还具有高辐射精度、高定位精度和快速动态机动能力等特点，标志着我国光学卫星遥感进入亚米级高分时代；2018 年发射的高分六号卫星配置 2m 全色/8m 多光谱高分辨率相机(幅宽 90km)和 16m 多光谱中分辨率宽幅相机(幅宽 800km)，大幅提高了我国卫星农业、林业、草原等资源的卫星监测能力；2019 年发射的高分七号卫星是中国首颗民用亚米级高分辨率立体测绘卫星，其双线阵立体相机的空间分辨率达到 0.65m，能够用于 1∶10000 立体测图及更大比例尺基础地理信息产品的更新，开启了我国亚米级卫星测绘新时代；2020 年发射的高分多模卫星搭载 0.5m 全色/2m 多光谱的高分辨率相机，具备敏捷的姿态机动能力，可以灵活实现多种成像模式，是我国第一颗空间分辨率优于 0.5m 的敏捷智能遥感卫星，可以用于大比例尺的平面测图和数据产品更新。图 1-8 所示为我国高分系列光学遥感卫星。

(a)高分二号卫星   (b)高分六号卫星   (c)高分七号卫星

图 1-8 我国高分系列光学遥感卫星

4）商业遥感卫星

高景一号（SuperView-1）高分辨率光学遥感卫星发射于 2018 年 1 月 9 日，是由中国四维测绘技术有限公司运营的商业遥感卫星，可获取 0.5m 高空间分辨率的全色影像和 2m 空间分辨率的多光谱影像，影像幅宽为 12km。卫星具备敏捷机动成像能力，可实现长条带、多条带、多点目标和立体成像等多种成像模式。此外，2022 年～2025 年，中国四维将建设其新一代商业遥感卫星星座（SuperView Neo），卫星星座包含具备国际一流技术水平的 28 颗各类载荷的遥感卫星，其前两颗卫星已于 2022 年 4 月 29 日在酒泉卫星发射中心成功发射，可获取 0.3m 高空间分辨率的全色影像和 1.2m 空间分辨率的多光谱影像，为全球自然资源、测绘、海洋、环保、应急等行业领域提供高质量卫星遥感服务。

吉林一号（Jilin-1）卫星星座是我国长光卫星技术有限公司在建和运营的商业光学遥感卫星星座，该卫星星座由 138 颗卫星组成，预计于 2025 年建设完成，截至 2022 年 12 月 9 日，星座中已有 83 颗各种成像模式的卫星在轨运行，包括视频成像、全色和多光谱成像等，为国土资源监测、土地测绘、矿产资源开发、交通设施监测、农业估产、林业资源普查、生态环境监测、防灾减灾及应急响应等领域提供丰富的卫星遥感数据。图 1-9 所示为我国商业光学遥感卫星。

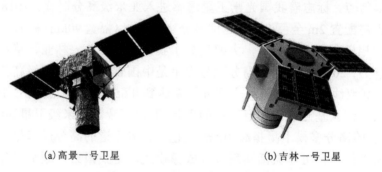

　　　（a）高景一号卫星　　　　　　　　　　　　（b）吉林一号卫星

图 1-9　我国商业光学遥感卫星

1.1.2　高分辨率光学遥感卫星载荷

相机是光学对地观测遥感卫星的主要载荷，在航天遥感发展的早期，主要采用返回式卫星的框幅胶片相机实施静态摄影。从 20 世纪 60 年代开始，美苏两航天强国发射了上百颗返回式光学遥感卫星，主要用于对地测绘，我国也在 20 世纪末发射了多颗返回式光学遥感卫星，实现境外区域的无控定位和高精度测图。

虽然，搭载于返回式卫星的框幅胶片相机影像几何保真度好，但是其缺点也十分明显，其使用寿命短、结构复杂、可靠性低。近 20 年来，电荷耦合器件（charge coupled device，CCD）快速发展，具有体积小、性能稳定、抗空间热环境强等优点，基于 CCD 设计的数字航天相机能够实时传输图像信息，便于后续的图像压缩、传输与处理，已经成为目前光学遥感卫星载荷的主流发展方向。此外，随着用户对遥感影像"高空间分辨率、高时间分辨率、大幅宽成像"的需求不断提升，光学遥感卫星载荷在大视场、长焦距等关键技术指标上取得了突破式发展。其中，光学系统和焦平面是光学遥感卫星载荷几何设计的重要方面。因此，充分了解光学遥感卫星载荷的光学系统和探测器焦平面设计，是后续几何定标误差分析、模型构建和算法设计的基础和关键。

1. 载荷光学系统设计与发展

载荷光学系统是指光路在相机镜头的传递介质，它是获取各种时空信息的"眼睛"。传统的光学系统主要分为折射式光学系统、折反射式光学系统和反射式光学系统三类。折射式光学系统需要多组光学镜头，体积质量较大，采用对称结构消除像差，可以获得较大的视场，成像质量好，但是宽光谱的超消色差难以消除。折反射式光学系统与折射式光学系统比较起来，其超宽光谱段的超消色差设计比较容易解决，但由于视场大、面遮拦也随之加大，调制传递函数（modulation transfer function，MTF）会降低，此外，为了保证光通量，须加大相对孔径（张国瑞，2001）。

反射式光学系统因不产生色差，有良好的抗热特性，可实现长焦距、大孔径成像，被广泛地应用到空间光学领域。其中，离轴三反光学系统（图 1-10）因无中心遮拦，可以做到较大视场，已逐渐取代传统的同轴三反光学系统。印度的 Cartosat-1 号卫星搭载的测绘相机、美国"中段空间试验"卫星搭载的天基可见光相机、日本对地测绘型 ALOS 卫星搭载的测绘相机、我国的资源三号卫星搭载的多光谱相机等均采用离轴三反光学系统。

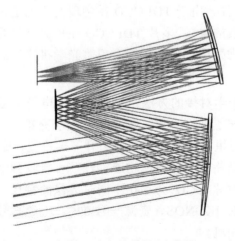

图 1-10 离轴三反光学系统（史黎丽，2007）

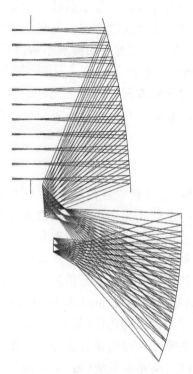

图 1-11　自由曲面大视场光学系统(杨通 等,2021)

传统光学遥感相机难以同时兼顾宽覆盖和高分辨率的成像需求,为解决空间长焦距、大视场多光谱光学系统的初级色差及二级光谱等校正难题,国内外开展了自由曲面大视场光学系统技术研究(图 1-11)。其中,我国的高分六号卫星宽幅相机采用自由曲面超大视场离轴四反光学系统,完成了 790mm×390mm 双面共体自由曲面反射镜的高精度设计和制造,实现长焦距、超大视场多光谱光学系统的无色差、低畸变、远心设计,是国际公开报道的最大尺寸的自由曲面反射镜,较非球面大视场离轴三反系统成像视场在垂轨和沿轨两维度上均提升 3 倍以上,既增大了垂轨方向的成像幅宽,又有利于实现沿轨方向更多谱段的配置。

2. 线阵成像探测器焦面设计与发展

大幅宽成像是提高卫星数据获取效率,发挥遥感卫星对地观测优越性的关键。但单片 CCD 的探元个数有限,为了保证获取的遥感卫星对地观测影像的幅宽,在卫星成像载荷的设计上,通常采用多片 CCD 拼接的成像方式来获得较大的成像视场。此外,为提高成像系统的灵敏度和信噪比,光学遥感卫星大多采用时间延时积分的电荷耦合元件(TDI CCD)作为成像传感器件。由于 TDI CCD 在物理结构上是一个小面阵,加上受器件外壳包装等物理因素的限制,多片 TDI CCD 在焦面上很难直接按照一条连续直线进行排列,而是通常采用"视场拼接"或"光学拼接"的成像设计方式。

1)视场拼接

视场拼接利用电子学对接的方法,在有足够的电子学延迟的条件下,将 TDI CCD 装配成双列交错式焦面的形式,即由第二列填充第一列形成的间隙,首尾的像元分别对齐,但在卫星飞行方向上两列错开一定位置,如图 1-12 所示。这种拼接方式的特点是无须光路结构保证地物连续性,可接收到全部光能、信噪比会比较高,但奇数片和偶数片 CCD 会存在不同时成像的特点。目前,该拼接方式已广泛应用于 QuickBird、IKONOS、资源一号 02C、天绘一号等国内外高分辨率光学遥感卫星所搭载的相机。

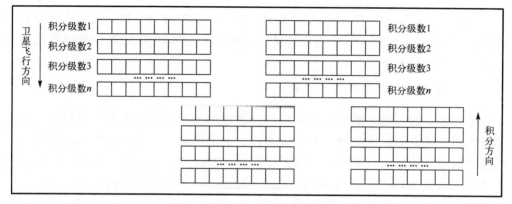

图 1-12 非共线 TDI CCD 视场拼接

2) 光学拼接

光学拼接采用分光棱镜进行多片 CCD 拼接成像，分光棱镜由两块 45°的棱镜拼接组成，奇数片 CCD 和偶数片 CCD 分别放置在两块棱镜上，安装奇数片 CCD 的棱镜面称为透射像面，安装偶数片 CCD 的棱镜面称为反射像面，两个像面的光程完全相等，在相邻两片 CCD 的像面交接处有一定的重叠像元，以保证拼接像面的连续性。目前，Pleiades、资源三号、高分七号等卫星上搭载的光学相机采用的就是这种拼接成像模式。

按分光棱镜的不同，光学拼接可分为半反半透式和全反全透式两类。如图 1-13 所示，半反半透式光学拼接采用分光路结构实现两侧 CCD 同时成像，两侧 CCD 接收到的光能为入射光能的一半，其光能利用率低，但易于装配。全反全透式光学拼接只在反射区用反射镜使光线折转 90°，而在全透区域不安装反射镜，使得光线在投射面能直接被利用，这种拼接方式的特点是拼接精度高，输入光的能量利用率高，但是由于反射区域和透射区域的重叠区形成挡光板，焦面上的照明不是从全照明突变成全挡光，而是逐渐过渡，存在虚光效应，适用于光能量不足、相对孔径较小的相机。

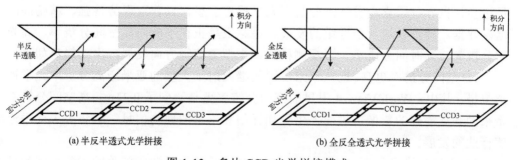

(a) 半反半透式光学拼接　　　　　　　(b) 全反全透式光学拼接

图 1-13 多片 CCD 光学拼接模式

不论采用何种 TDI CCD 焦平面设计，对原始影像进行拼接、配准处理是必不可少的。对于几何定标来说，充分了解卫星焦面上 TDI CCD 的设计是进行几何定标处理的基础和关键。

3. 面阵成像探测器设计与发展

传统的 TDI CCD 遥感卫星相机可以通过增大光学系统焦距和口径的方式实现高空间分辨率的对地观测，但其成本高、制造周期长、灵巧性差是限制其广泛应用的症结。近年来，随着半导体设计和加工技术的迅猛发展，互补金属氧化物半导体(complementary metal oxide semiconductor, CMOS)图像传感器的灵敏度、噪声抑制等方面性能得到长足发展。相较于 CCD，CMOS 体积更小、集成度更高、抗空间干扰能力更强。因此，CMOS 在空间相机上的应用越来越广泛，特别适用于对相机体积有特殊要求的场合，如小型卫星、微型卫星及一些超大视场的恒星敏感器(兰太吉，2018)。

目前，光学遥感卫星相机的探测器件正在逐步完成从 CCD 扩展到 CMOS 图像传感器。例如，近些年出现的 SkySat 系列卫星采用面阵 CMOS 图像传感器实现了推扫成像，从而大幅度地降低了研制成本和研制周期，而且通过一些算法的补偿，成像质量达到了逼近 CCD 的水平，配合以图像处理电路，在卫星上实现了一系列诸如高动态探测、超分辨、自动调焦等功能，使得航天遥感相机的智能性正朝着先进的民用数码相机逼近。我国的高分四号静止轨道卫星所搭载的全色/多光谱相机也采用 CMOS 器件，实现了高频的连续对地观测，我国高分六号卫星亦采用 CMOS 作为其宽幅相机的探测器件，通过 64 片 CMOS 的拼接成像实现了 8 个波段和 800km 幅宽的超大视场成像，达到了 TDI CCD 传感器同级别的技术指标。

1.1.3 高分辨率光学遥感卫星系统的展望

自 1972 年第一颗陆地卫星 Landsat-1 发射至今，全球航天遥感技术取得了长足进步，世界各国竞相发展高分辨率光学遥感卫星，以获取现势性强、精度高的遥感数据。经过长达半个世纪的发展，遥感卫星正在不断向高空间分辨率、高光谱分辨率、高时间分辨率、多观测模式、小型敏捷等方向发展，主要趋势如下。

(1)空间分辨率更高。近些年来各国相继发射了大量的亚米级高分辨率光学遥感卫星，其中，WorldView-4 卫星的空间分辨率更是达到了 0.31m。高空间分辨率带来的是更清晰的影像，进而提供更加详细和丰富的地物信息，这将大大促进遥感行业的发展。

(2)光谱分辨率更高。目前，高分辨率光学遥感卫星波段覆盖的主要范围为可见光至短波红外，波段数达数十个，如 IKONOS 卫星已有包括波长在 400～895nm 的 8 个多光谱波段。未来，随着载荷分光拓展技术和数据传输的能力进一步提升，高分辨率遥感卫星可探测波段范围将从可见光拓展到热红外，光谱分辨率达到纳米级，波段数增至数百个，将大大提升遥感信息获取能力。

（3）时间分辨率更高。大多数遥感观测目标都是动态变化的，需对目标进行不间断观测，缩短数据更新时间，以提高地表态势感知能力，因而需要提高遥感卫星观测的时间分辨率。其中，增强卫星敏捷机动能力、增大卫星幅宽和进行多颗卫星组网是缩短重访周期有效的方法。

（4）目标位置更准。观测目标的位置准确性是光学影像发挥应用效能的基础，主要受轨道确定精度、姿态确定精度的影响。美国 WorldView-3/4 卫星搭载了 BallCT-602 星敏感器，频率为 32Hz，精度可达 0.7″，使其无地面控制绝对定位精度达 3.5m。当前高分辨率光学遥感卫星无控几何定位精度可达到 3～5m，未来随着载荷测量精度的提高，目标定位精度将进一步提升。

（5）敏捷机动性更强。高敏捷性可使卫星的观测范围增大、重访时间缩短，并且能实现单轨立体成像。法国 Pleiades 卫星的机动能力达 60°/25s，具有动中成像观测模式，可沿任意轨迹获取非沿迹影像，极大地提高了卫星观测效率。

（6）卫星更加轻量化。随着载荷设计和制造工业的不断进步，使高分辨率相机与微小卫星技术有机结合，未来的高分辨率光学遥感卫星将朝着轻小化和集成化的模式发展。

1.2　光学遥感卫星在轨几何定标技术发展

近 20 年来，高分辨率光学遥感卫星得到了全面发展与广泛应用，并随着天基空间信息网络的构建，逐步向智能化对地观测发展。在智能对地观测网络提供空间信息服务的各环节中，高精度的位置信息是其发挥应用效能和价值的基础，而光学遥感卫星成像系统几何参数的精确定标是其中必不可少的关键环节。

由于卫星发射和运行过程中空间热力学等环境因素变化的影响，光学遥感卫星成像系统的实验室定标参数通常存在较大的误差而无法适用，需要在轨重新进行几何定标。利用卫星获取的影像数据，通过摄影测量方法对卫星成像系统在轨运行时的内外方位元素（系统性误差参数）进行精确定标，为影像几何处理提供精确的成像参数，已成为决定光学卫星影像定位精度至关重要的因素。

总结近 20 年来光学遥感卫星在轨几何定标技术的发展趋势，可将其总体划分为两类：基于地面定标场的在轨几何定标（场地定标方法）和基于重叠影像自约束的自主几何定标方法。其中，场地定标方法是以地面定标场提供的绝对参考为基准,利用摄影测量中共线约束条件解算成像模型中的系统误差参数,是当前应用最广泛、也是最成熟的在轨几何定标方法;而自主几何定标方法则是以满足一定观测条件的重叠影像之间的相对几何关系为约束,利用摄影测量中的共面约束条件解算成像模型中的系统误差参数,该方法在近年来得到了快速发展,其模型解算的精度已达到与场地定标方法相当的水平。

1.2.1 场地定标方法研究现状

1. 国外研究现状

欧美等航天技术发达国家,已经在全球范围内建立了大量的几何定标场,并开展了系统的几何定标工作,在几何定标场建设、基于地面定标场的在轨几何定标理论和方法上积累了丰富的实践经验。

对于世界上首个高分辨率商业遥感卫星系统 IKONOS,在其 1999 年 9 月发射升空之后,美国空间成像公司(SpaceImaging)、美国国家航空航天局(NASA)等单位成立了几何定标小组,利用 Lunar Lake、Railroad Valley、Dark Brooking、Denver 等定标场,对其星上载荷的相机光学畸变参数、相机安装矩阵等几何成像参数进行了系统的在轨定标处理,最终实现了无地面控制条件下平面 12m(中误差)和高程 10m(中误差)的几何精度,利用少量地面控制点即可满足 1:10000 比例尺地形图测绘的精度要求 (Grodecki et al., 2002; Dial et al., 2003)。

法国 SPOT 系列卫星对场地定标方法的研究与应用走在了世界前列。从 SPOT-1 到 SPOT-5 的 40 余年内,针对其在轨几何定标需求,在全球范围内建立了 21 个几何定标场,积累了丰富的经验。对于 SPOT-5 卫星,法国空间中心采用分步定标技术,利用分布于世界各地的定标场,对该卫星传感器内部参数和传感器相对位置关系等外部参数进行系统的在轨几何定标处理,实现了 SPOT-5 卫星影像的高精度定位,最终在无地面控制条件下,其单影像平面定位精度达到 50m(中误差),多像对高程定位精度达到了 15m(中误差),利用少量控制点即可满足 1:50000 地形图测绘的精度要求 (Gachet, 2002; Bouillon et al., 2006);

ALOS 卫星是日本于 2006 年启动的地球观测卫星计划。该计划的主要目的是收集全球高分辨率的陆地观测数据,用于科学研究与商业使用。目前该卫星计划发射 4 颗,ALOS-3 卫星在 2023 年 3 月 7 日因发射火箭二级发动机未能点火而发射失败。针对 ALOS 的金色遥感立体测绘(panchromatic remote-sensing instrument for sterer mapping,PRISM)相机,瑞士苏黎世联邦工业大学的研究组对其制定了完整的定标计划和流程。在卫星发射之后,基于研究组开发的 SAT-PP 软件系统,利用分布于日本、瑞士、南非等地的多个地面定标场,采用带附加参数的自检校区域网平差方法对 PRISM 相机进行了整体标定,实验结果表明,在无地面控制条件下,立体像对的平面和高程精度分别达到了 8m(中误差)和 10m(中误差)(Gruen et al., 2007; Takaku et al., 2009; Tadono et al., 2009)。

针对 Orb-View3 卫星,Mulawa 等利用 50km×50km 的美国得克萨斯州 Lubbock 地面定标场对其进行定标处理,通过在一段时间内所获取的定标场同一区域的多景影像,从参考影像数据中匹配数千个高精度控制点进行定标解算,实现其全色相机的精确在轨几何定标,并利用全球不同区域、不同时间获取的 72 景影像进行精度验证。结果表明,经过在轨几何定标后,Orb-View3 卫星全色影像的无控平面和高程精度分别优于 15m 和 10m(CE90),且景内无明显的内部畸变。同样地,对于 2008 年发射的先进商业遥感卫星 GeoEye-1,利用地面定标场对其 0.41m 分辨率的全色相机进行了系统的几何定标处理,定标后影像无控定位精度可达 3m (Mulawa,2004)。

WorldView-3 是美国数字地球公司于 2014 年 8 月发射的新一代商用高分辨率光学遥感卫星,在其发射后,数字地球公司获取了拉斯维加斯定标场的 15 个条带影像,利用匹配自高精度定标场参考影像的控制点对其相机参数进行了严格的定标处理,并基于凤凰城和拉斯维加斯检验场的参考数据对定标精度进行了验证,定标后卫星影像绝对几何定位精度高达 4.0m(CE90),影像的内部畸变优于 1 个像素(中误差)(Comp et al., 2015)。

此外,针对印度的 IRS-P6、俄罗斯的 KOMPSAT-2 等卫星,相关学者和研究机构同样采用基于地面定标场的方法对其进行了系统的在轨几何定标处理,并得到了基于地面定标场的场地定标方法可以有效保障卫星影像几何精度的结论(Radhadevi et al., 2008)。国外几十年的研究与应用表明,对于高分辨率光学遥感卫星而言,进行在轨几何定标是卫星处理中必不可少的步骤,是消除卫星成像模型中系统性几何误差、提高卫星影像几何质量和定位精度的关键环节。

2. 国内研究现状

吸取国外几何定标的经验,我国也先后进行了一系列高精度几何定标场的建设,以适应我国高分辨率光学遥感卫星的发展需求。其中,嵩山几何定标场建设范围为 100km×80km,场区内具有靶标场和均分分布的控制点,并且提供该区域 0.2m 分辨率的数字正射影像(digital orthophoto map, DOM)和 1.0m 分辨率的数字高程模型(digital elevation model, DEM)数据;安阳几何定标场建设范围为 90km×30km,提供该区域 0.1m 分辨率的 DOM 和 0.5m 分辨率的 DEM。基于此类高精度几何定标场,国内学者在利用场地定标方法补偿光学遥感卫星成像系统误差方面也做了大量的研究工作,相关研究成果广泛应用于天绘、资源、高分等多个系列的上百颗光学遥感卫星上，并取得了较好的实际应用效果。

针对我国首颗高分辨率民用遥感卫星资源一号 02B 的 HR 相机，国内很多学者都进行了在轨几何定标研究和实验。徐建艳等(2004)、祝小勇等(2009)通过解算偏置矩阵对该相机进行了粗略的几何外定标，使其获取影像的几何定位精度从 860 个像素提高到 216 个像素(中误差)。

针对资源一号 02C 卫星，武汉大学王密等将相机外部的安装角和内部的探元指向角分别作为待定标参数，利用嵩山定标场的高精度 DOM 和 DEM 作为参考数据，采用内外定标参数分步解算方法对该卫星全色相机进行了在轨几何定标处理。几何定标后，不仅影像的无控定位精度得到大幅度提升，从定标前 1500m 提高到定标后 100m 左右(中误差)，有控条件下，单景影像仅利用 1～2 个控制点即可达到 1 个像素左右的几何定位精度，而定标前利用 8 个控制点也仅能达到 6 个像素左右的几何精度(Wang et al., 2014)。

对于我国第一代传输型立体测绘卫星天绘一号(TH-1)，在其发射后，西安测绘研究所利用在我国东北地区布设的地面试验场数据对其相机参数进行了定标，采用等效框幅像片光束法空中三角测量解算内外方位元素。定标后在无地面控制的区域网平差修正下验证了影像的几何定位精度，平面和高程精度分别为 12m 和 6m 左右(中误差)(李晶 等，2012)。

对于我国首颗民用三线阵立体测绘卫星资源三号(ZY-3)，在其发射后，国内众多学者对其在轨几何定标进行了大量的研究和验证工作。例如，武汉大学王密等利用嵩山定标场参考数据对其三线阵立体测绘相机的内外方位元素进行了系统的定标，采用基于三次多项式拟合的指向角模型建立定标模型，并利用分步解算方法解决内外方位元素耦合的问题，实现了定标参数的高精度解算，定标后卫星影像的绝对几何定位精度提高到了 15m 左右，影像的内部几何精度优于 1 个像素(Yang et al., 2017)。对于其多光谱相机，武汉大学蒋永华等利用登封区域的 1∶2000 比例尺的高精度 DOM 和 DEM 参考数据进行了定标，选择 B1 波段(蓝波段)影像作为基准波段，并利用高精度参考数据对其进行绝对定标，然后将该波段作为标准来检校其他波段，进而实现载荷全波段的高精度定标(Jiang et al., 2014)；对于资源三号系列中的第二颗卫星(02 星)，武汉大学皮英冬等提出了一种基于有理函数模型的卫星多光谱载荷在轨几何定标方法，系统性地解决了基于有理函数模型进行在轨几何定标中的误差剔除、模型可靠性和参数精确估计的多个难题，并且得到了与基于严密几何成像模型定标几乎一致的效果和精度，但利用有理函数模型进行几何定标可以克服因构建复杂、多样的严格几何模型带来的问题，显著降低在轨几何定标方法的难度(Pi et al., 2022)。

对于我国首颗地球同步轨道光学遥感卫星高分四号(GF-4)，武汉大学和中国资源卫星应用中心利用 Landsat-8 卫星提供的 15m 分辨率的 DOM 数据作为参考影像，对其 50m 分辨率的可见光近红外传感器和 400m 分辨率的中波红外传感器进行了在轨定标，定标后影像的内部精度均优于 1 个像素(王密 等,2017)。

对于我国高分六号上搭载的我国首个幅宽高达 800km 的宽视场(wide field view，WFV)多光谱相机，武汉大学和中国资源卫星应用中心采用基于高精度参考数据的绝对几何定标和谱段间相对几何定标相结合的方式实现其全视场探测器的高精度几何定标处理，定标后谱段间影像的配准精度优于 0.3 个像素，传感器校正后 800km 幅宽成图影像的整体内部几何精度达到 1 个像素(王密 等,2020)。

3. 存在的问题

针对光学卫星影像，基于地面定标场的几何定标方法经过多年研究已发展成熟。然而，从上述分析可知，这种方法严重依赖地面定标场或其他卫星可拍摄区域的高精度参考数据，导致场地定标方法存在一些问题，具体如下。

(1)精度受限。场地定标方法需要定标场参考数据自身的空间分辨率及精度应高于定标影像和精度一个数量级。为了保证正射纠正、影像拼接以及配准融合等处理精度满足子像素要求，内定标精度通常要求优于 0.3 个像素。以 2015 年 6 月中国发射的敏捷光学卫星高分 9 号为例，其全色影像分辨率为 0.5m，这对地面定标场参考数据的精度及分辨率都提出了极高的要求，并且这个要求随着影像分辨率的不断提高也日益提高。此外，地物、季节的变化以及成像方式的差异使得光学卫星影像与定标场参考数据之间影像匹配的难度较大，匹配结果的质量不高，进一步限制了定标结果的精度。

(2)成本过高。由于光学卫星影像幅宽通常达到数十公里，定标场建设成本往往高达数百万甚至上千万元。此外，由于地物发生较大变化，还需定期花费大量人力、物力对定标场参考数据进行更新与维护。

(3)时效性差。由于地面定标场数量及分布有限，加上天气、卫星回归周期等客观条件的限制，卫星在轨运行后往往需要经过较长时间才能获取有效的定标场影像数据，导致定标参数获取不及时，更新周期较长，时效性较差，无法满足卫星应急保障需求。

(4)可靠性低。随着一些面向大范围、高时效监测需求的大幅宽卫星的发展，如高分一号、高分四号、高分六号等，卫星幅宽高达数百公里，现有的几何定标场无法覆盖卫星成像视场，造成传统场地定标方法无法适用。虽然基于一些积累的历史数据(如 Landsat 的 DOM)可以实现卫星几何定标处理，但这些数据受地物变化和云覆盖等因素的影响极其显著，造成密集、可靠的控制点数据不易获取，导致传统场地定标方法应用于这些宽视场卫星时可靠性难以保障。

由此可见，随着光学卫星影像空间分辨率、成像幅宽以及定标处理时效性需求的不断提高，现有基于地面定标场的几何定标方法会凸显精度不足、成本过高、时效性较差和可靠性较低的弊端，已无法满足当前光学卫星影像高精度处理与实时应用的需求。因此，如何在无须定标场高精度参考数据的条件下，高精度、低成本、快速获取光学卫星影像几何定标参数成为当前面临的一项重要研究问题。

1.2.2 自主几何定标方法研究现状

1. 国外研究现状

针对基于地面定标场的几何定标方法存在的固有局限性，近年来，无须定标场的自主几何定标方法逐渐受到国内外学者的重视。在航空、近景摄影测量以及计算机视觉领域中，无须检校场的传感器自检校相关的理论及方法已研究较长时间，并已发展出基于平行线、灭点、交叉航带等多种自检校方法。例如，Faugeras等(1992)和 Maybank 等(1992)从理论上证明了利用多角度影像直接检测畸变误差的可行性，Malis 等(2000，2002)提出采用平面结构的多视影像进行自检校的方法，但由于光学遥感卫星载荷与地面相机不同的成像机制，且卫星成像条件受限，该自检校方法难以适用于光学遥感卫星影像。

当前，光学遥感卫星不断向多角度成像、小型敏捷等方向发展，具有较强的机动成像能力，可通过侧摆、俯仰、偏航角灵活调整对地成像，实现同轨立体、垂轨主动摆扫、同轨多条带拼接等成像模式。利用卫星获取的多角度重叠影像，可构建相机视场中不同像元在影像上同名像点的连接约束关系，进而构建相机视场中"探元-探元"的几何约束条件，为实现无定标场条件下相机内方位元素的精确定标提供了新的模式。例如，法国 Pleiades 卫星利用在同一轨道对同一地区通过沿轨推扫和垂轨摆扫两次成像获取的偏航角相差近 90°的"交叉影像"，定标影像内部畸变误差，然而对于采用的定标模型及参数求解方法等具体技术细节却未公开，但是其对于卫星的极其苛刻的敏捷机动成像能力需求，并不能在大多数卫星上进行广泛的应用 (Greslou et al., 2012)。

2. 国内研究现状

近年来，随着我国各类光学遥感卫星的成功发射，面对实际在轨几何定标处理中遇到的各类问题，国内学者也愈加关注无须地面定标场的自主几何定标技术的研究与发展，并取得了一定的研究成果。针对多光谱相机，王密等(2013)提出了一种基于物方定位一致性的卫星多光谱影像相对定标及自动配准方法，该方法在无须定标场条件下，仅利用各谱段影像之间的同名像点信息，基于同名光线空间相交几何约束关系，对各谱段探测器之间的相对几何畸变进行了定标与补偿。利用该方法可在光学卫星在轨运行初期尚未获取定标场影像数据的情况下，实现多光谱影像的高精度几何配准，以满足应急任务需求，然而该方法仅能对各谱段探测器之间的相对几何畸变进行定标，无法对绝对几何畸变进行处理。

进一步地，国内学者也逐渐开始重视研究基于影像自约束的卫星影像绝对几何畸变的自主几何定标方法，其总体思路是利用重叠影像对的同名光线空间相交的几何关系实现影像系统几何误差的高精度检校。皮英冬等参考法国 Pleiades 卫星几何定标模式，通过成像仿真获取"交叉影像"，并采用多项式模型对相机内部畸变进行描述，通过引入参考数字表面模型(digital surface model，DSM)作为高程约束解决像对小角度交会下的强相关性参数解算问题，实现优于 0.1 个像素的理论定标结果，但并未考虑姿轨等观测误差对于定标解算的影响 (Pi et al., 2017)；张过和蒋永华利用具有 50%重叠的 GF-1 卫星 WFV 影像对上匹配的密集同名像点，对一个附加主距的 5 次多项式模型拟合的系统误差模型进行了定标，利用具有不同畸变的 CCD 影像间的相对约束实现了系统误差参数的解算，并采用相似的方法定标了 ZY02C 卫星 HR 相机的系统性几何误差(Zhang et al., 2017; Jiang et al., 2018)；与此同时，皮英冬和杨博先后针对资源三号卫星立体测绘相机提出了基于稀疏地面控制点的自主几何定标方法，在利用重叠影像自约束进行自主几何定标时，首次考虑了重叠影像间时变外方位元素误差的影响，系统地分析了外方位元素相对几何误差对相机内方位元素定标的影响，并分别提出了基于整体迭代优化的自主几何定标算法和引入立体像对高程约束的自主几何定标算法，分别实现了资源三号卫星下视相机和三线阵立体相机的整体自主几何定标(Pi et al., 2020; Yang et al., 2020)；相似地，对于分片的 GF-1 卫星的 WFV 相机，王密和程宇峰首先选择某一片 CCD 对应的影像为基准片，利用覆盖基准片的参考影像检校了基准片的内外定标参数，然后利用基准片与非基准片间的相对约束，采用模型外推的方式逐一定标了非基准片的系统误差参数(Wang et al., 2018)；而对于高分四号面阵影像，则利用短时间获取的行列两个方向的重叠面阵影像，建立成像视场中"探元-探元"的几何约束关系，基于一个退化的畸变模型，利用具有相同畸变的 GF-4 影像的自约束实现成像载荷系统误差的精确定标，然而该模型并不具有普适性，仅能用于定标卫星影像中的低阶畸变(Wang et al., 2019)。

3. 技术分析与展望

光学遥感卫星在轨几何定标技术将向少量控制点、自主几何定标的方向发展，重点在于基于重叠成像的在轨自主几何内定标技术。与场地定标方法相比，自主几何定标方法具有低成本、定标时效性高等优势。然而，由于卫星成像中一些固有的限制，这种方法在实际处理中仍存在一些需要解决的问题，具体如下。

(1) 重叠影像的获取：由于当前大多数卫星并不具备专门的自主几何定标模式，使得满足重叠规则和重叠度的影像获取存在困难。一方面，由于我国卫星姿态机动和控制能力有限，同轨获取的重叠影像之间成像时间差异大，导致重叠影像交会角高达几十度，进而放大了自主几何定标中高程误差的影响，造成几何定标的精度和可靠性难以保障。另一方面，异轨获取的卫星影像虽然可以满足自主几何定标交会几何的要求，但由于缺少必要的成像模式设计和成像规划，异轨重叠影像的获取仅能依靠一段时间的数据积累，使得选取的可用于几何定标的重叠影像具有一定的随机性，影响处理的时效性。

(2) 仅能进行内定标：基于重叠影像同名像点共面几何约束条件的自主几何定标仅能用于检校卫星载荷的内方位元素误差，无法像传统场地定标方法那样，可解算低阶的外方位元素误差，因此在进行成像模型全链路整体的系统性几何定标时仍需引入控制点。

(3) 时变外方位元素误差：由于卫星姿态漂移、姿轨随机测量等外方位时变误差的影响，获取的重叠影像间不可避免地存在不一致的外方位元素误差(尤其对于高分辨率卫星影像更为明显)，而由于内方位元素与重叠影像间相对几何误差的相关特性，这部分误差无法直接利用影像间的相对定向进行消除，进而对自主几何定标的精度和可靠性带来不利影响。当前，对于该问题或是采用稀少控制点进行补偿，但这对控制点的分布和数量又产生了新的要求，或是利用局部的控制场参考数据进行补偿，但这又使自主几何定标方法无法完全摆脱对于参考数据的依赖，成为影响自主几何定标方法可操作性和可靠性的最主要问题，未来或许可寄希望于硬件水平的提高，使得短时间获取的重叠影像具有相同的外方位元素误差。

未来，随着卫星平台和测量系统能力的不断提高，将面向于自主几何定标的重叠成像规划设计为卫星的一个固有的成像模式，有望解决自主几何定标方法存在的问题。因此，这里提出多种基于重叠成像的自主几何定标模式构想，为卫星平台和处理系统设计提供参考。

(1) 同轨交叉成像自主几何定标。如图 1-14(a) 所示，不同于传统被动推扫成像模式，基于敏捷成像卫星平台在垂轨方向主动摆扫成像的能力，获取与推扫条带影像成垂直"交叉"的影像条带，在同一轨道内通过姿态机动，先后获取对同一区域成像的沿轨推扫和与轨道成一定角度的摆扫影像，可构成相机视场内全部探元的交叉连接条件。

(2) 同轨重叠成像自主几何定标。如图 1-14(b) 所示，通过同轨不同侧摆角度推扫成像，获取满足垂轨向重叠要求的两景影像，构成探元交互约束的空间几何关系，实现相机视场内不同像元的精确定标。

(3) 异轨重叠成像自主几何定标。如图 1-14(c) 所示，通过相邻轨道对同一区域成像，获取满足垂轨向重叠要求的两景影像，构成探元交互约束的空间几何关系，与同轨交叉成像自主定标类似。

(4) 面阵多度重叠成像自主几何定标。如图 1-14(d) 所示，通过卫星机动成像，获取小交会角，获取满足两个方向重叠要求的三景影像，构成两组探元交互约束的空间几何关系，实现面阵相机视场内不同像元的精确定标。

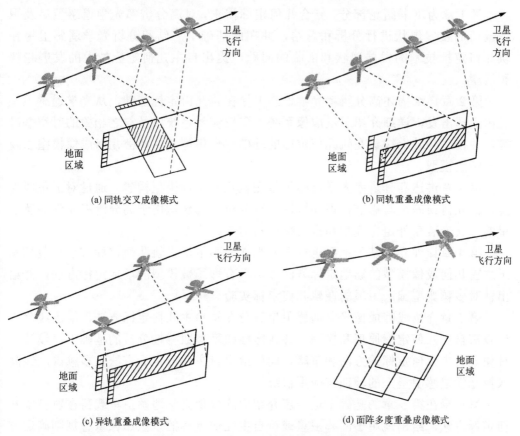

(a) 同轨交叉成像模式

(b) 同轨重叠成像模式

(c) 异轨重叠成像模式

(d) 面阵多度重叠成像模式

图 1-14　自主几何定标重叠成像模式

此外，除了利用对地多角度成像实现光学遥感卫星相机内方位元素的自主几何定标外，未来随着卫星平台机动成像能力的进一步提升，使光学遥感卫星的对地观测相机具有"对天成像"能力，通过星点提取、星图匹配等技术在相机对天成像影像上获取恒星星点作为控制信息实现成像系统几何参数的定标，可作为在无须地面定标场条件下实现卫星在轨几何定标的另一种方式。该方法以恒星星点代替地面控制信息，不仅可以定标相机内部畸变，也可以进行外方位元素补偿参数的解算，实现光学遥感卫星在轨几何定标的完全自主化。

1.3　本书的内容与组织结构

本书由 8 章内容组成，主要阐述高分辨率光学遥感卫星在轨几何定标技术的理论、方法、应用和发展情况。

第 1 章为本书绪论部分，结合几何定标需求，对高分辨率光学遥感卫星及卫星载荷的发展现状进行分析和总结，并在此基础上总结和分析光学遥感卫星在轨几何定标技术的发展现状和面临的问题，提出自主几何定标技术的发展趋势和展望。

第 2 章详细描述高分辨率光学遥感卫星在轨几何定标基础，从光学遥感卫星成像原理出发，详细介绍卫星成像系统、姿轨测量系统以及与之相关的时空基准等，并在此基础上构建在轨几何定标的基础数学模型——严密几何成像模型以及有理函数模型。

第 3 章讲述高分辨率光学遥感卫星在轨几何定标模型构建，通过对卫星成像全链路几何误差及其影响机理和特性进行分析，构建适用于高分辨率光学遥感卫星的广义安装角外定标模型和探元指向角内定标模型。

第 4 章详细介绍基于地面定标场的光学遥感卫星在轨几何定标方法，包括基于严密几何成像模型的场地定标方法和基于有理函数模型的场地定标方法，并给出针对多颗典型国产卫星的在轨几何定标实验。

第 5 章介绍线阵成像光学遥感卫星载荷在轨自主几何定标方法，给出线阵卫星载荷自主几何定标原理和模型，并在定标模型参数特性分析的基础上，设计多种模式自主几何定标的方法和策略，同样给出自主几何定标方法在多颗国产线阵成像光学遥感卫星上的验证与应用情况。

第 6 章在第 5 章的基础上进一步介绍面阵成像光学遥感卫星载荷在轨自主几何定标方法，给出适用于面阵卫星载荷自主几何定标的卫星影像重叠规则确定方法，并简述定标参数的解算方法，最后介绍针对高分四号面阵载荷的自主几何定标实验。

第 7 章介绍基于序列恒星观测值的光学遥感卫星对天成像几何定标方法，在给出常用恒星星表和星图处理方法的基础上，分别介绍星相机和地相机对天成像的在轨几何定标方法，并基于资源三号 02 星获取的数据对介绍的方法进行简单的验证和分析。

　　第 8 章介绍本书项目团队开发的几何定标软件系统，并给出基于该软件系统的工程应用示例。

参 考 文 献

兰太吉, 2018. 数字域 TDI CMOS 遥感相机高动态高灵敏成像技术研究[D]. 长春：中国科学院大学.

李晶, 王蓉, 朱雷鸣, 等, 2012. "天绘一号"卫星测绘相机在轨几何定标[J]. 遥感学报, 16(增刊)：35-39.

史黎丽, 2007. 航天遥感相机光学系统设计研究[D]. 哈尔滨：哈尔滨工业大学.

王密, 程宇峰, 常学立, 等, 2017. 高分四号静止轨道卫星高精度在轨几何定标[J]. 测绘学报, 46(1)：53-61.

王密, 郭贝贝, 龙小祥, 等, 2020. 高分六号宽幅相机在轨几何定标及精度验证[J]. 测绘学报, 49(2)：171-180.

王密, 杨博, 金淑英, 2013. 一种利用物方定位一致性的多光谱卫星影像自动精确配准方法[J]. 武汉大学学报(信息科学版), 38(7)：765-769, 883.

徐建艳, 侯明辉, 于晋, 等, 2004. 利用偏移矩阵提高 CBERS 图像预处理几何定位精度的方法研究[J]. 航天返回与遥感, 25(4)：25-29.

杨通, 段璎哲, 程德文, 等, 2021. 自由曲面成像光学系统设计：理论、发展与应用[J]. 光学学报, 41(1)：115-143.

张国瑞, 2001. CBERS-1 卫星 CCD 相机光学系统设计[J]. 航天返回与遥感, (3)：9-11.

祝小勇, 张过, 唐新明, 等, 2009. 资源一号 02B 卫星影像几何外检校研究及应用[J]. 地理与地理信息科学, 25(3)：16-18.

Bouillon A, Bernard M, Gigord P, et al, 2006. SPOT5 HRS geometric performances: Using block adjustment as a key issue to improve quality of DEM generation[J]. ISPRS Journal of Photogrammetry & Remote Sensing, 60: 134-146.

Comp C, Mulawa D, 2015. WorldView-3 Geometric Calibration[R]. Tampa: Digital Global.

Dial G, Jacek G, 2003. IKONOS Stereo accuracy without ground control[C]//ASPRS 2003 Conference, Anchorage, Alaska.

Faugeras O D，Luong Q T，Maybank S J, 1992. Camera Self-Calibration:Theory and Experiments [C]//Computer Vision-ECCV, 588(12)：321-324.

Gachet R, 2002. Spot5 in-flight commissioning: inner orientation of HRG and HRS instruments [C]// Proceeding XXth ISPRS Congress, Commission I, Istanbul, Turkey.

Greslou D，Delussy F，Delvit J, 2012. Pleiads-HR innovative techniques for geometric image quality commissioning[C]//The 22nd ISPRS Congress International Archives of the Photogrammetry, Remote Sensing and Spatial Information Sciences, Melbourne.

Grodecki J, Dial G, 2002. IKONOS geometric accuracy validation[C]// Proceedings of ISPRS Commission I, Mid-Term Symposium.

Gruen A, Kocaman S, Wolff K, 2007. Calibration and validation of early ALOS/PRISM images[J]. Journal of the Japan Society of Photogrammetry and Remote Sensing, 46: 24-38.

Jiang Y H, Cui Z, Zhang G, et al, 2018. CCD distortion calibration without accurate ground control data for push-broom satellites[J]. ISPRS Journal of Photogrammetry & Remote Sensing, 142: 21-26.

Jiang Y H, Zhang G, Tang X M, et al, 2014. Geometric calibration and accuracy assessment of ZiYuan-3 multispectral images[J].IEEE Transactions on Geoscience & Remote Sensing, 52(7): 4161-4172.

Malis E, Cipolla R, 2000. Multi-view constraints between collineations: Application to self-calibration from unknown planar structures[C]//Computer Vision-ECCV: 610-624.

Malis E，Cipolla R, 2002. Camera self-calibration from unknown planar structures enforcing the multiv-iew constraints between collineations[J]. IEEE Transactions on Pattern Analysis and Machine Intelligence, 24(9) : 1268-1272.

Maybank S，Streilein A, 1992. A theory of self-calibration of a moving camera[J]. International Journal of Computer Vision, 8(2):123-151.

Mulawa D, 2004. On-Orbit Geometric Calibration of the OrbView-3 High Resolution Imaging Satellite [C]//The International Archives of the Photogrammetry, Remote Sensing and Spatial Information Sciences, 35(Part B1): 1-6.

Pi Y D, Li X, Yang B, 2020. Global iterative geometric calibration of a linear optical satellite based on sparse GCPs[J]. IEEE Transactions on Geoscience and Remote Sensing, 58(1): 436-446.

Pi Y D, Wang M, Yang B, et al, 2022. Robust camera distortion calibration via unified RPC model for optical remote sensing satellites[J].IEEE Transactions on Geoscience and Remote Sensing, 60: 1-15.

Pi Y D, Yang B, Wang M, 2017. On-orbit geometric calibration using a cross-image pair for the linear sensor aboard the agile optical satellite[J]. IEEE Geoscience and Remote Sensing Letters, 14(7): 1176-1180.

Radhadevi P V, Solanki S S, 2008. In-flight geometric calibration of different cameras of IRS-P6 using a physical sensor model[J]. Photogrammetric Record, 23: 69-89.

Tadono T, Shimada M, Murakami H, et al, 2009. Calibration of PRISM and AVNIR-2 onboard ALOS "Daichi"[J]. IEEE Transactions on Geoscience and Remote Sensing, 47(12): 4042-4050.

Takaku J, Tadono T, 2009. PRISM on-orbit geometric calibration and DSM performance[J]. IEEE Transactions on Geoscience and Remote Sensing, 47(12): 4060-4073.

Wang M, Cheng Y, Tian Y, et al, 2018. A new on-orbit geometric self-calibration approach for the high-resolution geostationary optical satellite GaoFen4[J]. IEEE Journal of Selected Topics in Applied Earth Observations & Remote Sensing, 11(5): 1670-1683.

Wang M, Guo B, Zhu Y, et al, 2019. On-orbit calibration approach based on partial calibration-field coverage for the GF-1/WFV camera[J]. Photogrammetric Engineering & Remote Sensing, 85(11): 815-827.

Wang M, Yang B, Hu F, 2014. On-orbit geometric calibration model and its applications for high-resolution optical satellite imagery[J]. Remote Sensing, 6(5):4391-4408.

Yang B, Pi Y D, Li X, et al, 2020. Integrated geometric self-calibration of stereo cameras onboard the ZiYuan-3 satellite[J]. ISPRS Journal of Photogrammetry and Remote Sensing, 162: 173-183.

Yang B, Wang M, Xu W, et al, 2017. Large-scale block adjustment without use of ground control points based on the compensation of geometric calibration for ZY-3 images[J]. ISPRS Journal of Photogrammetry and Remote Sensing, 134: 1-14.

Zhang G, Xu K, Huang W, 2017. Auto-calibration of GF-1 WFV images using flat terrain[J]. ISPRS Journal of Photogrammetry and Remote Sensing, 134: 59-69.

第2章 高分辨率光学遥感卫星在轨几何定标基础

2.1 引 言

光学遥感卫星的在轨几何定标与光学卫星影像的几何处理紧密相关，其以光学卫星的成像时间系统、空间系统、几何成像模型、姿轨拟合模型等理论研究为基础。本章首先结合光学遥感卫星的成像原理介绍卫星的光学载荷成像系统、姿态测量系统和轨道测量系统；然后，介绍与卫星成像密切相关的光学遥感卫星的时间和空间基准；最后，详述在轨几何定标的基础数学模型——严密几何成像模型的构建方法，并在此基础上给出拟合的有理函数模型。对上述基础研究工作进行系统地说明与论述将作为后续几何定标方法的理论基础支撑。

2.2 高分辨率光学遥感卫星成像系统

2.2.1 高分辨率光学遥感卫星成像原理

光学遥感卫星多采用线阵推扫成像模式，其成像原理如图 2-1 所示，图中 $o\text{-}xy$、$O\text{-}XYZ$、$O_G\text{-}X_GY_GZ_G$ 分别表示卫星相机焦平面坐标系、相机坐标系和空间协议地球坐标系，f 为相机的主距，物方点 P 为焦平面坐标 (x, y) 的探元 p 在某成像时刻拍摄的目标点，此时探测器通过将中心投影方式传入的光学信号转换为电信号来获取每个像元的灰度（digital number，DN）值，在卫星相机成像的同时，姿态测量系统（attitude determining system, ADS）和轨道测量系统（global positioning system, GPS）以一定的间隔测量每个时刻姿态测量系统在惯性坐标系 J2000 下的姿态和 GPS 天线中心在协议地球坐标系（world geodetic system 84，WGS84）下的位置矢量。

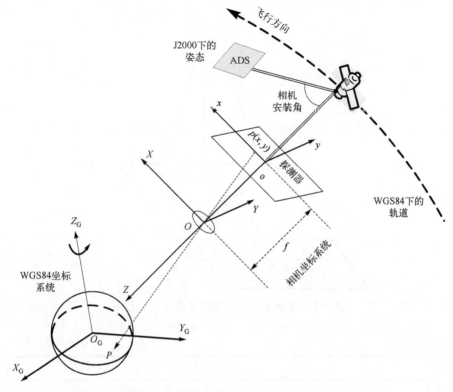

图 2-1　光学遥感卫星成像原理示意图（Wang et al., 2017）

2.2.2　卫星光学载荷成像系统

光学遥感卫星相机通常采用线阵 CCD 作为其成像探测器件，并采用线阵推扫的方式动态获取影像数据，成像方式如图 2-2 所示。

卫星在轨运行时以一定频率逐行采集影像，即影像上每一行像元在同一时刻成像且为中心投影，整个影像为多中心投影。因此，每个扫描行影像均有一组外方位元素，各扫描行影像的内方位元素相同。当前，为了解决由于星载高分辨率相机行积分时间短以及采用小相对孔径光学系统所带来的相机焦面光谱能量不足的问题，高分辨率光学卫星相机一般采用 TDI CCD 作为成像探测器。在我国，以天绘一号、资源三号、高分七号卫星立体测绘相机和多光谱相机为代表的新型高分辨率光学卫星相机也都采用了 TDI CCD 作为探测器，并且几乎所有当前正在研制的未来几年内即将发射的高分辨率光学遥感卫星相机也都采用了 TDI CCD，因此，有必要对 TDI CCD 的设计结构以及成像原理进行简要阐述。

TDI CCD 是一种面阵结构、线阵输出的新型 CCD 器件。如图 2-3 所示，每片

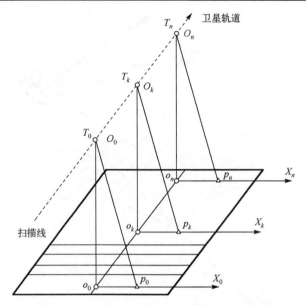

图 2-2　光学遥感卫星相机成像方式示意图

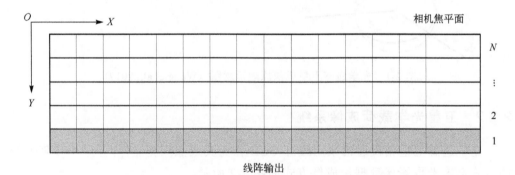

图 2-3　TDI CCD 的面阵结构示意图

TDI CCD 由 N 行 CCD 线阵排列而成，多条 CCD 线阵平行排列，探元在线阵方向和级数方向呈矩形排列。

　　图 2-4 展现了 TDI CCD 的工作原理，成像过程中 TDI CCD 的多条 CCD 线阵沿飞行方向对地物进行多次曝光，使积分时间增加 N 倍。在第一个积分时间周期内，目标在某列的第一个像元进行曝光积分，得到的光生电荷并不像普通 CCD 一样进行读出，而是下移一个像元；在第二个积分周期目标恰好移动到该列的第二个像元进行曝光积分，得到的光生电荷与上一个像元移来的电荷相加再移到下一个像元，当第 N 个积分周期结束时，该列上第 N 个像元的光生电荷与前 $N-1$ 个像元的电荷相加后从寄存器读出。基于这样一种成像机理，TDI CCD 可等效为

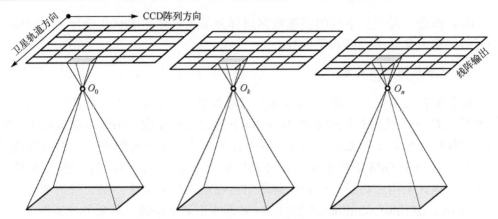

图 2-4　线阵 TDI CCD 工作原理示意图

由第 1 级 CCD 线阵输出成像的一条线阵 CCD 器件,并在推扫成像时遵循线中心投影透视几何。

2.2.3　卫星姿轨测量系统

1. 卫星姿态测量系统

目前光学遥感卫星通常采用恒星敏感器和陀螺仪的组合定姿技术,陀螺仪作为星体的短期姿态参考,能够连续观测星体的三轴姿态角速度,提供的是星体姿态的变化信息,短时间内观测精度较高,然而由于存在陀螺漂移、初始条件的不确定性、积分误差等因素的影响,随着时间的推移会有较为明显的系统误差累积。恒星敏感器作为星体的长期姿态参考,能够获取恒星影像,利用恒星在空间固定惯性参考系中位置保持恒定的特性,以恒星作为控制点,采用摄影测量中后方交会方法解算卫星本体坐标系相对于空间固定惯性参考系的姿态角,以一定频率提供卫星的绝对姿态信息。相较于陀螺仪,恒星敏感器获取的姿态观测数据观测精度较低,但系统误差累积较少,利用恒星敏感器获取的绝对姿态信息修正陀螺仪的系统漂移,反过来利用陀螺仪短时间内提供的高精度相对姿态变化信息来精化恒星敏感器获取的绝对姿态数据,这就是陀螺仪与恒星敏感器的组合定姿技术,其本质上是一种状态方程与运动方程的联合平差,即滤波,显然陀螺仪观测数据提供的是运动方程信息,而恒星敏感器则提供了状态方程信息。目前光学遥感卫星下传的姿态数据主要有两种,一种是卫星本体在空间固定惯性参考系 J2000 下的姿态,另一种则是卫星本体在轨道坐标系下的姿态,由于功耗等方面的限制,下传的姿态数据的采样频率最高也仅有 16Hz,远低于相机的成像频率,我国资源三号卫星下传的姿态数据为卫星本体在 J2000 坐标系下的姿态四元数,采样频率为 4Hz，高分七号卫星下传的姿态数据同样为卫星本体在 J2000 坐标系下的姿态四元数，但采样频率提高到了 8Hz。

2. 卫星轨道测量系统

目前低轨光学卫星均采用 GPS 接收机进行轨道参数的测量，所获取的轨道参数是星上 GPS 天线的相位中心在 WGS84 下的位置和速度。GPS 接收机在某一时刻同时接收 3 颗以上的 GPS 卫星信号（内含测距信号和导航电文），测量出接收机天线至 3 颗以上 GPS 卫星的距离，并利用导航电文解算出该时刻 GPS 卫星的空间坐标，据此利用距离后方交会法解算出接收机天线的位置。GPS 星历在协调世界时（universal time coordinated, UTC）时间系统下通常每隔一秒采样记录一次。

2.3 高分辨率光学遥感卫星的时空基准

2.3.1 光学卫星时间系统

光学遥感卫星上众多成像测量载荷依靠时间系统来统一其时间基准，包括时刻的参考基准与时间间隔的尺度基准。世界时与原子时是最为常用的光学卫星载荷时间系统。世界时是以地球自转运动为基准的时间系统，其准确度和稳定度均较差，因此逐步被测量精度更高的原子时所代替。原子时以物质内部原子运动为基础，具有稳定性高与精度高的优点，因此原子时时间系统成为目前光学遥感卫星的标准时间系统，其主要包括国际原子时（international atomic time，TAI）、UTC 与 GPS 时（globe positioning system time，GPST）等。

1. 国际原子时

由于电子测量器件和运动环境差异会引入时间测量误差，为了避免该误差，1971 年，国际时间局构建了新的统一时间系统——国际原子时，国际原子时具有更精确、稳定的优点，目前由全球 58 个时间实验室（截至 2006 年 12 月）中的约 240 台原子钟共同测量、修正获得。

2. 协调世界时

世界时与国际原子时之间会由于地球自转具有不断变慢的趋势而存在逐渐变大的差异。因此，协调世界时由国际无线电咨询委员会规定和推荐，使得协调世界时的秒长等于原子时秒长，同时协调世界时与世界时通过引入闰秒的方式将两者间的差异保持在 0.9s 以内。

3. GPS 时

GPS 时是美国全球定位系统 GPS 所采用的一种原子时，是由 GPS 地面站和 GPS 卫星上的原子钟共同构建和维持的时间系统。其起始时刻为 1980 年 1 月 6 日 0 时 0 分 0 秒，此刻 GPS 时与协调世界时一致。由于协调世界时存在跳秒的现象，因此 GPS 时通常会随时间变化存在 n 个整秒的差异（n 是这段时间协调世界时的累计跳秒数）。协调世界时与国际原子时在 GPS 时起始时刻具有 19s 的差异，因此，GPS 时与国际原子时总相差 19s。由于 GPS 时的广泛适用性，高精度的协调世界时和国际原子时可以通过 TAI–GPST=19s+C 和 UTC–GPS=n+C 来获得（C 为微小差异值）。

2.3.2　光学卫星坐标系统

光学遥感卫星的几何定标需首先建立几何成像模型，其中所涉及的坐标系统包括像平面坐标系、相机坐标系、卫星本体坐标系、卫星轨道坐标系、J2000 协议惯性坐标系与 WGS84 大地坐标系等，以下对各坐标系统进行介绍。

1. 像平面坐标系

像平面坐标系分为影像坐标系与焦平面坐标系两种。影像坐标系 O_i-IJ 是对影像上某一点在整个卫星影像上具体位置的描述，其坐标原点 O_i 及坐标系方向如图 2-5(a)所示；焦平面坐标系 O-xy 是对相机焦平面上各 CCD 探元位置的描述，其坐标原点及坐标系方向如图 2-5(b)所示。

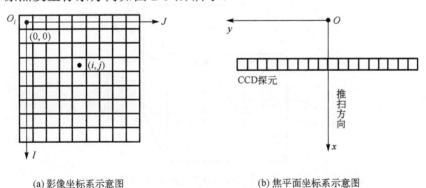

(a)影像坐标示意图　　　　　　　(b)焦平面坐标系示意图

图 2-5　像平面坐标系示意图(程宇峰, 2019)

2. 相机坐标系

相机坐标系 O_c-$X_cY_cZ_c$，其坐标原点 O_c 是卫星所搭载相机的投影中心，X_c 和 Y_c 方向与焦平面坐标系的 x、y 方向一致，Z_c 则垂直于焦平面并与视向量方向相同，如图 2-6 所示。因此，焦平面上 CCD 的一点在相机坐标系中的坐标可以表示为 (x, y, f)，其中，f 表示相机的主距。

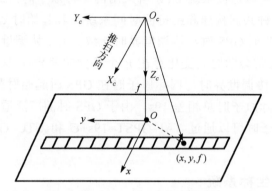

图 2-6　相机坐标系 O_c - $X_c Y_c Z_c$ 示意图 (程宇峰, 2019)

3. 卫星本体坐标系

卫星本体坐标系 O_b - $X_b Y_b Z_b$ 是星上所搭载的各个传感器的安装坐标基准，其坐标原点 O_b 位于星箭分离面上的理论圆心，其坐标轴分别取卫星的三个主惯量轴，X_b 轴指向卫星飞行方向，Y_b 轴沿着卫星横轴，Z_b 轴按照右手规则确定，具体如图 2-7 所示，该坐标系是卫星平台各载荷的安装坐标基准，一般来说，星上各种载荷的安装参数均是以卫星本体坐标系为参考基准确定和提供的。

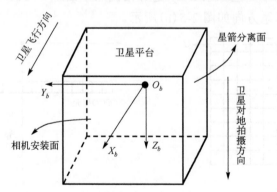

图 2-7　卫星本体坐标系 O_b - $X_b Y_b Z_b$ 示意图 (程宇峰, 2019)

4. 卫星轨道坐标系

如图 2-8 所示，卫星轨道坐标系 O_o - $X_o Y_o Z_o$ 的原点 O_o 与卫星本体坐标系 O_b - $X_b Y_b Z_b$ 的原点 O_b 相同，X_o 指向卫星飞行方向，Z_o 指向地球质心，$X_o Y_o Z_o$ 构成右手坐标系。由于卫星的瞬时位置与运动速度方向都直接影响轨道坐标系的坐标原点与坐标轴指向，因此卫星轨道坐标系是一个瞬时坐标系。根据卫星轨道观测值以惯性坐标系还是地球坐标系为基准，卫星轨道坐标系可以分为惯性轨道坐标系和地球轨道坐标系。

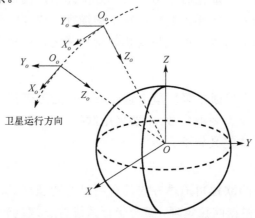

图 2-8　卫星轨道坐标系 O_o-$X_oY_oZ_o$ 示意图（程宇峰，2019）

5. J2000 协议惯性坐标系

J2000 协议惯性坐标系（简称 J2000 坐标系）以地球质心为坐标系原点，将 2000 年 1 月 1 日质心力学时（temps dynamique barycentrique，TDB）设置为标准历元，利用将瞬时岁差和章动修正后的春分点设置为 X 轴，北天极设置为 Z 轴，Y 轴构成右手坐标系。该坐标系是天文学中用于计算卫星星历的坐标系，光学遥感卫星的姿态量测基准以及静止轨道卫星的轨道基准一般均基于该坐标系。

6. 1984 世界大地坐标系

1984 世界大地坐标系又称 WGS84 大地坐标系（简称 WGS84 坐标系），是一种国际上采用的协议地球坐标系，以 WGS84 大地椭球为基准，用于描述地面点在地球上的位置（魏子卿，2008）。该坐标系以地球质心为坐标系原点，X 轴指向 BIH（国际时间）1984.0 零度子午面与协议地球极（conventional terrestrial pole, CTP）方向对应的赤道交点，Z 轴指向 BIH1984.0 定义的 CTP 方向，Y 轴构成右手坐标系。

2.4　高分辨率光学遥感卫星儿何成像模型

2.4.1　光学遥感卫星影像姿轨数学模型

对于面阵成像的光学遥感卫星，单景影像共用一个成像时刻与一组外方位元素，然而成像时刻与姿轨观测采样时刻通常会存在时间不同步的现象，需要根据成像时刻对姿轨观测值进行建模与插值处理；对于线阵成像光学遥感卫星，每个影像扫描行都具有一个成像时刻与一组外方位元素，但扫描行采样频率远高于姿轨观测值的采样频率，同样需要根据每个扫描行的成像时刻对姿轨观测值进行建模和插值处理。以下对姿态模型与姿轨数据插值进行简单介绍。

1. 姿态模型

目前光学遥感卫星通常采用星上直传或者事后处理得到的高精度星敏与陀螺组合定姿结果作为姿态观测参数，主要采用欧拉角与四元素对姿态参数进行描述，两种描述形式的具体定义如下。

1）欧拉角参数

由于卫星姿态的欧拉角描述方式具有明显的物理意义，因此常用于光学遥感卫星的姿态控制。根据欧拉定理，参考坐标系进行三次旋转即可得到本体坐标系，这三次旋转分别以被转动坐标系的坐标轴之一为旋转轴，旋转的姿态角即为姿态欧拉角。由于旋转轴的先后顺序存在多样性，旋转顺序的不同会造成欧拉角大小与旋转矩阵结构的不同。根据常用的绕 Z,X,Y 转动顺序（又称 312 转序）进行旋转变换，转动角分别表示为偏航角 yaw(ψ)、滚动角 roll(φ)、俯仰角 pitch(θ)，则本体坐标系与参考坐标系之间的旋转矩阵可以用欧拉角表示为

$$
\begin{aligned}
\boldsymbol{R}_b^{\mathrm{ref}} &= R_Y(\theta)R_X(\varphi)R_Z(\psi) \\
&= \begin{bmatrix}
\cos\theta\cos\psi - \sin\psi\sin\theta\sin\varphi & \cos\theta\sin\psi + \sin\varphi\sin\theta\cos\psi & -\cos\varphi\sin\theta \\
-\cos\varphi\sin\psi & \cos\varphi\cos\psi & \sin\varphi \\
\sin\theta\cos\psi + \sin\varphi\cos\theta\sin\psi & \sin\theta\sin\psi - \sin\varphi\cos\theta\cos\psi & \cos\varphi\cos\theta
\end{bmatrix}
\end{aligned}
$$

$$(2\text{-}1)$$

2）四元数参数

由于卫星姿态的欧拉角描述方式存在奇点问题且表达方式不唯一，因此卫星下传的组合定姿结果通常采用四元数描述方式，以克服奇点问题和多解问题。

姿态四元数 $\boldsymbol{q}$ 的定义关系如下：

$$
\begin{aligned}
\boldsymbol{q} &= [q_0 \quad q_1 \quad q_2 \quad q_3]^{\mathrm{T}} = [q_0 \quad \vec{q}^{\,\mathrm{T}}]^{\mathrm{T}} \\
&= [\cos(\varPhi/2) \quad e_x\sin(\varPhi/2) \quad e_y\sin(\varPhi/2) \quad e_z\sin(\varPhi/2)]^{\mathrm{T}}
\end{aligned}
$$

$$(2\text{-}2)$$

其中，$\vec{e} = (e_x, e_y, e_z)^{\mathrm{T}}$ 为欧拉旋转轴，$\varPhi$ 为欧拉转角；q_0 为四元数的标量部分，$\vec{q} = [q_1 \quad q_2 \quad q_3]^{\mathrm{T}}$ 为四元数的矢量部分。

根据欧拉角与四元数的定义，可将参考坐标系与本体坐标系的旋转矩阵由欧

拉角描述转换为四元数描述，如下：

$$R(q) = (q_0{}^2 - \vec{q}^{\mathrm{T}}\vec{q})I + 2\vec{q}\vec{q}^{\mathrm{T}} - 2q_0[\vec{q}\times] \tag{2-3}$$

$$[\vec{q}\times] = \begin{bmatrix} 0 & -q_3 & q_2 \\ q_3 & 0 & -q_1 \\ -q_2 & q_1 & 0 \end{bmatrix} \tag{2-4}$$

$$R(q) = \begin{bmatrix} q_1{}^2 - q_2{}^2 - q_3{}^2 + q_0{}^2 & 2(q_1q_2 + q_3q_0) & 2(q_1q_3 - q_2q_0) \\ 2(q_1q_2 - q_3q_0) & -q_1{}^2 + q_2{}^2 - q_3{}^2 + q_0{}^2 & 2(q_2q_3 + q_1q_0) \\ 2(q_1q_3 + q_2q_0) & 2(q_2q_3 - q_1q_0) & -q_1{}^2 - q_2{}^2 + q_3{}^2 + q_0{}^2 \end{bmatrix} \tag{2-5}$$

3) 四元数与欧拉角的转化

根据四元数与欧拉角的定义，由于欧拉角具有明显的物理意义，而便于进行姿态控制及姿态稳定性分析；四元数不存在欧拉角的奇点和多解问题，便于进行姿态转换，但是由于物理意义不明显，因此不便于理解。在光学遥感卫星实际的几何定标与高精度几何处理的过程中，卫星姿态的两种描述方式通常需要进行相互转换，转换方式如下。

(1) 四元数转欧拉角。

$V_r = [x_r \ y_r \ z_r]^{\mathrm{T}}$ 表示光线矢量 V 在参考坐标系三轴上的分量，$V_b = [x_b \ y_b \ z_b]^{\mathrm{T}}$ 表示光线矢量 V 在卫星本体坐标系三轴上的分量，其相互关系如下：

$$\begin{cases} V_b = R_{br}(q_0, q_1, q_2, q_3)V_r \\ V_b = R_{br}(\theta, \varphi, \psi)V_r \end{cases} \tag{2-6}$$

其中，

$$R_{br}(q_0, q_1, q_2, q_3) = \begin{bmatrix} q_1{}^2 - q_2{}^2 - q_3{}^2 + q_0{}^2 & 2(q_1q_2 + q_3q_0) & 2(q_1q_3 - q_2q_0) \\ 2(q_1q_2 - q_3q_0) & -q_1{}^2 + q_2{}^2 - q_3{}^2 + q_0{}^2 & 2(q_2q_3 + q_1q_0) \\ 2(q_1q_3 + q_2q_0) & 2(q_2q_3 - q_1q_0) & -q_1{}^2 - q_2{}^2 + q_3{}^2 + q_0{}^2 \end{bmatrix}$$

$$R_{br}(\theta, \varphi, \psi) = R_Y(\theta)R_X(\varphi)R_Z(\psi)$$
$$= \begin{bmatrix} \cos\theta\cos\psi - \sin\psi\sin\theta\sin\varphi & \cos\theta\sin\psi + \sin\varphi\sin\theta\cos\psi & -\cos\varphi\sin\theta \\ -\cos\varphi\sin\psi & \cos\varphi\cos\psi & \sin\varphi \\ \sin\theta\cos\psi + \sin\varphi\cos\theta\sin\psi & \sin\theta\sin\psi - \sin\varphi\cos\theta\cos\psi & \cos\varphi\cos\theta \end{bmatrix}$$

由于 $R_{br}(q_0, q_1, q_2, q_3)$ 与 $R_{br}(\theta, \varphi, \psi)$ 表示同一变换关系，因此两旋转矩阵的对应元素相同，将欧拉角取值范围设置为 $(-\pi/2, \pi/2)$，则可得：

$$
\begin{cases}
\sin\varphi = 2(q_2 q_3 + q_0 q_1) \\
\cos\varphi\sin\theta = 2(q_2 q_0 - q_1 q_3) \\
\cos\varphi\cos\theta = q_0{}^2 + q_3{}^2 - q_1{}^2 - q_2{}^2 \\
\cos\varphi\sin\psi = 2(q_3 q_0 - q_1 q_2) \\
\cos\varphi\cos\psi = q_0{}^2 + q_2{}^2 - q_1{}^2 - q_3{}^2
\end{cases}
$$

$$\varphi = \arcsin(2(q_2 q_3 + q_0 q_1))$$

$$\theta = \arctan\left(\frac{2(q_2 q_0 - q_1 q_3)}{q_0{}^2 + q_3{}^2 - q_1{}^2 - q_2{}^2}\right)$$

$$\psi = \arctan\left(\frac{2(q_3 q_0 - q_1 q_2)}{q_0{}^2 + q_2{}^2 - q_1{}^2 - q_3{}^2}\right)$$

(2-7)

(2)欧拉角转四元数。

根据上文可知，由姿态四元数和欧拉角表示的惯性坐标系与本体坐标系的旋转矩阵可以表示为

$$
\boldsymbol{R}_{br}(q_0,q_1,q_2,q_3) = \boldsymbol{R}_{br}(\theta,\varphi,\psi) =
\begin{bmatrix}
A_{11} & A_{12} & A_{13} \\
A_{21} & A_{22} & A_{23} \\
A_{31} & A_{32} & A_{33}
\end{bmatrix}
$$

(2-8)

通过进一步的运算变换可得：

$$
\begin{aligned}
& A_{11} + A_{22} + A_{33} = 4q_0{}^2 - 1, \quad A_{11} - A_{22} - A_{33} = 4q_1{}^2 - 1 \\
& -A_{11} + A_{22} - A_{33} = 4q_2{}^2 - 1, \quad -A_{11} - A_{22} + A_{33} = 4q_3{}^2 - 1 \\
& A_{12} + A_{21} = 4q_1 q_2, \quad A_{12} - A_{21} = 4q_3 q_0, \quad A_{13} + A_{31} = 4q_1 q_3 \\
& A_{31} - A_{13} = 4q_2 q_0, \quad A_{23} + A_{32} = 4q_2 q_3, \quad A_{23} - A_{32} = 4q_1 q_0
\end{aligned}
$$

(2-9)

由于四元数整体取正数或者负数并不会对其描述的旋转矩阵造成影响，由此可得四元数的四组有效解如下：

$$
\begin{aligned}
& q_0 = \frac{\sqrt{A_{11} + A_{22} + A_{33} + 1}}{2} \qquad q_1 = \frac{A_{23} - A_{32}}{4q_0} \qquad q_2 = \frac{A_{31} - A_{13}}{4q_0} \qquad q_3 = \frac{A_{12} - A_{21}}{4q_0} \\
& q_1 = \frac{\sqrt{A_{11} - A_{22} - A_{33} + 1}}{2} \qquad q_0 = \frac{A_{23} - A_{32}}{4q_1} \qquad q_2 = \frac{A_{12} + A_{21}}{4q_1} \qquad q_3 = \frac{A_{13} + A_{31}}{4q_1} \\
& q_2 = \frac{\sqrt{-A_{11} + A_{22} - A_{33} + 1}}{2} \qquad q_0 = \frac{A_{31} - A_{13}}{4q_2} \qquad q_1 = \frac{A_{12} + A_{21}}{4q_2} \qquad q_3 = \frac{A_{23} + A_{32}}{4q_2} \\
& q_3 = \frac{\sqrt{-A_{11} - A_{22} + A_{33} + 1}}{2} \qquad q_0 = \frac{A_{12} - A_{21}}{4q_3} \qquad q_1 = \frac{A_{13} + A_{31}}{4q_3} \qquad q_2 = \frac{A_{23} + A_{32}}{4q_3}
\end{aligned}
$$

(2-10)

针对以上四组有效解，可根据其分母的平方大小进行比较，筛选出最大值，以避免分母过小甚至为零的情况造成的计算问题，而这组解即可选为欧拉角或旋转矩阵向四元数描述的有效转换结果。

2. 姿轨数据插值

光学遥感卫星的姿态、轨道和时间辅助数据均是以一定频率观测的离散数据，且各类数据的观测频率可能不同，在数据处理中需要根据成像时间对姿态和轨道进行插值，才能建立成像时刻的几何成像模型。考虑到单景影像的扫描时间很短，期间卫星平台运行比较稳定，可认为卫星的运行轨迹是一条平稳的弧线，各扫描行的姿态和轨道是随时间连续变化的。因此，可通过构建合理的连续数学模型拟合这一时段的姿态和轨道参数。卫星轨道插值拟合常用的方法包括常规多项式拟合、拉格朗日插值、切比雪夫多项式拟合等（向夏芸 等，2015；Sun et al.，2011）。姿态插值拟合常用的方法有拉格朗日插值、常规多项式拟合、球面线性插值以及切比雪夫多项式拟合等（皮英冬，2021）。

下面将重点介绍常规多项式拟合、拉格朗日插值以及球面线性插值三种常用的辅助数据内插方法。假设已知在某一时间段 $[t_1, t_n]$ 内的 n 个历元 $t_i (i=1, 2, \cdots, n)$ 的轨道位置参数为 (PX_i, PY_i, PZ_i)、轨道速度参数为 (VX_i, VY_i, VZ_i) 和姿态四元数为 $(q_{0i}, q_{1i}, q_{2i}, q_{3i})$，则对于任一瞬时成像时刻 $t \in (t_1, t_n)$ 的姿态和轨道外方位元素 $(PX, PY, PZ, VX, VY, VZ, q_0, q_1, q_2, q_3)$ 可以通过以下几种方式插值得到。

1）拉格朗日插值法

拉格朗日插值法是以法国数学家约瑟夫·路易斯·拉格朗日命名的一种过点插值方法。光学遥感卫星任意时刻的姿轨外方位元素可以利用最邻近的 n 个历元处姿轨参数，按照式（2-11）插值计算：

$$PX = \sum_{i=1}^{n} PX_i W_i \quad VX = \sum_{i=1}^{n} VX_i W_i \quad q_1 = \sum_{i=1}^{n} q_{0i} W_i$$

$$PY = \sum_{i=1}^{n} PY_i W_j \quad VY = \sum_{i=1}^{n} VY_i W_j \quad q_2 = \sum_{i=1}^{n} q_{1i} W_j \qquad (2\text{-}11)$$

$$PZ = \sum_{i=1}^{n} PZ_i W_i \quad VZ = \sum_{i=1}^{n} VZ_i W_i \quad q_3 = \sum_{i=1}^{n} q_{2i} W_i$$

其中，$W_i = \prod_{\substack{k=1 \\ k \neq i}}^{n} \dfrac{t - t_k}{t_i - t_k}$，进一步得到姿态四元数的标量 $q_0 = \pm\sqrt{1 - q_1^2 - q_2^2 - q_3^2}$。

2) 常规多项式拟合

常规多项式拟合是利用最邻近的多个历元的观测数据拟合多项式模型，然后再利用拟合的模型计算任一时刻的姿轨参数，其具体形式如下（以轨道数据为例）：

$$
\begin{aligned}
PX(t) &= a_0 + a_1 t + a_2 t^2 + \cdots + a_k t^k \\
PY(t) &= b_0 + b_1 t + b_2 t^2 + \cdots + b_k t^k \\
PZ(t) &= c_0 + c_1 t + c_2 t^2 + \cdots + c_k t^k \\
VX(t) &= d_0 + d_1 t + d_2 t^2 + \cdots + d_k t^k \\
VY(t) &= e_0 + e_1 t + e_2 t^2 + \cdots + e_k t^k \\
VZ(t) &= f_0 + f_1 t + f_2 t^2 + \cdots + f_k t^k
\end{aligned}
\tag{2-12}
$$

其中，k 表示拟合多项式的阶数，t 为该成像时段内的成像时刻。

3) 球面线性插值模型

球面线性插值主要用于四元数姿态数据插值，其原理是构建一个关于时间的插值函数 $Q(t)$，然后利用 t 时刻左右两端的四元数 Q_{t-1} 和 Q_{t+1} 确定该时刻的姿态。四元数球面线性插值的基本原理如图 2-9 所示。

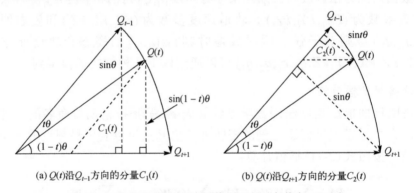

(a) $Q(t)$沿Q_{t-1}方向的分量$C_1(t)$　　　　　　(b) $Q(t)$沿Q_{t+1}方向的分量$C_2(t)$

图 2-9　四元数球面线性插值原理图（皮英冬，2021）

视 Q_{t-1} 和 Q_{t+1} 为四维空间单位球上的两个点，则球面线性插值将以恒定的角速度扫过 Q_{t-1} 和 Q_{t+1} 之间的夹角 θ。单位四元数 $Q(t)$ 位于 Q_{t-1} 和 Q_{t+1} 之间的圆弧上，与 Q_{t-1} 构成的夹角为 $t\theta\,(t \in [0,1])$，与 Q_{t+1} 构成的夹角为 $(1-t)\theta\,(t \in [0,1])$，于是有 $Q(t) = C_1(t)Q_{t-1} + C_2(t)Q_{t+1}$。其中，$C_1(t)$ 和 $C_2(t)$ 分别表示 $Q(t)$ 在 Q_{t-1} 和 Q_{t+1} 方向上分量的长度，进而推导出 $C_1(t)$ 和 $C_2(t)$：

$$
C_1(t) = \frac{\sin(1-t)\theta}{\sin\theta}, \quad C_2(t) = \frac{\sin t\theta}{\sin\theta}
\tag{2-13}
$$

得到球面线性插值的插值函数：

$$Q(t) = \frac{\sin(1-t)\theta}{\sin\theta}Q_{t-1} + \frac{\sin t\theta}{\sin\theta}Q_{t+1} \tag{2-14}$$

2.4.2　严密几何成像模型构建

1. 严密几何成像模型

基于光学遥感卫星成像时刻每个 CCD 探元、投影中心以及物方点的共线关系，建立其物理几何成像模型，具体如下：

$$\begin{bmatrix} x \\ y \\ z \end{bmatrix}_{\text{Cam}} = \mu R_{\text{Body}}^{\text{Cam}}(\text{pitch}, \text{roll}, \text{yaw}) \left[R_{\text{J2000}}^{\text{Body}} R_{\text{WGS84}}^{\text{J2000}} \begin{bmatrix} X_g - X_{\text{gps}} \\ Y_g - Y_{\text{gps}} \\ Z_g - Z_{\text{gps}} \end{bmatrix}_{\text{WGS84}} - \begin{bmatrix} B_X \\ B_Y \\ B_Z \end{bmatrix}_{\text{Body}} \right] \tag{2-15}$$

式中，μ 是比例系数，(x, y, z) 为成像的 CCD 探元在相机坐标系中的三维坐标，(X_g, Y_g, Z_g) 和 $(X_{\text{gps}}, Y_{\text{gps}}, Z_{\text{gps}})$ 分别表示 CCD 探元对应的物方点和 GPS 接收机天线相位中心在 WGS84 坐标系下的坐标；$R_{\text{WGS84}}^{\text{J2000}}$、$R_{\text{J2000}}^{\text{Body}}$、$R_{\text{Body}}^{\text{Cam}}$ 分别代表 WGS84 坐标系到 J2000 坐标系的旋转矩阵、J2000 坐标系到卫星本体坐标系的旋转矩阵、卫星本体坐标系到相机坐标系的旋转矩阵；$(\text{pitch}, \text{roll}, \text{yaw})$ 表示用于确定旋转矩阵 $R_{\text{Body}}^{\text{Cam}}$ 的三个安装角，(B_X, B_Y, B_Z) 表示从 GPS 天线相位中心到传感器投影中心的偏心矢量在卫星本体坐标系下的坐标。

2. 成像链路坐标系统转换

由上述物理几何成像模型可知，光学遥感卫星成像过程中涉及多类在不同坐标系统下描述的参数，因此在建立几何成像模型过程中需要根据相应的观测值进行坐标系统的转换。一般来说，从像方的相机坐标系到物方的大地坐标系主要包括相机坐标系与卫星本体坐标系、卫星本体坐标系与 J2000 协议惯性坐标系，以及 J2000 协议惯性坐标系与 WGS84 大地坐标系四个不同坐标系统间的三次变换。

1) 相机坐标系与卫星本体坐标系

相机坐标系与卫星本体坐标系之间的变换为两个原点不重合的三维直角坐标系的变换，需要经过平移、旋转和缩放三个变换步骤，共涉及 7 个变换参数。其平移变换即为改正 GPS 接收机天线相位中心与相机投影中心间的偏心矢量 (B_X, B_Y, B_Z)，缩放变换则包含在整体的缩放系数 μ 中，二者变换的关键在于确定两个坐标系统间的旋转矩阵。相机坐标系与卫星本体坐标系间的旋转矩阵 $R_{\text{Body}}^{\text{Cam}}$ 是由相机在卫星平台上的三个安装角 (pitch,roll,yaw) 确定的，根据三维直角坐标系统变换关系则可建立二者之间的旋转矩阵：

$$\boldsymbol{R}_{\text{Body}}^{\text{Cam}} = \boldsymbol{R}_Y(\text{pitch})\boldsymbol{R}_X(\text{roll})\boldsymbol{R}_Z(\text{yaw})$$

$$= \begin{bmatrix} \cos\text{pitch} & 0 & \sin\text{pitch} \\ 0 & 1 & 0 \\ -\sin\text{pitch} & 0 & \cos\text{pitch} \end{bmatrix}\begin{bmatrix} 1 & 0 & 0 \\ 0 & \cos\text{roll} & -\sin\text{roll} \\ 0 & \sin\text{roll} & \cos\text{roll} \end{bmatrix}\begin{bmatrix} \cos\text{yaw} & -\sin\text{yaw} & 0 \\ \sin\text{yaw} & \cos\text{yaw} & 0 \\ 0 & 0 & 1 \end{bmatrix} \quad (2\text{-}16)$$

2) 卫星本体坐标系与 J2000 协议惯性坐标系

卫星本体坐标系与 J2000 坐标系之间的变换同样为两个原点不重合的三维直角坐标系的变换，仍需要经过平移、旋转和缩放三个变换步骤。其平移变换为改正 GPS 接收机天线相位中心的位置矢量在 J2000 坐标系下的三维坐标 $(X_{\text{gps}}, Y_{\text{gps}}, Z_{\text{gps}})_{\text{J2000}}$，缩放变换同样包含在整体的缩放系数 μ 中，该变换的关键仍为确定二者之间的旋转矩阵，而该旋转矩阵是由卫星的姿态测量参数确定的。由上文可知，目前光学遥感卫星通常采用星上获取的高精度陀螺和星敏感器组合定姿的结果作为姿态观测数据，对于姿态的描述主要有欧拉角与四元数两种形式，其中前者具有明显的物理意义，常用于卫星的姿态控制，但存在奇点和多解问题，且在构建旋转矩阵时需要严格按照预定的转角顺序计算矩阵，使用起来多有不便。因此，地面处理中多采用定姿后的四元素描述卫星姿态，由姿态四元数 $q=(q_0, q_1, q_2, q_3)$ 确定的卫星本体与 J2000 坐标系之间的旋转矩阵如下：

$$\boldsymbol{R}_{\text{J2000}}^{\text{Body}} = \begin{bmatrix} q_1^2 - q_2^2 - q_3^2 + q_0^2 & 2(q_1q_2 + q_3q_0) & 2(q_1q_3 - q_2q_0) \\ 2(q_1q_2 - q_3q_0) & -q_1^2 + q_2^2 - q_3^2 + q_0^2 & 2(q_2q_3 + q_1q_0) \\ 2(q_1q_3 + q_2q_0) & 2(q_2q_3 - q_1q_0) & -q_1^2 - q_2^2 + q_3^2 + q_0^2 \end{bmatrix} \quad (2\text{-}17)$$

3) J2000 协议惯性坐标系与 WGS84 协议地球坐标系

J2000 坐标系与 WGS84 坐标系之间的转换是比较复杂的，需要基于天文实测的历元参数进行一系列改正，具体包括岁差章动、极移和地球自转。岁差和章动是由太阳系行星对地球绕日轨道所产生的摄动以及太阳和月球对地球赤道隆起部分的摄动造成的，这两种摄动影响导致地球自转轴在惯性空间不断摆动，地轴以一个约 23.5° 的夹角绕北黄极顺时针运动，与此同时，地轴还在做微小的抖动，前者即为岁差，后者即为章动。对于岁差章动的计算，当前采用自 2003 年 1 月 1 日起用的国际天文学联合会 (International Astronomical Union, IAU) 2000A 模型 (精度到达 0.2mas) 或 IAU 2000B 模型 (精度达到 1mas) (McCarthy, 2003)。极移是由于地球表面的海洋、大气以及地核内部液体的运动造成的地球自转轴相对地球北极的小范围运动。此外，地球的自转也不是均匀的，需根据实测的数据进行精确改正。因此，WGS84 坐标系与 J2000 坐标系的变换矩阵由极移、自转和岁差章动矩阵组成，具体如下：

$$R_{\mathrm{WGS84}}^{\mathrm{J2000}} = PN(t)R(t)W(t) \tag{2-18}$$

式中，$PN(t)$ 为岁差章动矩阵，它将真天球坐标系转换到 J2000 协议惯性坐标系；$R(t)$ 为地球自转矩阵，它将瞬时极地球坐标系转换到真天球坐标系；$W(t)$ 为极移矩阵，用以将协议地球坐标系转换到瞬时极地球坐标系。

2.4.3　有理函数模型

有理函数模型(rational function model，RFM)是从数学意义上对物理上的严密几何成像模型的高精度拟合(Tao et al.，2001)，其模型系数即为有理多项式系数(rational polynomial coefficient，RPC)，利用 RPC 便可直接建立影像的像点坐标与其对应的物方点地理坐标间的关系。RFM 的使用无须考虑卫星载荷的成像参数和姿轨时辅助数据，其完全独立于卫星的物理成像过程，具有形式统一、使用简单、计算效率高等优点，是当前遥感数据产品分发和使用的国际标准模型(Grodecki et al.，2003；刘军 等，2006)。

有理函数模型通过比值多项式建立影像像方与物方的对应关系，具体如下：

$$\begin{cases} x = \dfrac{\mathrm{Num}_L(U,V,W)}{\mathrm{Den}_L(U,V,W)} \\ y = \dfrac{\mathrm{Num}_S(U,V,W)}{\mathrm{Den}_S(U,V,W)} \end{cases} \tag{2-19}$$

其中，(U,V,W) 和 (x,y) 分别为正则化的地面点大地坐标和像点坐标，参数正则化是为了保证计算的稳定性，通过正则化将初始的影像坐标 (l,s) 和地面点的地理坐标 $(\mathrm{Lat},\mathrm{Lon},\mathrm{Hei})$ 的取值范围规范到 $[-1,1]$ 之间，其变换关系如下：

$$\begin{cases} x = \dfrac{l - \mathrm{Line\_Off}}{\mathrm{Line\_Scale}} \\ y = \dfrac{s - \mathrm{Samp\_Off}}{\mathrm{Samp\_Scale}} \end{cases} \qquad \begin{cases} U = \dfrac{\mathrm{Lon} - \mathrm{Lon\_Off}}{\mathrm{Lon\_Scale}} \\ V = \dfrac{\mathrm{Lat} - \mathrm{Lat\_Off}}{\mathrm{Lat\_Scale}} \\ W = \dfrac{\mathrm{Hei} - \mathrm{Hei\_Off}}{\mathrm{Hei\_Scale}} \end{cases} \tag{2-20}$$

其中，Line_Off 和 Samp_Off 分别为像方坐标的正则化偏移量，Line_Scale 和 Samp_Scale 分别为像方坐标正则化的尺度归一化参数；Lon_Off、Lat_Off 和 Hei_Off 分别为物方坐标的正则化偏移量，Lon_Scale、Lat_Scale 和 Hei_Scale 分别为物方坐标正则化的尺度归一化参数。

式(2-20)中的多项式分子、分母展开形式如下:

$$\begin{aligned}
\text{Num}_L(U,V,W) = & a_1 + a_2 V + a_3 U + a_4 W + a_5 VU + a_6 VW + a_7 UW + a_8 V^2 + a_9 U^2 + \\
& a_{10} W^2 + a_{11} VUW + a_{12} V^3 + a_{13} VU^2 + a_{14} VW^2 + a_{15} V^2 U + a_{16} U^3 + \\
& a_{17} UW^2 + a_{18} V^2 W + a_{19} U^2 W + a_{20} W^3
\end{aligned}$$

$$\begin{aligned}
\text{Den}_L(U,V,W) = & b_1 + b_2 V + b_3 U + b_4 W + b_5 VU + b_6 VW + b_7 UW + b_8 V^2 + b_9 U^2 + \\
& b_{10} W^2 + b_{11} VUW + b_{12} V^3 + b_{13} VU^2 + b_{14} VW^2 + b_{15} V^2 U + b_{16} U^3 + \\
& b_{17} UW^2 + b_{18} V^2 W + b_{19} U^2 W + b_{20} W^3
\end{aligned}$$

$$\begin{aligned}
\text{Num}_S(U,V,W) = & c_1 + c_2 V + c_3 U + c_4 W + c_5 VU + c_6 VW + c_7 UW + c_8 V^2 + c_9 U^2 + \\
& c_{10} W^2 + c_{11} VUW + c_{12} V^3 + c_{13} VU^2 + c_{14} VW^2 + c_{15} V^2 U + c_{16} U^3 + \\
& c_{17} UW^2 + c_{18} V^2 W + c_{19} U^2 W + c_{20} W^3
\end{aligned}$$

$$\begin{aligned}
\text{Den}_S(U,V,W) = & d_1 + d_2 V + d_3 U + d_4 W + d_5 VU + d_6 VW + d_7 UW + d_8 V^2 + d_9 U^2 + \\
& d_{10} W^2 + d_{11} VUW + d_{12} V^3 + d_{13} VU^2 + d_{14} VW^2 + d_{15} V^2 U + d_{16} U^3 + \\
& d_{17} UW^2 + d_{18} V^2 W + d_{19} U^2 W + d_{20} W^3
\end{aligned}$$

其中, (a_i, b_i, c_i, d_i) $(i = 1, 2, \cdots, 20)$ 即为 RPC 参数。

2.5 本 章 小 结

本章从卫星成像系统设计、运行方式等角度系统地介绍高分辨率光学遥感卫星成像载荷和姿轨测量系统,阐明光学遥感卫星成像几何原理和与之相关的卫星全链路成像时空系统,并介绍作为在轨几何定标的载体的严密几何成像模型和有理函数模型,给出模型的构建方法,为后续几何定标方法的介绍奠定基础。

参 考 文 献

程宇峰, 2019. 高分辨率光学遥感卫星高精度在轨自主几何定标方法研究[D]. 武汉: 武汉大学.

刘军, 张永生, 王冬红, 2006. 基于 RPC 模型的高分辨率卫星影像精确定位[J]. 测绘学报, 35(1): 30-34.

皮英冬, 2021. 缺少地面控制点的光学卫星遥感影像几何精处理质量控制方法[D]. 武汉: 武汉大学.

魏子卿, 2008. 2000 中国大地坐标系及其与 WGS84 的比较[J]. 大地测量与地球动力学, 28(5): 1-5.

向夏芸, 王密, 齐建伟, 等, 2015. ZY-3 卫星轨道拟合与预报精度分析[J]. 测绘通报, 1: 8-14.

Grodecki J, Dial G, 2003. Block adjustment of high-resolution satellite images described by rational polynomials[J]. Photogrammetric Engineering & Remote Sensing, 69(1): 59-68.

McCarthy D D, 2003. IRRS Conventions[R]. IERS Technical Note 32, Paris: Obs. De Paris.

Sun D, Ng A, 2011. GPS-based orbit determination for HEO orbits serving northern region[C]//24th International Technical Meeting of the Satellite Division of the Institute of Navigation: 3782-3789.

Tao C V, Hu Y, 2001. A comprehensive study of the rational function model for photogrammetric processing[J]. Photogrammetric Engineering & Remote Sensing, 67(12): 1347-1357.

Wang M, Cheng Y F, Chang X L, et al, 2017. On-orbit geometric calibration and geometric quality assessment for the high-resolution geostationary optical satellite GaoFen4[J]. ISPRS Journal of Photogrammetry & Remote Sensing, 125: 63-77.

第 3 章　高分辨率光学遥感卫星在轨几何定标模型构建

3.1　引　言

合适的在轨定标模型是进行高分辨率光学遥感卫星精确几何定标的关键，几何定标模型的构建与卫星成像链路的误差源和误差特性密切相关。因此，本章首先结合光学遥感卫星的成像机理，根据成像几何误差的特性，介绍卫星成像全链路的系统性几何误差、随机性几何误差和成像环境误差；然后，在误差源分析的基础上，对误差的影响机理和相关特性进行分析；最后，结合误差源和误差特性，构建适用于高分辨率光学遥感卫星的在轨几何定标模型，为后续在轨几何定标方法的介绍奠定模型基础。

3.2　卫星成像链路误差及特性

影响单景光学卫星遥感影像几何精度的误差源众多，特性各异，在实际处理中不同特性的几何误差采用的校正方法不同，这里从光学遥感卫星观测系统的组成和特点出发，结合误差的表现特性和校正方法，将卫星影像的几何误差划分为系统性几何误差和随机性几何误差两类，其中，系统性几何误差主要包括成像载荷的光学仪器误差、相机安装误差、GPS 偏心误差，以及时间同步误差；随机性几何误差主要包括轨道测量误差、姿态测量误差，以及姿轨数据拟合误差。

3.2.1　系统性几何误差分析

1. 成像载荷光学仪器误差

成像载荷光学仪器误差即相机的内部几何误差，通常称为内方位元素误差。星载光学相机是由光学镜头、线阵或面阵探测器等精密器件组成的复杂光学系统，对于采用中心投影、线阵成像的光学相机，其成像系统如图 3-1 所示。

探测器通过将镜头传入的光学信号转换为电信号来采集每个像素的灰度值。在该过程中，影响影像成像几何精度的误差主要包括探测器物理畸变、主距误差

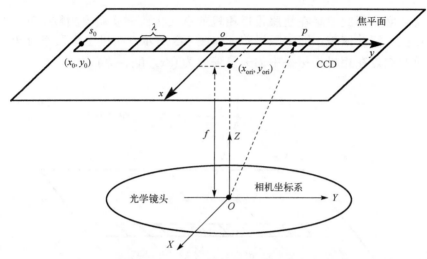

图 3-1　线阵光学相机成像系统示意图（皮英冬, 2021）

和镜头光学畸变。下面将分别介绍这三类相机内部几何误差，分析其影响并构建相应的误差补偿模型。

1) 探测器物理畸变

以 CCD 线阵成像相机为例解析探测器物理畸变, 该畸变是由于焦平面上探测器自身的变化所造成的误差，主要包括 CCD 的平移误差、旋转误差以及探元的尺寸误差，如图 3-2 所示。

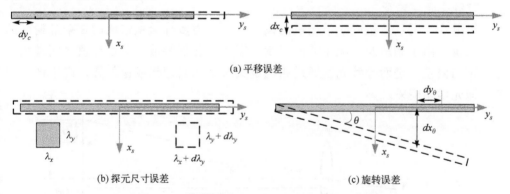

图 3-2　探测器物理畸变示意图（皮英冬, 2017）

图 3-2 中, (dx_c, dy_c) 为 CCD 在两个方向的平移误差, θ 为其旋转误差, (dx_θ, dy_θ) 为因旋转误差引起的像点平移误差, $(d\lambda_x, d\lambda_y)$ 为探元尺寸误差。

2) 主距误差

卫星在轨运行后，需根据实际的轨道高度对相机主距 f 进行调焦以保证拍摄影像的清晰度，因此卫星在轨服役后相机的真实主距与实验室检校值和初始设计值必然存在一定的偏差，即主距误差。如图 3-3 所示，相机主距误差为 df，该误差所造成的像点在相机坐标系中的矢量偏差为 $(dx_f, dy_f, -df)$。

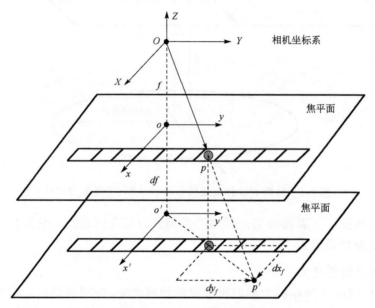

图 3-3　相机主距误差示意图（皮英冬，2017）

3) 镜头光学畸变

如图 3-4 所示，星载光学相机的镜头是一个由多片透镜组成的复杂且精密的光学系统，由于制造及装配工艺的限制，镜头中各项参数与其设计值之间难免存在一定的偏差，进而导致光线通过相机镜头时偏离其理想成像位置，产生像点误差，即光学畸变差。

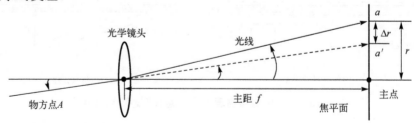

图 3-4　光学畸变差示意图（皮英冬，2017）

光学畸变差是一种非线性误差，可分解为径向畸变和偏心畸变（Fraser, 1997）。考虑到星载光学相机的视场角通常较小，高阶畸变所占的比例有限，通常一个三阶的模型即可有效描述星载光学相机的光学畸变差，更高阶的模型对光学畸变的补偿并没有明显的优势，进而可确定光学畸变改正模型如下：

$$\begin{cases} \Delta x_s = 2p_1 x_s y_s + p_2 y_s^3 + 3p_2 x_s^2 + k_1 x_s (x_s^2 + y_s^2) \\ \Delta y_s = 2p_2 x_s y_s + p_1 x_s^3 + 3p_1 y_s^2 + k_1 y_s (x_s^2 + y_s^2) \end{cases} \tag{3-1}$$

其中，p_1 和 p_2 为光学相机偏心畸变系数，k_1 为径向畸变系数。

2. 相机安装误差

光学遥感卫星在轨成像时，由星敏、陀螺等姿态传感器组成的姿态测量系统确定卫星本体在 J2000 坐标系下的姿态，并通过相机系统与卫星本体之间的连接关系来间接确定相机的姿态。理想情况下，相机按严格的设计要求安装在卫星本体上，相机坐标系和卫星本体坐标系三轴之间的夹角即为初始的设计值，但由于装配工艺的限制、卫星发射过程中应力释放，以及在轨运行后成像环境的改变，相机系统与卫星本体之间的连接关系会发生一定程度的变化，产生相机安装误差，进而造成影像的几何定位偏差。

3. GPS 偏心误差

如图 3-5 所示，卫星在轨运行时采用星上搭载的 GPS 接收机测量卫星的轨道数据，但 GPS 接收机测量的是其天线相位中心处的轨道数据，与投影中心（相机物镜后节点）存在一定的偏差 $(B_X, B_Y, B_Z)_{\text{body}}$，即为 GPS 偏心误差。

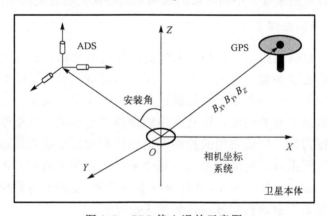

图 3-5　GPS 偏心误差示意图

4. 时间同步误差

光学遥感卫星成像过程中涉及的时间因子主要包括载荷成像时间、GPS 轨道观测时间，以及星敏观测时间。理想情况下，三类数据应在严格统一的时间基准下进行观测，但由于实际时间系统调校技术的制约，三类数据的观测时间往往存在一定的同步误差，即时间同步误差。以载荷成像时间为参考，该误差可采用 GPS 轨道观测时间以及星敏观测时间相较于载荷成像时间的偏差进行表示，在实际处理中可通过引入常量时间因子补偿时间同步误差。

3.2.2 随机性几何误差分析

1. 轨道测量误差

轨道测量误差即 GPS 接收机量测的轨道参数与该时刻卫星真实轨道参数间的偏差。当前，光学遥感卫星的轨道测量精度已经达到较高水平，以资源三号卫星为例，其搭载的两台双频 GPS 接收机的轨道量测精度优于 10cm（赵春梅 等，2013），因此，在实际处理中通常无须考虑该误差的影响。

2. 姿态测量误差

姿态测量系统的观测误差即为姿态测量误差，对卫星平台而言是不可避免的。卫星的姿态测量误差的特性较为复杂，长期在轨监测表明：卫星姿态测量误差既包括长周期的漂移误差又包括短周期的高频震颤。前者在短时间内会表现出一定的系统性，例如，对于在较短时间获取的单景影像而言，长周期性的漂移误差表现为影像的整体偏移，而高频震颤则表现随机的特性，会引起影像的内部畸变，但从卫星的整个生命周期来看，不同时段的长周期漂移误差也表现出一定的随机性。

3. 姿轨数据拟合误差

卫星的姿轨数据是按照一定频率采集的离散观测数据，需要采用插值的方式获取成像时刻的姿轨参数。姿轨插值的结果与该时刻的真实姿轨参数之间的差异即为姿轨拟合误差，该误差是一种随机误差，与卫星平台的稳定度、姿轨数据观测频率、姿轨数据本身的精度，以及采用的插值模型有关。这里以一段高分七号卫星的姿轨数据为例，验证常用的拉格朗日插值和常规多项式插值拟合的姿轨参数间的差异，时间采样的间隔为 0.1s，每个采样时刻利用其左右各两个共四个历元时刻的姿轨参数建立插值模型，并计算其姿轨参数（姿态采用欧拉角姿态表示），最终得到两种模型拟合的相对残差，如图 3-6 所示。

可以看出，两种拟合模型下轨道参数（位置与速度）的差异较小，几乎都在 0.02m 以内，这一方面反应卫星轨道参数本身是随时间光滑连续变化的，另一方面也说明不同的轨道插值模型对最终的处理精度影响不大。但两种模型下的姿态相对残差的变化较随机也更剧烈，部分时刻的姿态差异大于 0.05 角秒，换算到地面约为 0.15m，对于较高分辨率的光学卫星遥感影像已经可以引起一定程度的影像内部几何误差。因此，在实际处理中的姿态拟合应采用合适的插值模型，保证

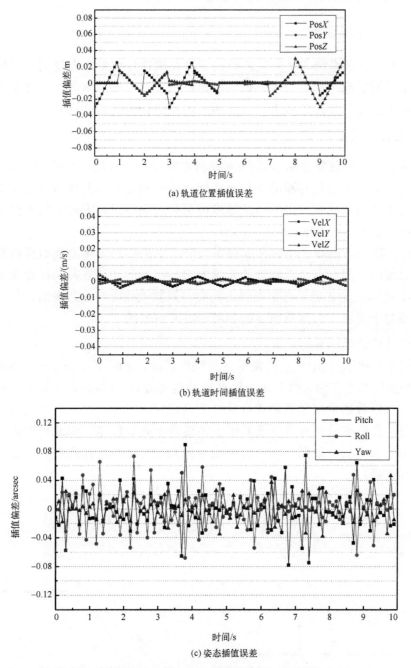

(a) 轨道位置插值误差

(b) 轨道时间插值误差

(c) 姿态插值误差

图 3-6　不同模型下的姿轨参数插值差异 (皮英冬, 2021)

姿态观测数据的信噪比, 以获取接近真实状态的拟合结果, 一般来说应尽可能选择平滑的内插模型, 以降低姿态数据本身的观测误差的影响。

3.2.3　成像环境误差

除了上述卫星系统本身的误差外，卫星在成像过程中还会受到一些额外的成像环境误差的影响，作为卫星成像误差理论研究的扩展，本书对于光学遥感卫星成像过程中涉及的光行差和大气折光两种误差进行简单的介绍。

1. 光行差误差

天体的光行差现象是由詹姆斯·布拉得雷在 1725～1728 年间发现的。它是指同一观测者处于运动状态和静止状态在同一瞬间观测同一天体所得方向的偏差。因此，由于观测者具有一定的运动速度而引起的观测天体方向上的变化被称为天体的光行差现象（Greslou et al., 2008）。

同样，在光学遥感卫星对地成像系统中，卫星相对于观测地面点也存在着高速的相对运动，因此卫星观测到的光线方向与实际的光线方向同样存在着偏差。如图 3-7 所示，角 δ 表示真实光线方向 $\vec{w}$ 与观测光线方向 $\vec{u}$ 之间的夹角，这是由于卫星相对于观测目标具有明显的相对速度 $\vec{V}$ 造成的。

1) 相对运动坐标系的定义

如图 3-8 所示，$S(t,x,y,z)$ 表示卫星坐标系统，$E(t^*,x^*,y^*,z^*)$ 表示地球坐标系统，两个坐标系存在沿 x 轴方向的相对运动速度为 $\vec{V}$，t 与 t^* 表示两个坐标系的时间系统，可以分别采用伽利略和洛伦兹变换进行相对运动坐标系的变换。

伽利略变换在经典力学中通常用于描述两个具有低速、均速相对运动的坐标系之间的变换方法，如图 3-8 中的卫星坐标系统与地球坐标系统，可由以下公式进行相互变换：

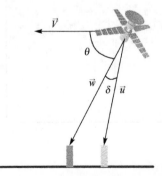

图 3-7　卫星对地成像系统中的光行差现象
（程宇峰，2019）

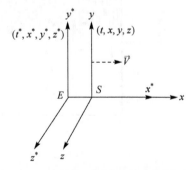

图 3-8　地球和卫星相对运动坐标系
（程宇峰，2019）

$$\begin{cases} x^* = x + Vt \\ y^* = y \\ z^* = z \\ t^* = t \end{cases} \tag{3-2}$$

伽利略变换在狭义相对论中通常用以描述两个具有高速、均速相对运动的坐标系之间的变换方法，这里卫星与地球坐标系统可由以下公式进行相互变换：

$$\begin{cases} x^* = \gamma(x + Vt) \\ y^* = y \\ z^* = z \\ t^* = \gamma\left(t + \dfrac{Vx}{c^2}\right) \end{cases} \tag{3-3}$$

其中，$\gamma = \dfrac{1}{\sqrt{1 - \beta^2}}$，$\beta = \dfrac{V}{c}$，$c$ 为真空中的光速。

2) 卫星与观测地物相对运动关系

由伽利略和洛伦兹变换可以构建卫星与地球坐标系统的相互变换关系。因此，为了确定卫星对地观测系统中的光行差，其关键在于确定成像探元与观测地物点之间的相对运动关系。以卫星轨道坐标系为观测基准(图 3-9)，成像探元与观测地物点之间的相对运动主要包括地球自转、卫星的绕地飞行运动和成像探元相对于轨道坐标系的相对运动。

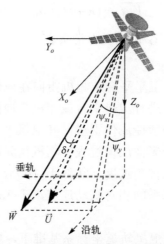

图 3-9　轨道坐标系定义及光线矢量的光行差修正(程宇峰, 2019)

设 C 为地球中心，B 为卫星中心，P 为焦平面上的入射光线所在的像点位置。$\overrightarrow{\omega_{地球}}$ 表示地球自转角速度，$\overrightarrow{\omega_{卫星}}$ 表示卫星绕行角速度，$\overrightarrow{\omega_{卫星本体}}$ 表示卫星本体自转角速度，H 表示卫星的轨道高度，i 表示轨道倾角，β 表示观测地物点的纬度，对于低轨卫星而言，该值可以近似用星下点纬度代替，因此当 $\beta = 0°$ 时，表示卫星处于赤道上空位置，对于静止轨道卫星而言，该值则应严格为观测地物点的纬度，R 表示地球的平均半径，则三种相对运动的具体分析如下。

（1）地球自转速度。

地球绕其自转轴进行着自西向东的转动，赤道上的自转线速度为 465m/s，不同纬度上地球自转的角速度相同，但纬度越高，地球自转的线速度就越小。因此，地球自转速度 $\overrightarrow{V_{地球}}$ 可表示为

$$\overrightarrow{V_{地球}} = R \cdot \overrightarrow{\omega_{地球}} \cdot \cos\beta \tag{3-4}$$

其中，$R = 6371\text{km}$，$\overrightarrow{\omega_{地球}} = 7.292 \times 10^{-5}\text{rad/s}$。

（2）卫星飞行速度。

卫星沿轨道方向的飞行速度是卫星对地观测过程中相对运动的主要因素，对于近圆轨道卫星，飞行速度一般为匀速圆周运动，速度大小与卫星轨道高度 H 相关，则卫星的飞行速度 $V_{卫星}$ 可表示为

$$V_{卫星} = \sqrt{\frac{GM_{地球}}{(R+H)}} \tag{3-5}$$

$$\overrightarrow{V_{卫星}} = (R+H) \cdot \overrightarrow{\omega_{卫星}} \tag{3-6}$$

其中，$M_{地球}$ 表示地球质量，G 代表引力常量。

（3）成像探元相对机动速度。

对于传统的测绘卫星，卫星平台或相机指向在成像过程中保持着相对静止状态，利用两次成像的间隙，进行卫星平台或相机指向的姿态机动调整。然而，对于具有"动中成像"能力的敏捷成像卫星，其卫星平台或相机指向会在成像过程中发生变化，从而造成单景影像成像过程中相机探元相对于卫星轨道坐标系的相对运动。由于卫星的机动成像角速度往往低于 10°/s，而转动轴往往小于 5m，因此成像探元与卫星轨道坐标系的相对机动速度小于 3m/s。因此，这部分的相对运动可以忽略不计。

根据以上分析可知，在卫星轨道坐标系基准下，成像像点 P 相对于观测地表的相对运动速度 $\overrightarrow{V}(P)$ 可以表示为

$$\vec{V}(P)=\begin{bmatrix} V_x \\ V_y \\ 0 \end{bmatrix} \approx \begin{bmatrix} V_{\text{卫星}} - V_{\text{地球}}\cos(i) \\ -V_{\text{地球}}\sin(i) \\ 0 \end{bmatrix} = \begin{bmatrix} (R+H)\omega_{\text{卫星}} - R\omega_{\text{地球}}\cos(\beta)\cos(i) \\ -R\omega_{\text{地球}}\cos(\beta)\sin(i) \\ 0 \end{bmatrix} \quad (3\text{-}7)$$

因此，V_x 为相对运动速度在沿轨方向的分量，其近似等于卫星的飞行速度，V_y 为相对运动速度在垂轨方向的分量，其由地球自转速度引起，且自转速度随着卫星观测地面的纬度值的变化而变化。

对于极轨卫星，$i \approx 90°$，则 $\vec{V}(P)$ 可以近似表示为

$$\vec{V}(P) \approx \begin{bmatrix} V_{\text{卫星}} \\ -V_{\text{地球}} \\ 0 \end{bmatrix} \quad (3\text{-}8)$$

对于静止轨道卫星，$i \approx 0°$，则 $\vec{V}(P)$ 可以近似表示为

$$\vec{V}(P) \approx \begin{bmatrix} V_{\text{卫星}} - V_{\text{地球}} \\ 0 \\ 0 \end{bmatrix} \quad (3\text{-}9)$$

值得注意的是，在卫星对地观测系统中，地球自转速度和卫星飞行速度均指的是其在惯性空间坐标系下的速度，而非 WGS84 坐标系下的速度。例如，静止轨道卫星在 WGS84 坐标系下的速度近似为零，若按照该速度来计算其对地观测过程中的光行差，则也近似为零，这显然与客观常识不相符。

2. 大气折光误差

大气折射的定义是指原本沿直线传播的光或其他电磁波在穿越大气层时，因为空气密度随着高度变化而产生传播路径偏折的现象。光学遥感卫星通过接收地物反射的太阳光线实现对地成像，但地球大气层具有明显的分层特点，当地物反射的太阳光线穿过大气层进入真空环境中运行的成像载荷时，由于大气折射的影响，该光线并非沿直线传播，因此破坏了像点、地物点和透视中心点的三点共线关系，从而造成基于传统共线方程的严密几何成像模型存在大气折射误差（Noerdlinger, 1999）。

如图 3-10 所示，为了简化大气折射问题，首先假设大气层为均匀的单层球形大气，则成像探测器上某一探元 p 以侧视角为 α（由卫星侧摆角 ψ_x 或者俯仰角 ψ_y 造成的成像光线偏离星下点光线的角度）的光线向地面点 Q 发射，该光线与大气层顶端相交于 Q_0，经过大气折射后与地面点 Q_1 相交，则 Q 与 Q_1 的地表距离为大气折射引起的几何定位误差，χ 表示大气折光误差修正后实际成像地物点 Q_1 与投影

中心 S 的实际侧视角。其中，卫星高度为 H，地球平均半径为 R（此处将地球模型简化为球状模型），大气层厚度为 h，大气折射系数为 n，卫星相机焦距为 f，O 为地球地心，p_1 为大气折光改正后的像方坐标，S_0 为星下点。

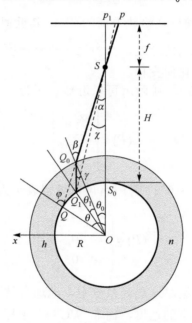

图 3-10　大气折光原理示意图（程宇峰, 2019）

如图 3-11 所示，某一探元光线的侧视角 α 可由探元光线在轨道坐标系下的俯仰角 ψ_y、侧摆角 ψ_x 表示：

$$\alpha = \sqrt{\psi_x^2 + \psi_y^2} \tag{3-10}$$

探元光线与大气层顶端的入射角 β 可以表示为

$$\beta = \arcsin\left(\frac{R+H}{R+h}\sin\alpha\right) \tag{3-11}$$

由于大气层外为真空环境，其折射系数为 1，根据折射定律，可以计算探元光线的折射角 γ 为

$$\gamma = \arcsin\left(\frac{\sin\beta}{n}\right) \tag{3-12}$$

当不存在大气折光影响时，设探元光线与地球椭球相交的入射角为 φ，θ、θ_0、θ_1 表示地心张角，$\theta = \angle QOS_0$、$\theta_0 = \angle Q_0OS_0$、$\theta_1 = \angle Q_1OQ_0$，则

$$\theta = \varphi - \alpha \tag{3-13}$$

$$\theta_0 = \beta - \alpha \tag{3-14}$$

$$\theta_1 = \arcsin\left[\frac{(R+h)\sin\gamma}{R}\right] - \gamma \tag{3-15}$$

由此可得大气折光引起的地心张角误差为 $\Delta\theta = \theta - \theta_0 - \theta_1$，对应的弧长为 $\widehat{QQ_1} = R\Delta\theta$，$\widehat{QQ_1}$ 即为单层大气折射引起的卫星几何定位偏差。

当大气分层为 i 层时，i 为大于等于 1 的正整数，可利用循环迭代的方法计算出每层大气折射引起的地球张角的偏差量 θ_i，则综合的大气折射偏差引起的地心张角误差为

$$\Delta\theta = \theta - \theta_0 - \theta_1 - \cdots - \theta_i \tag{3-16}$$

最终根据综合的地心张角误差可计算多层大气折光引起的卫星几何定位误差，如图 3-11 所示，O 为卫星星下点，G 为成像地物点，则大气折光引起的几何定位误差方向为 $\overrightarrow{OG}$。

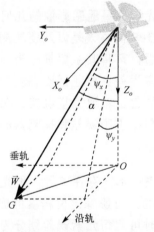

图 3-11   轨道坐标系下光线侧视角与俯仰角、侧摆角的关系(程宇峰, 2019)

同时设 $\delta\theta = \theta_0 + \theta_1 + \cdots + \theta_i$，则

$$\frac{\sin\chi}{R} = \frac{\sin(\delta\theta + \chi)}{R+H} \tag{3-17}$$

可得

$$\chi = \arctan\left(\frac{R\sin(\delta\theta)}{R+H-R\cos(\delta\theta)}\right) \tag{3-18}$$

则在共线方程条件下，大气折光误差修正后，探元光线实际的侧视角为 χ，根据原有的侧视角 α 可更新其在轨道坐标系下新的俯仰角 ψ_y^r、侧摆角 ψ_x^r：

$$\psi_y^r = \mathrm{FUN}_n(\psi_y) = \frac{\psi_y}{\alpha} \cdot \chi$$

$$\psi_x^r = \mathrm{FUN}_n(\psi_x) = \frac{\psi_x}{\alpha} \cdot \chi$$

(3-19)

由此可见，大气折光的修正基准也是卫星轨道坐标系，通过更新成像光线在卫星轨道坐标系下的侧摆角与俯仰角可以实现对于大气折光误差的精确修正，同时式(3-19)可直接带入传统共线方程进行像点与物方点映射关系的修正。

3.3　成像链路误差特性分析

3.3.1　误差影响特性分析

由上述误差分析可知，光学卫星遥感影像的几何误差源主要包括相机的光学仪器误差、相机安装误差、GPS 偏心误差以及姿轨测量等随机误差。然而，从对影像几何误差的影响规律来看，可将其主要划分为角元素误差、线元素误差以及尺度缩放误差，其中，角元素误差主要包括姿态测量误差、相机安装误差、探测器旋转误差；线元素误差主要包括轨道测量误差、GPS 偏心误差以及探测器平移误差；尺度缩放误差则主要包括主距误差和探测器的探元尺寸误差。

1. 角元素误差

虽然各类角元素误差的表现形式存在差异，但光学卫星遥感影像成像模型中各类角元素误差是完全相关的，对影像定位精度的影响是相同(杨博，2014)。因此，在角元素误差影响分析时可将角元素误差划分为沿轨、垂轨以及偏航三个正交方向的角元素误差分量，并记为 *dpitch, droll, dyaw*，然后分别对这三个角元素误差分量对影像几何误差的影响进行分析，如图 3-12 所示。

其中，*dpitch* 和 *droll* 主要引起影像沿轨和垂轨方向的平移误差，二者对定位精度的影响与成像的物距和误差本身的大小有关，其引起的定位误差随着卫星和地物的距离增大而变大，*dyaw* 主要引起影像的旋转误差，其影响的大小主要与误差本身的大小和影像的幅宽有关，尽管该误差对影像整体几何定位精度的影响相对较小，但其在影像边缘处引起的误差可高达几个像素甚至几十个像素，在实际几何处理中是不容忽视的。

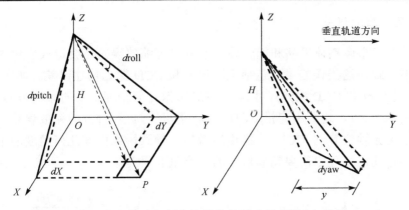

图 3-12　角元素误差对几何定位精度的影响示意图（皮英冬, 2021）

2. 线元素误差

与角元素误差类似，各类线元素误差同样完全相关，对影像几何定位精度的影响相同。因此，在进行线元素误差影响分析时仍将线元素误差分解为沿轨、垂轨以及沿主光轴三个正交方向的分量 dB_X、dB_Y 和 dB_Z，然后分别分析这三个线元素误差分量对影像几何定位精度的影响。

如图 3-13 所示，沿轨和垂轨方向的线元素误差引起的影像定位误差在沿轨和垂轨两个方向是等比例传递的，但沿主光轴方向的线元素误差引起的定位误差还与成像时刻影像在沿轨和垂轨方向的俯仰角和侧摆角有关，此时线元素误差引起的定位误差 $dX = dB_Z \cdot \tan \text{pitch}$，$dY = dB_Z \cdot \tan \text{roll}$，该误差在影像内部是不均匀的，但由于影像内部不同位置的成像角度差异很小，引起的影像内部畸变可忽略不计，仍可视为影像的整体偏移。

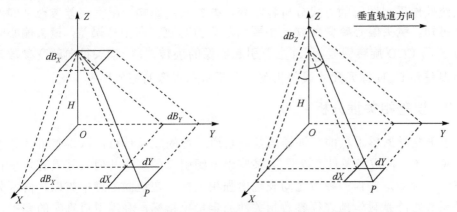

图 3-13　线元素误差对几何定位的影响示意图（皮英冬, 2021）

3. 尺度缩放误差

除了引起影像整体平移和旋转外，部分尺度缩放误差还会造成影像内部几何精度的不一致，这类误差主要包括主距误差和 CCD 探元尺寸误差。如图 3-14 所示，主距误差 df 和 CCD 探元尺寸误差 $d\lambda$ 对影像几何精度造成的影响是相同的(两类参数完全相关)，均会引起沿 CCD 方向(垂直于轨道方向)的缩放误差，该误差从垂直于主光轴位置到 CCD 边缘逐渐增加，导致影像内部几何精度的不一致，是卫星影像几何处理中需要精确修正的一类重要误差。

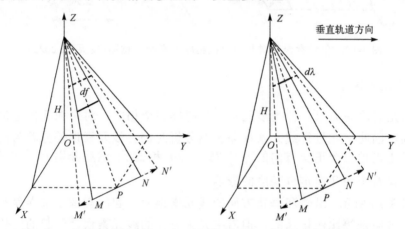

图 3-14　尺度缩放误差对影像几何精度的影响示意图(皮英冬，2021)

除了上述分析的角元素误差、线元素误差和尺度缩放误差，影响光学卫星遥感影像几何精度的误差还有相机镜头的光学畸变差，但考虑到相机镜头光学畸变参数与上述各种误差之间的强相关性(杨博，2014)，以及畸变模型的复杂度，不再系统性地采用图解的方式分析各畸变误差参数的影响。根据误差参数之间的相关性可知，镜头偏心畸变参数 p_1 主要引起影像垂轨方向平移误差，镜头偏心畸变参数 p_2 与 CCD 旋转误差相关，主要引起影像的旋转误差，镜头径向畸变参数 k_1 与主距误差和 CCD 探元尺寸误差相关，主要引起影像的缩放误差。

3.3.2　误差相关性分析

由于光学遥感卫星的窄视场角及高轨道运行的成像特点，从误差可区分性角度来说，其几何成像条件"较弱"，某些误差源引起的影像几何误差具有几乎相同的特性，导致这些误差参数之间表现出强相关性，在地面处理中难以严格区分。相关系数矩阵是科学地表征参数相关性的定量化指标，利用卫星真实的姿态、轨道、时间数据以及系统参数设计值，模拟计算其各项系统误差参数的相关系数矩阵，旨在关于光学卫星影像系统误差参数的相关性问题得到一些有意义的定量化的结论。

对于中心投影影像而言，不同的成像视场角和地面高程起伏是理论上会对各成像参数间相关系数产生影响的两个因素。其中，成像视场角是由卫星载荷设计决定的，而高程起伏则取决于成像区域的实际地形。因此，当利用物方控制点及对应的像点解算相关系数矩阵时，为了能够准确反映出各项系统误差参数之间的相关性，这些控制点不仅需要均匀覆盖在整个像平面上即满足覆盖成像视场要求，还需在物方也具有一定的高程起伏。鉴于此，这里通过模拟成像的方式在物方不同高程面上生成一定数量的虚拟控制点，利用这些虚拟控制点来模拟计算其各项误差参数的相关系数矩阵，具体流程和方法如下。

(1)严密几何成像模型的构建。首先利用一段真实卫星影像的姿态、轨道和时间数据以及系统参数设计值，将其视为真值构建严密几何成像模型，需要说明的是，由于姿态、轨道和时间数据以及系统参数设计值与真值之间的偏差通常为小量，此时，将其作为真值模拟计算的相关系数矩阵与真实情况下的差异很小，可以忽略不计。

(2)虚拟控制点的生成。在物方一定高程范围 $[H_{\min},H_{\max}]$ 内，以一定高程间距 ΔH 生成若干均匀分布的高程面 $H_k(k=1,2,\cdots,K)$，其中，$H_k=H_{\min}+\Delta H\cdot k$，在像方像平面上均匀划分一定的规则格网，对每个格网点 p_{ij} $(\mathrm{smp}_i,\mathrm{line}_j)$ 利用构建的严密几何成像模型，通过前方交会在物方各高程面 H_k 上生成对应的虚拟控制点 P_{ijk}，显然，每个格网点 p_{ij} 对应着 K 个物方控制点，即 $p_{ij}\Leftrightarrow P_{ijk}$。该步骤虚拟控制点的生成方法与采用地形无关的 RPC 模型参数解算方法中虚拟控制点的生成方法是完全一样的，如图 3-15 所示。

(3)相关系数矩阵的计算。利用这些虚拟控制点及对应的像点计算其相关系数矩阵，具体解算方法如下所示。

假设在物方生成了 K 个均匀分布的虚拟控制点，其物方坐标为 WGS84 地心直角坐标，记为 (X_i,Y_i,Z_i)，在影像上对应的像点坐标则记为 (s_i,l_i)，这里，$i=1,2,3,\cdots,K$；由于严密几何成像模型为一非线性模型，为了计算严密几何成像模型中各项系统误差参数的相关系数矩阵，需要对其进行线性化处理，线性化处理中各项系统误差参数的初值取实验室检校值。

令几何成像模型中：

$$\begin{bmatrix} \overline{X} \\ \overline{Y} \\ \overline{Z} \end{bmatrix} = \mu \boldsymbol{R}_{\mathrm{Body}}^{\mathrm{Cam}}(\mathrm{pitch,roll,yaw}) \begin{bmatrix} \boldsymbol{R}_{\mathrm{J2000}}^{\mathrm{Body}} \boldsymbol{R}_{\mathrm{WGS84}}^{\mathrm{J2000}} \begin{bmatrix} X_g - X_{\mathrm{gps}} \\ Y_g - Y_{\mathrm{gps}} \\ Z_g - Z_{\mathrm{gps}} \end{bmatrix}_{\mathrm{WGS84}} - \begin{bmatrix} B_X \\ B_Y \\ B_Z \end{bmatrix}_{\mathrm{Body}} \end{bmatrix} \quad (3\text{-}20)$$

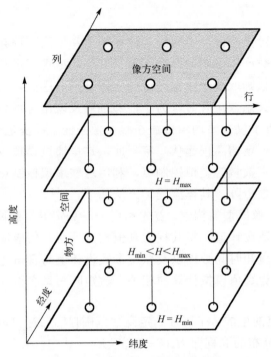

图 3-15　虚拟控制点分布示意图

进而，式(3-20)可转化为式(3-21)，其中，X 代表各项系统误差参数，如下：

$$\begin{cases} F(X) = \dfrac{\overline{X}}{\overline{Z}} - \dfrac{x}{f + \Delta f} \\[4mm] G(X) = \dfrac{\overline{Y}}{\overline{Z}} - \dfrac{y}{f + \Delta f} \end{cases} \tag{3-21}$$

将各项系统误差参数的实验室检校值 X^o 代入式(3-21)中进行线性化处理，并对每个定向点建立误差方程式(3-22)：

$$V_i = A_i X - L_i P_i \tag{3-22}$$

其中，$A_i = \left(\dfrac{\partial F_i}{\partial X}, \dfrac{\partial G_i}{\partial X} \right)^{\mathrm{T}}$，$L_i = (F(X^o), G(X^o))^{\mathrm{T}}$，$L_i$ 是利用各项误差参数的实验室检校值代入式(3-21)得到的误差向量；A_i 是误差方程的系数矩阵；P_i 是权矩阵。

进一步，根据平差理论，可计算各项系统误差参数的协因数矩阵：

$$Q_{XX} = A^{\mathrm{T}} P A = \sum_{i=1}^{K} A_i^{\mathrm{T}} P_i A_i \tag{3-23}$$

此时，各项系统误差参数的相关系数矩阵 $\boldsymbol{C}_{XX}$ 中的元素 c_{ij} 计算公式为

$$c_{ij} = \frac{q_{ij}}{\sqrt{q_{ii}} \cdot \sqrt{q_{jj}}} \tag{3-24}$$

其中，q_{ij} 为协因数矩阵 $\boldsymbol{Q}_{XX}$ 中的元素。

分别以低轨资源三号下视线阵影像和静轨高分四号面阵影像成像参数为输入，进行参数相关性分析，得到相关系数矩阵如表 3-1 和表 3-2 所示。

表 3-1　线阵卫星各项误差参数相关系数矩阵

	pitch	roll	yaw	B_x	B_y	B_z	f	x_o	y_o	θ	λ	k_1	p_1	p_2
pitch	1.0													
roll	0.0	1.0												
yaw	0.0	0.0	1.0											
B_x	1.0	0.0	0.0	1.0										
B_y	0.0	−1.0	0.0	0.0	1.0									
B_z	0.0	0.0	0.0	0.0	0.0	1.0								
f	0.0	0.0	0.0	0.0	0.0	1.0	1.0							
x_o	1.0	0.0	0.0	1.0	0.0	0.0	0.0	1.0						
y_o	0.0	−1.0	0.0	0.0	1.0	0.0	0.0	0.0	1.0					
θ	0.0	0.0	1.0	0.0	0.0	0.0	0.0	0.0	0.0	1.0				
λ	0.0	0.0	0.0	0.0	0.0	1.0	1.0	0.0	0.0	0.0	1.0			
k_1	0.0	0.1	0.0	0.0	−0.1	0.9	0.9	0.0	−0.1	0.0	0.9	1.0		
p_1	0.0	−0.8	0.0	0.0	0.8	−0.1	−0.1	0.0	0.8	0.0	−0.1	0.0	1.0	
p_2	−0.1	0.0	0.9	−0.1	0.0	0.0	0.0	−0.1	0.0	0.9	0.0	−0.1	0.0	1.0

表 3-2　面阵卫星各项误差参数相关系数矩阵

	pitch	roll	yaw	B_x	B_y	B_z	f	x_o	y_o	θ	λ	k_1	p_1	p_2
pitch	1.0													
roll	0.0	1.0												
yaw	0.0	0.0	1.0											
B_x	1.0	0.0	0.0	1.0										
B_y	0.0	−1.0	0.0	0.0	1.0									
B_z	0.0	0.0	0.0	0.0	0.0	1.0								
f	0.0	0.0	0.0	0.0	0.0	1.0	1.0							
x_o	1.0	0.0	0.0	1.0	0.0	0.0	0.0	1.0						

续表

	pitch	roll	yaw	B_x	B_y	B_z	f	x_o	y_o	θ	λ	k_1	p_1	p_2
y_o	0.0	−1.0	0.0	0.0	1.0	0.0	0.0	0.0	1.0					
θ	0.0	0.0	1.0	0.0	0.0	0.0	0.0	0.0	0.0	1.0				
λ	0.0	0.0	0.0	0.0	0.0	1.0	1.0	0.0	0.0	0.0	1.0			
k_1	0.0	0.0	0.0	0.0	0.0	0.9	0.9	0.0	0.0	0.0	0.9	1.0		
p_1	−0.8	0.0	0.0	−0.8	0.0	0.0	0.0	−0.8	0.0	0.9	0.0	0.0	1.0	
p_2	0.0	0.8	0.0	0.0	−0.8	0.0	0.0	0.0	−0.8	0.0	0.0	0.0	0.0	1.0

从上面的表中我们可以发现，对于线阵和面阵光学遥感卫星而言，其严密几何成像模型中的系统误差参数的相关性主要分为四组，组内各参数之间具有强相关性，而不同组之间的参数几乎正交。其中，第一组参数包括沿轨方向的角元素误差 pitch、沿轨方向线元素误差 B_x 以及 CCD 沿轨方向平移误差等误差参数；第二组参数则包括垂轨方向的角元素误差 roll、垂轨方向线元素误差 B_y、CCD 垂轨方向平移误差以及镜头偏心畸变参数 p_1 等误差参数；第三组参数包括偏航方向的角元素误差 yaw、CCD 旋转角误差以及镜头偏心畸变参数 p_2 等误差参数；第四组参数包括沿主光轴方向线元素误差 B_z、镜头主距误差、CCD 探元大小误差以及镜头径向畸变参数 k_1 等误差参数。另外，由于卫星轨道高度远大于地面高程起伏，高程起伏对于参数之间相关系数的影响非常微小，几乎可以忽略，这说明对于光学卫星影像布设物方控制点进行几何定向时，不需要像航空影像或近景影像那样对物方控制点的高程起伏有一定的要求。

3.4　广义在轨几何定标模型

对于光学卫星遥感影像而言，尽管其严密几何成像模型中对各项系统误差通过建立严格的数学模型进行了补偿,各项系统误差参数均具有其严格的物理意义，在理论上具有严密性，但精确定标严密几何成像模型中的各项系统误差参数是难以实现的，因此，在实际应用中，直接将严密几何成像模型作为光学卫星影像的在轨几何定标模型，解算其中各项系统误差参数是不可行的，而需要以严密几何成像模型为基础，依据各项系统误差参数特性规律对其进行合理的优化，包括科学的参数取舍、模型的近似与简化等，从而建立适合于光学遥感卫星在轨几何定标处理的几何成像模型（Wang et al., 2014）。

3.4.1　基于相机安装角的外定标模型

由于外定标参数的解算结果中不可避免地包含姿态漂移误差，因此，选择外定标参数、构建外定标模型时不仅仅需要考虑各项外部系统误差，还需要顾及外方位元素非模型化误差的特性。对于光学卫星影像而言，其系统性外定标参数主要包括三类：相机安装角、GPS 偏心误差以及 GPS 时间同步误差。

对于相机安装角而言，由于实验室检校精度通常较低，同时卫星发射过程中受应力释放、空间环境改变等因素的影响，导致该项参数通常存在较大的偏差；由于光学遥感卫星的轨道高度较高，相机安装角误差对于影像几何定位精度的影响具有很强的显著性，相关研究均表明，相机安装角误差是导致光学卫星影像几何定位误差最主要的误差来源，必须定期对其进行在轨几何定标。

对于 GPS 偏心误差，由于卫星平台体积的限制，GPS 偏心误差通常较小。考虑到 GPS 偏心误差对光学卫星影像几何定位误差的影响规律，根据线角元素相关性的分析可知，当线元素误差较小时利用角元素对其进行补偿不会对相机内部引入畸变误差，因此可将 GPS 偏心误差纳入到相机安装角中一并补偿，而无须在几何定标中进行分开求解。

对于 GPS 时间同步误差，由于其本质上等效为沿轨方向的线元素误差，若 GPS 时间同步误差导致的沿轨方向线元素误差值较大时，应首先进行一个粗略的改正，否则可能会给相机内部引入几何畸变而影响内定标参数解算的精度；若 GPS 时间同步误差所导致的沿轨方向线元素误差较小时，同样可将其纳入到相机安装角中一并补偿，而无须额外地进行在轨定标。

综上分析，将所有的外方位元素系统性几何误差纳入到基于显著的相机安装角拟合的安装矩阵 R_{Body}^{Cam} 中，进而建立基于广义相机安装角 $(pitch, roll, yaw)$ 的几何外定标模型。

3.4.2　基于探元指向角的内定标模型

卫星成像载荷的严格物理模型描述了影像像点在相机坐标系下的位置，对载荷成像过程中各项系统误差均建立了精确的数学模型进行补偿，在理论上具有严密性。然而，由载荷成像误差分析可知，卫星光学相机的物理成像模型极其复杂，且模型参数众多，在建模时需要依次计算物理畸变(平移，选择和缩放)、相机主距误差和镜头光学畸变，且由于卫星高轨道以及窄视场角的几何成像特性，使得成像载荷物理模型中部分参数之间具有高度的相关性。此外，与地面光学相机不同，航天相机是由多镜头组成的复杂且多样的光学系统，引入常规物理畸变模型的成像模型并不一定能精确描述卫星载荷成像视场内所有探元的畸变规律，即可能存在误差欠拟合的问题。因此，实际定标过程中，严格物理模型并不适合作为光学卫星载荷的几何内定标模型。为了克服严格物理模型中部分模型参数相关性高、显著性低的问题，这里构建一种基于探元指向角的内定标模型，将物理模型中确定每个探元在相机坐标系下的位置转换为确定其相应的指向角。如图 3-16 所示，V_{Image} 是相机坐标系下某个探元的指向向量，φ_x 和 φ_y 分别表示该指向向量在影像行方向和列方向的指向角。因此，在实际定标处理中可以通过精确恢复每个探元的指向角 (φ_x, φ_y) 来补偿成像载荷的内部几何畸变。

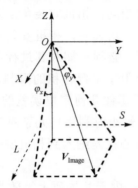

图 3-16　探元指向角模型

在传感器严格物理成像模型的基础上，通过归一化主距构建探元指向角模型：

$$V_{\text{Image}} = \left(\frac{x}{z}, \frac{y}{z}, 1 \right)^{\text{T}} = (\tan \varphi_x, \tan \varphi_y, 1)^{\text{T}} \tag{3-25}$$

然而，对于每个探元均计算两个指向角会造成待求解参数过多，考虑到光学遥感卫星载荷的畸变特性，可采用多项式模型对相机坐标系下各探元指向角的正切值进行拟合，从而构建基于探元指向角模型的光学遥感卫星成像载荷内定标模型。构建的基于一元多项式拟合的线阵载荷指向角模型如下：

$$\begin{cases} \tan(\varphi_x(s)) = a_0 + a_1 s + a_2 s^2 + a_3 s^3 + \cdots \\ \tan(\varphi_y(s)) = b_0 + b_1 s + b_2 s^2 + b_3 s^3 + \cdots \end{cases} \tag{3-26}$$

其中，s 表示像平面坐标系下的探元坐标值，(a_i, b_i)，$i = 0,1,2,\cdots$ 是为线阵指向角模型的系数。

相似地，构建的二元多项式拟合的面阵载荷指向角模型如下：

$$\begin{cases} \tan(\varphi_x(s,l)) = a_0 + a_1 s + a_2 l + a_3 sl + a_4 s^2 + a_5 l^2 + a_6 s^2 l + a_7 sl^2 + a_8 s^3 + a_9 l^3 \\ \tan(\varphi_y(s,l)) = b_0 + b_1 s + b_2 l + b_3 sl + b_4 s^2 + b_5 l^2 + b_6 s^2 l + b_7 sl^2 + b_8 s^3 + b_9 l^3 \end{cases} \tag{3-27}$$

其中，(s,l) 表示像平面坐标系下探元的二维坐标值，(a_i, b_i)，$i = 0,1,2,\cdots$ 是相应面阵探元指向角模型的系数，当在几何定标精确解算这些参数时，即可精确反演出每个探元的光线指向，进而实现卫星影像几何误差的精确补偿。

最终，将基于安装角的外定标模型和基于指向角的内定标模型引入到光学遥感卫星严密几何成像模型中，建立适用于光学遥感卫星的在轨几何定标模型：

$$
\begin{pmatrix} \tan(\varphi_x) \\ \tan(\varphi_y) \\ 1 \end{pmatrix} = \mu R_{Body}^{Cam}(pitch,roll,yaw) R_{J2000}^{Body} R_{WGS84}^{J2000} \begin{bmatrix} X_g - X_{gps} \\ Y_g - Y_{gps} \\ Z_g - Z_{gps} \end{bmatrix}_{WGS84} - \begin{bmatrix} B_X \\ B_Y \\ B_Z \end{bmatrix}_{Body} \tag{3-28}
$$

3.5　本章小结

本章从卫星成像系统设计和运行方式等角度系统地介绍光学遥感卫星成像机理、成像几何模型构建、误差源和误差特性等内容，并在此基础上构建了基于广义相机安装角和探元指向角的在轨几何定标模型，为后续几何定标方法的介绍奠定基础。

参 考 文 献

程宇峰, 2019. 高分辨率光学遥感卫星高精度在轨自主几何定标方法研究[D]. 武汉: 武汉大学.

皮英冬, 2017. 基于交叉影像的敏捷光学卫星无定标场在轨几何内定标研究[D]. 武汉: 武汉大学.

皮英冬, 2021. 缺少地面控制点的光学卫星遥感影像几何精处理质量控制方法[D]. 武汉: 武汉大学.

杨博, 2014. 光学线阵推扫式卫星影像在轨几何定标理论与方法研究[D]. 武汉: 武汉大学.

赵春梅, 唐新明, 2013. 基于星载 GPS 的资源三号卫星精密定轨[J]. 宇航学报, 34(9): 1202-1206.

Fraser C S, 1997. Digital camera self-calibration[J]. ISPRS Journal of Photogrammetry and Remote Sensing, 52(4): 149-159.

Greslou D, Lussy F D, Montel J, 2008. Light aberration effect in HR geometric model[J]. The International Archives of the Photogrammetry, Remote Sensing and Spatial Information Sciences.

Noerdlinger P D, 1999. Atmospheric refraction effects in earth remote sensing[J]. ISPRS Journal of Photogrammetry & Remote Sensing, 54(5/6): 360-373.

Wang M, Yang B, Hu F, et al, 2014. On-orbit geometric calibration model and its applications for high-resolution optical satellite imagery[J]. Remote Sensing, 6(5): 4391-4408.

第4章 基于地面定标场的光学遥感卫星在轨几何定标

4.1 引　言

遥感对地观测技术是人类获取地球空间信息的重要手段，在国民经济建设中具有不可替代的作用。我国已投入数百亿元建立天基对地观测系统，2020年在轨运行卫星已达上百颗，具有准实时、全天候获取各种空间数据的能力，我国自行发射的卫星已经获取了大量的高分辨率卫星影像数据，使得以较低的成本、较短的周期获取基础地理空间信息成为可能。

然而，由于卫星发射和运行过程中空间热力学等环境因素的影响，卫星成像系统的几何参数会发生显著变化，导致遥感卫星的实验室检校参数存在较大的误差而无法适用，需要在轨进行系统几何误差的定标，以保障遥感卫星影像的几何精度和几何质量(Breton et al., 2002; Wang et al., 2014)。基于地面定标场的在轨几何定标是目前发展最成熟、应用最广泛的遥感卫星在轨几何定标方法，这种方法的原理较简单，利用光学卫星在轨获取的定标场影像数据，从定标场的高精度参考数据上匹配一定数量的密集控制点，通过摄影测量方法对成像系统在轨运行时的内外方位元素进行精确定标，为影像的高精度几何处理提供精确的成像参数，是当前大多数在轨服役的光学遥感卫星采用的实际处理方法(Takaku et al., 2009; Chen et al., 2015; Yang et al., 2017)。

本章首先介绍地面几何定标场建设的意义和内容，以及我国现有的几何定标场情况；然后详细介绍基于地面定标场的在轨几何定标解算和质量评价方法，包括：控制点匹配、定标处理流程、待定标参数解算和精度评价等；最后根据实际的光学卫星数据开展在轨几何定标实验与效果分析。

4.2 高分辨率光学卫星地面几何定标场

高分辨率地面几何定标场可以为卫星影像产品的精确几何定标提供不同地区、不同地形的基准控制数据，包括城区、山区、戈壁等。地面几何定标场的建设提升了我国对地观测系统的整体技术水平，为解决我国对地观测系统从低定位精度向高定位精度迈进的战略性和基础科学技术问题，提供大型综合科学技术研究设施,不但能为航天对地观测系统中的各种成像载荷提供高精度几何定标基准,还可以为各载荷获取的数据和生产的地理信息产品提供几何精度的真实性检验基准,提高几何产品检验的可靠性。

4.2.1　定标场建设内容

1. 定标场设计原则

为了满足多种多样的卫星几何处理需求,几何定标场在设计的过程中一般会考虑到包含不同区域、不同地形、不同地物产品的情况,在几何定标场建设时有如下要求。

(1)定标场环境要求:被选择的地区有可用的精确地形图和高清影像图,便于定标场控制点的布设、后续监控与更新;为了节约成本,同时使定标场内的控制点能长期使用,在区域内应有大量可选择做控制点的人工和自然地物,如十字路口的交点、人行道交叉线。对于包括森林、水域、山地等地物的特殊区域,应合理布设一定数量的控制点或高精度参考影像。

(2)气象条件要求:定标场天空应少云少雨,以保证卫星过境时能获得无云覆盖的清晰影像,这样才有利于几何定标场中地面控制点的辨认与选取。

(3)区域尺寸要求:定标场范围应足够大,几何定标场的范围根据待定标或待检验的影像的幅宽进行设计,要能够覆盖影像的地面幅宽。

(4)定标场的分布要求:定标场要根据卫星的轨道分布在全球范围内,确保卫星上的有效载荷能够在每个月或几个月都能经过地面几何定标场一次;用于几何产品精度检验的定标场应分布在不同地形、不同纬度区域,其内地物应包括城市、农村、山地、平原、沙漠、森林等区域,用于针对这些区域的几何产品进行几何精度评价。

(5)定标场的精度要求:几何定标场可以是外业测量的高精度靶标点,也可以是高精度参考影像;几何定标场的控制数据精度要比待定标或待检验影像的精度高一个数量级,满足几何精度处理的要求。

2. 定标场数据处理

对获取的卫星影像数据进行检查,合格后进行外业像控点测量,结合获取的像控点数据开展区域网平差、DSM 匹配、DSM 编辑、DEM 编辑、影像纠正、影像配准、影像融合、镶嵌等处理,进而制作定标场区域满足要求的参考 DSM 及DOM 数据。总体技术路线如图 4-1 所示。

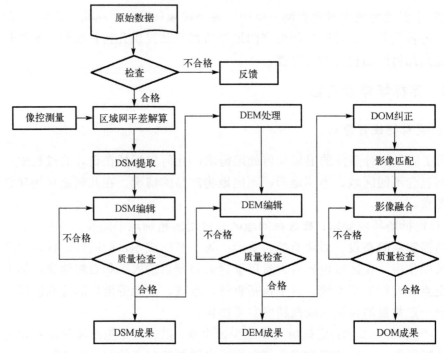

图 4-1　定标场数据生产总体技术路线图

4.2.2　我国现有几何定标场

1. 嵩山定标场

嵩山定标场是由武汉大学联合解放军信息工程大学建设的我国第一个高分辨率对地观测系统高精度的几何定标和综合实验场。嵩山定标场地处我国中部河南省，地理位置东经 112°42′～113°54′、北纬 34°13′～35°2′，覆盖面积约 100km×80km。该区域平均海拔约为 500m，最高点高程为 1491.73m，最大高程起伏不超过 2000m，具有丘陵地区的地形特征。定标场中有 217 个永久性地面标志点，平面位置采用 GPS 静态测量、高程位置采用三等水准测量，精度均优于 1cm。为了满足不同地面分辨率卫星的检定要求，控制点分三级布设，点间隔分别为 300m、500m 和 1000m，标志的尺寸主要为 1m×1m，仅在密集的地区隔点布设 0.4m×0.4m 尺寸的控制点。

嵩山定标场是具有国际先进水平、长期稳定可靠、开放的国家级遥感定标、检验的地面试验和定标场体系，有效提高了我国卫星遥感数据的定量化应用水平。嵩山定标场提供了全区 1∶2000 比例尺的数字正射影像（DOM）和数字高程模型（DEM）参考数据，其中，DOM 的地面空间分辨率为 0.2m，平面精度优于 1m，DEM 的地面空间分辨率为 1m，其高程精度优于 2m，如图 4-2 所示。

(a)数字正射影像　　　　　　　(b)数字高程模型

图4-2　嵩山定标场参考数据

2. 安阳定标场

安阳定标场也位于我国河南省境内,地理范围东经 114°19′~115°12′、北纬 35°44′~36°1′,覆盖面积 90km×30km。该区域平均海拔约 40m,最高点高程为 70m,最大高程起伏不超过 100m,具有典型的平原地区特征。安阳定标场提供了全区 1:1000 比例尺的数字正射影像(DOM)和数字高程模型(DEM)参考数据,其中,DOM 的地面空间分辨率为 0.1m,平面精度优于 0.5m,DEM 的地面空间分辨率为 0.5m,其高程精度优于 1m,如图4-3 所示。

(a)数字正射影像

(b)数字高程模型

图4-3　安阳定标场参考数据

3. 中卫定标场

中卫定标场是由中卫市人民政府、武汉大学和北京航天驭星科技有限公司共同建设的遥感卫星定标场，是全球首个集成像遥感卫星和非成像测高卫星的综合定标与真实性定标场地。中卫定标场一期规划用地 292.92 亩，目标是建成具有国际先进水平、长期稳定可靠、自动化的、开放共享的、具备综合定标体系能力的定标场基地，能够涵盖星载光学、合成孔径雷达(synthetic aperture radar，SAR)、激光的几何定标、辐射定标能力，满足高空间分辨率、高时间分辨率和高光谱分辨率遥感卫星的业务化定标与遥感产品检验要求。

4.2.3 定标场控制点密集匹配

定标场提供的高精度参考基准通常是以相应区域的参考数据(DOM 和 DEM)的形式出现的，因此在几何定标中还需从参考数据中提取出精确的控制点作为几何定标的观测值。

1. 控制点分布

利用物方控制点对光学卫星遥感影像几何定标模型参数进行解算时，物方控制点如何分布很大程度上影响着定标结果的精度和可靠性。若参与定标解算的控制点分布在影像行方向(卫星沿轨方向)上的不同区域内，即像点的行坐标存在较大差异时，那么姿轨外方位元素模型拟合误差的随机抖动会给相机内定标结果带来非线性且无规律的畸变误差。

如图 4-4 所示，以线阵成像卫星为例探讨地面控制点布设原则，为了最大限度地降低姿轨随机拟合误差的影响，并且能够实现对相机内部探测器各探元处的几何畸变的最优拟合，要求控制点在待定标影像的行(沿轨)方向上应尽量分布在较短的一段区域内，而在列(垂轨)方向上应均匀分布在整个线阵探测器上。由于光学遥感卫星成像过程中存在一定的偏航角(其值随着地球纬度而变化)，因此，控制点在地面大致是沿着影像在地面投影的方向分布的。另外，高程起伏过大会导致利用角元素补偿线元素误差时给相机引入内部几何畸变，因此控制点不宜分布在高程起伏非常剧烈的高原区域内。

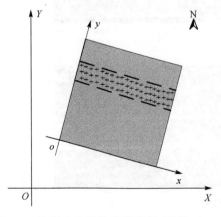

图 4-4　控制点布设方案示意图(杨博，2014)

2.　控制点密集匹配

根据平差相关理论，提高待解参数的平差解算精度通常有两种有效途径：增加平差观测样本的数量和提高平差观测样本的精度；鉴于此，为了提高定标参数的解算精度，尤其是内定标参数，除了点位分布形状外，对于物方控制点（平差观测样本）的数量以及像点量测精度也有一定的要求。考虑到目前国内卫星地面几何定标场均提供了高精度数字正射影像（DOM）和数字高程模型（DEM）等参考数据，通常利用影像高精度匹配技术，将待定标影像和定标场的 DOM 和 DEM 参考数据进行影像自动匹配，从而实现控制点的自动量测。这种利用影像高精度匹配技术直接在 DOM 和 DEM 参考数据上进行控制点自动量测的方法具有高效率和低成本等优势。如图 4-5 所示，控制点密集匹配流程的核心步骤主要包括以下三个环节。

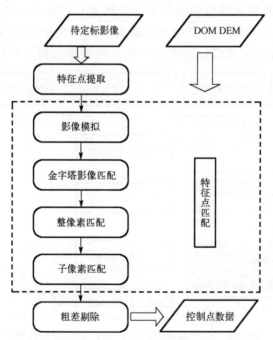

图 4-5　基于 DOM 与 DEM 的控制点自动量测流程

（1）利用光学卫星的几何成像模型（成像时间、轨道、姿态、初始相机参数），模拟参考 DOM 数据在待定标影像成像条件下获取的中心投影模拟影像，以克服由于侦照条件差异（相机、运行轨道、中心投影以及高程起伏等）引起的待定标影像与参考 DOM 之间的几何差异给后续密集匹配带来的不利影响。

（2）在影像模拟的基础上，构建金字塔影像进行逐级匹配，实现待定标影像与模拟影像的粗匹配。

(3)基于金字塔影像粗匹配得到的粗略同名像点，进行进一步更高精度的匹配，采用相关系数匹配策略进行整像素级匹配，采用相关系数曲面极值点拟合的方法进行同名像点之间的子像素匹配，最终得到高精度的控制点信息。

4.3　基于严密几何成像模型在轨几何定标

严密几何成像模型是基于卫星的设计参数和在轨获取的各类观测参数，根据其物理成像机理建立的描述像点和物点对应关系的数学模型，是光学遥感卫星几何处理的基础模型。因此，光学遥感卫星在轨几何定标通常也是基于该模型进行的，如图 4-6 所示，以匹配自定标场高精度参考数据的密集控制点为观测值，利用卫星的姿轨时辅助数据等成像参数建立其严密几何成像模型，并以此为载体，采用摄影测量学中的空间后方交会方法解算成像模型的系统性几何参数(内外方位元素)，进而实现卫星成像链路中系统性几何误差的精确补偿。

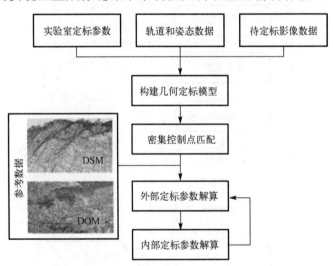

图 4-6　光学遥感卫星在轨几何定标解算流程

4.3.1　定标参数稳健估计

以第 3 章构建的基于探元指向角和相机安装角的几何定标模型，进行定标参数的解算。然而，采用的指向角模型只克服了严格物理成像模型中相机内部误差参数间强相关和互耦合的问题，但是指向角的内定标参数仍与基于相机安装角的外定标参数高度相关。这里并未将低阶的外定标参数纳入到内定标参数一并补偿，其原因在于虽然二者在数学上高度相关，但是却蕴含着不同的物理意义：内定标参数反映相机内部畸变的变化情况，外定标参数反映外部姿态漂移、热变形等因素对于相机安装的影响规律，便于实际应用过程中对影像绝对定位精度的跟踪监测和分析。

内外定标参数虽然代表着不同的物理含义，但是数学上他们仍然是高度相关的，若同时将其作为未知数进行求解，不但影响平差方程解算的收敛性，还使得求解参数失去其原本该有的物理意义。因此，这里设计了内外定标参数的分步解算方法，在保证正确求解定标参数的前提下，最大限度地保留内外定标参数本身蕴含的物理意义，便于后期的分析应用。首先，利用待定标影像与参考 DOM 数据匹配得到的控制点解算其外定标参数，然后在外定标参数所确定的参考相机坐标系下，解算其内定标参数。

1. 外定标参数的解算

为了求解相机的外定标参数，首先假设相机的初始内定标参数为"真值"，通常以地面的实验室定标值作为外定标参数与内定标参数的初始值 X_E^0 与 X_I^0，

根据式（3-28），假设：

$$\begin{cases} \begin{pmatrix} U_x \\ U_y \\ U_z \end{pmatrix} = \left[\boldsymbol{R}_{\text{J2000}}^{\text{Body}} \boldsymbol{R}_{\text{WGS84}}^{\text{J2000}} \begin{bmatrix} X_g - X_{\text{gps}} \\ Y_g - Y_{\text{gps}} \\ Z_g - Z_{\text{gps}} \end{bmatrix}_{\text{WGS84}} - \begin{bmatrix} B_X \\ B_Y \\ B_Z \end{bmatrix}_{\text{Body}} \right] \\[6pt] \boldsymbol{R}_{\text{Body}}^{\text{Cam}}(\text{pitch, roll, yaw}) = \begin{bmatrix} A_1 & B_1 & C_1 \\ A_2 & B_2 & C_2 \\ A_3 & B_3 & C_3 \end{bmatrix} \end{cases} \tag{4-1}$$

进而构建外定标参数解算平差方程，如式（4-2）：

$$\begin{cases} F = \dfrac{A_1 U_x + B_1 U_y + C_1 U_z}{A_3 U_x + B_3 U_y + C_3 U_z} - \tan(\varphi_x) \\[10pt] G = \dfrac{A_2 U_x + B_2 U_y + C_2 U_z}{A_3 U_x + B_3 U_y + C_3 U_z} - \tan(\varphi_y) \end{cases} \tag{4-2}$$

进一步进行线性化，得到式（4-3）：

$$\boldsymbol{R}_{i,k}^E = A_{i,k} \Delta X_E^k \tag{4-3}$$

$$\boldsymbol{R}_{i,k}^{E} = \begin{bmatrix} F(X_E^k, X_I^0) \\ G(X_E^k, X_I^0) \end{bmatrix}_{i,k} \quad \Delta\boldsymbol{X}_E^k = \begin{bmatrix} \Delta\text{pitch} \\ \Delta\text{roll} \\ \Delta\text{yaw} \end{bmatrix}_k \quad \boldsymbol{A}_{i,k} = \begin{bmatrix} \dfrac{\partial F_{i,k}}{\partial X_E} \\ \dfrac{\partial G_{i,k}}{\partial X_E} \end{bmatrix} = \begin{bmatrix} \dfrac{\partial F_{i,k}}{\partial \text{pitch}} & \dfrac{\partial F_{i,k}}{\partial \text{roll}} & \dfrac{\partial F_{i,k}}{\partial \text{yaw}} \\ \dfrac{\partial G_{i,k}}{\partial \text{pitch}} & \dfrac{\partial G_{i,k}}{\partial \text{roll}} & \dfrac{\partial G_{i,k}}{\partial \text{yaw}} \end{bmatrix}$$

$$(4-4)$$

其中，$\Delta\boldsymbol{X}_E^k$ 表示外定标参数在第 k 次迭代中的改正数，$\boldsymbol{R}_{i,k}^E$ 表示控制点 i 在第 k 次迭代中由当前定标参数 (X_E^k, X_I^0) 计算得到的残差向量。$\Delta\boldsymbol{X}_E^k$ 可由最小二乘平差获得：

$$\Delta\boldsymbol{X}_E^k = (A_k^{\mathrm{T}} P_k^E A_k)^{-1}(A_k^{\mathrm{T}} P_k^E \boldsymbol{R}_k^E) \tag{4-5}$$

其中，$P_{i,k}^E$ 表示控制点 i 在第 k 次迭代中的权重。

$$\boldsymbol{X}_E^{k+1} = \boldsymbol{X}_E^k + \Delta\boldsymbol{X}_E^k \tag{4-6}$$

通过式(4-6)的迭代改正求解，直到解算参数趋于稳定，得到外定标参数。求解的外定标参数，不仅补偿了相机安装的系统偏差，同时定标景影像成像时刻的轨道和姿态测量随机误差也被吸收到了外定标参数中，即随机误差被当作了系统误差进行了改正，因此对于其他验证景影响来说，该引入的随机误差将作为系统误差影响其定位精度。由于随机误差和部分相机内部误差的引入，求解的外定标参数虽不能代表真实的相机坐标系，但其可以为内定标参数的求解提供一个参考相机坐标系基准。同时，由于引入的随机误差与部分相机内部误差均为小量，该外定标参数仍然具有显著的物理意义。

2. 内定标参数的解算

为了实现内定标参数的求解，可相应构建内定标参数解算平差方程：

$$\begin{cases} f = \dfrac{A_1 U_x + B_1 U_y + C_1 U_z}{A_3 U_x + B_3 U_y + C_3 U_z} - \tan(\varphi_x) \\ g = \dfrac{A_2 U_x + B_2 U_y + C_2 U_z}{A_3 U_x + B_3 U_y + C_3 U_z} - \tan(\varphi_y) \end{cases} \tag{4-7}$$

将解算的外定标参数视为"真值"，将其带入式(4-7)可得：

$$\boldsymbol{R}_j^I = \boldsymbol{B}_j \boldsymbol{X}_I \tag{4-8}$$

$$\boldsymbol{B}_i = \begin{bmatrix} \dfrac{\mathrm{d}\big(\tan(\varphi_x)\big)}{\mathrm{d}X_I} \\ \dfrac{\mathrm{d}\big(\tan(\varphi_y)\big)}{\mathrm{d}X_I} \end{bmatrix}_j = \begin{bmatrix} \dfrac{\mathrm{d}\tan\varphi_x}{\mathrm{d}a_0} & \cdots & \dfrac{\mathrm{d}\tan\varphi_x}{\mathrm{d}a_i} & \dfrac{\mathrm{d}\tan\varphi_x}{\mathrm{d}b_0} & \cdots & \dfrac{\mathrm{d}\tan\varphi_x}{\mathrm{d}b_i} \\ \dfrac{\mathrm{d}\tan\varphi_y}{\mathrm{d}a_0} & \cdots & \dfrac{\mathrm{d}\tan\varphi_y}{\mathrm{d}a_i} & \dfrac{\mathrm{d}\tan\varphi_y}{\mathrm{d}b_0} & \cdots & \dfrac{\mathrm{d}\tan\varphi_y}{\mathrm{d}b_i} \end{bmatrix}_j$$

$$X_I = \left[a_0, \cdots, a_i, b_0, \cdots, b_i\right]^{\mathrm{T}} \quad R_j^I = \begin{bmatrix} f(X_E) \\ g(X_E) \end{bmatrix}_j$$

其中，(a_i, b_i) $(i = 1, 2, \cdots)$ 为采用的指向角模型的系数，考虑到光学遥感卫星的畸变特性，实际处理中通常采用三次指向角模型；R_j^I 为第 j 个控制点在参考相机坐标系下的矢量，则内定标参数 X_I 可由最小二乘平差求解：

$$X_I = (B^{\mathrm{T}} P^I B)^{-1}(B^{\mathrm{T}} P^I R^I) \tag{4-9}$$

$$\begin{cases} B = [B_1 \cdots B_j \cdots B_N]^{\mathrm{T}} \\ R^I = [R_1^I \cdots R_j^I \cdots R_N^I]^{\mathrm{T}} \\ P^I = \mathrm{diag}(p_1^I, \cdots, p_j^I, \cdots, p_N^I) \end{cases}$$

其中，P_j^I 表示第 j 个控制点在第 k 次迭代中的权重。

定标参数的分步解算有两个主要的优点：首先，保留了内外定标参数原有的物理意义；其次，是将"稳定"的内定标参数与"不稳定"的外定标参数进行了有效的分离，这样不仅有利于分析外定标参数的变化规律，也有助于在轨监测和分析卫星影像的实际几何定位精度。

4.3.2　谱段间相对几何定标

为了提供更加丰富的影像数据产品，大幅度提升卫星数据产品的应用潜力，满足后续更广泛、更精细化的应用需求，大多数卫星搭载的载荷为具有多个谱段的多光谱相机。例如，资源三号卫星多光谱相机包含蓝、绿、红以及近红外四个波段(李德仁，2012)，高分六号宽幅多光谱相机更是具有高达八个波段(王密 等，2020)。一般来说，多光谱相机各波段影像的地面分辨率以及幅宽均相同，在相机焦平面上，各个波段线阵单元沿轨方向依次摆放，随着卫星的飞行，以一定时间间隔获取相同地物影像。

对于多光谱相机，除利用定标场对各谱段的几何畸变进行严格的在轨几何定标外，还可以利用波段影像间的相对几何关系进行相对几何定标，实现波段影像间的高精度几何配准。

1. 相对几何定标方法

选择图 4-7 B2 波段作为参考波段，B1、B3 和 B4 作为非参考波段，下面将以B1 谱段为例阐述具体原理与技术流程。

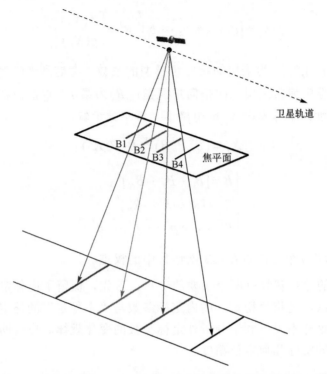

图 4-7　资源三号卫星多光谱相机四波段成像示意图(杨博, 2014)

(1)将非参考谱段 B1 影像与参考谱段 B2 影像进行连接点匹配，在谱段 B2 影像上，垂轨方向上则要求均匀覆盖整片 CCD。

(2)假设获取了 n 对连接点，记为 $(p_1^i, p_2^i)(i=1,\cdots,n)$（$p_1^i, p_2^i$ 表示一对连接点分别在 B1 和 B2 波段影像上的像点)，利用卫星成像参数及参考谱段 B2 的内定标参数构建 B2 谱段影像的严密几何成像模型，并基于此模型执行正投影计算，将 p_2^i 投影至物方高程模型上，获得其对应物方点 P^i 的坐标。

(3)将 P^i 作为控制点，其在待定标谱段影像上对应的像点即为 p_1^i，对 B1 谱段进行内定标参数的解算，具体解算可参考 4.3.1 节。

2. 高程误差影响分析

由上述方法可知，在进行谱段间相对几何定标时不可避免地引入一定高程误差，因此分析高程误差的影响是必要的。谱段间同名像点的相对几何关系如图 4-8 所示，其中，H 代表轨道高度，f 为相机主距，θ_1 和 θ_2 分别代表波段 B1 和波段 B2 在沿轨方向上的视线角。若存在高程误差(或高程起伏)ΔH，则由其引起的波段间配准误差 Δd 主要表现在沿轨方向，具体计算公式为

$$\Delta d = f \cdot (\tan\theta_2 - \tan\theta_1) \cdot \frac{\Delta H}{H + \Delta H} \tag{4-10}$$

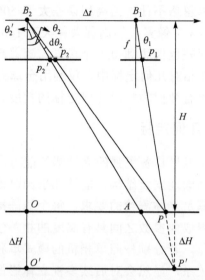

图 4-8　配准误差与高程误差关系（王密　等，2013）

以资源三号卫星多光谱相机为例，绿波段（B2 波段）作为参考波段，利用式（4-10）定量分析高程误差对蓝波段（B1 波段）、红波段（B3 波段）以及近红外波段（B4 波段）与绿波段（B2 波段）间配准误差的影响规律，如图 4-9 所示。

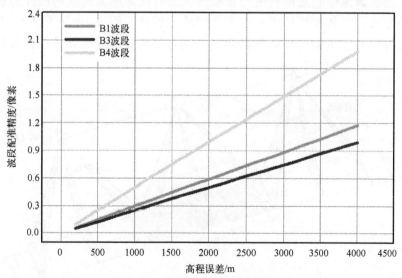

图 4-9　配准误差与高程误差关系

可以看出,高程误差与配准误差之间呈线性关系,但由于各谱段影像同名像点之间的成像时差很短,交会角很小,因此,高程起伏对于波段间同名像点的相对几何精度影响几乎可以忽略不计,当高程误差大于 500m 时,近红外与绿波段影像的配准误差仅达到 0.3 个像素,当高程误差大于 1000m 时,蓝波段、红波段与绿波段影像间的配准误差也仅达到 0.3 个像素,随着高程误差的增大,配准误差也相应增大。因此,在相对几何定标中,仅利用全球粗格网的 ASTER DEM 数据作为物方高程信息即可有效保障相对几何定标的精度。

4.3.3　立体相机联合几何定标

通常情况下,为了让卫星具备更强的立体测绘能力,常采用多线阵相机进行多视成像。多台相机采用固连安装结构,能够几乎同时地获取满足一定基高比的多视同轨立体影像,以满足立体测绘的要求。每个线阵推扫相机都具有高轨、窄视场角等成像特点,使得成像参数之间具有高度的相关性,同时多个线阵推扫相机是一个刚性固连的整体,若分别按照单相机的模式单独进行几何定标,而不顾及相互之间的相对安装关系,显然会对后续多视立体影像的相对几何精度带来系统误差,理论上缺乏严密性。因此需针对多线阵推扫相机的结构以及成像特点,发展合适的联合几何定标方法。

1.　立体相机成像体制

立体测绘成像体制是指利用三视或两视具有固定成像角度的线阵相机进行立体成像的方式,立体相机构成一个刚性固连的整体,图 4-10 和图 4-11 分别列出了我国资源三号卫星的三线阵相机和高分七号的两线阵相机立体成像体制。

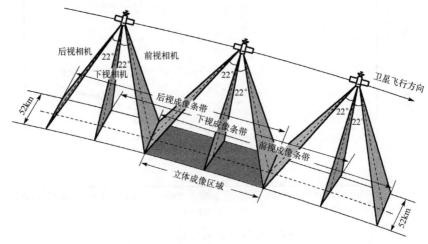

图 4-10　资源三号三线阵测绘体制成像(李德仁 等,2022)

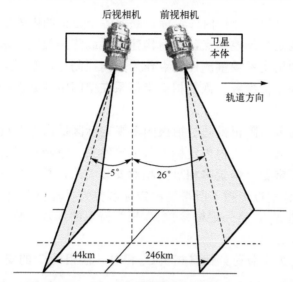

图 4-11　高分七号两线阵测绘体制成像 （Pi et al., 2022a）

2. 联合定标方法

以资源三号三线阵相机为例，三台相机在沿轨方向上存在较大的夹角，同一时间三台相机在地面的成像区域不一致，前下后三视相机在沿轨方向上相隔约 202km，因此理论上对于三线阵相机的在轨几何定标需要在沿轨方向上布设相隔约 202km 的三个定标场，但建设成本较高，如图 4-12 所示。

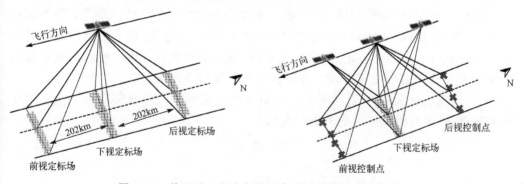

图 4-12　前下后三视定标场及控制点的物方控制方案

利用一个定标场对三线阵相机进行几何定标的关键问题在于三台相机的成像时刻不一致，各相机的外定标参数中受不同的姿态漂移误差影响，无法精确定标三台相机间的相对安装关系，对内定标参数则不会产生影响。由此，提出一种仅利用一个定标场、结合在前后视定标场区域内布设少量外业控制点的定标方案，实现三线阵相机在轨几何定标，具体步骤如下。

步骤 1 对各个相机分步内外定标，获取各个相机的内外定标参数。在待定标影像上量测得到定标场控制点，然后构建光学线阵推扫卫星基于探元指向角的几何定标模型；利用定标场量测控制点作为定向控制点，基于最小二乘平差解算各相机相应的内外定标参数，恢复相机坐标系在空间中的姿态和各探元在相机坐标系下的指向角。

步骤 2 利用多线阵相机同时拍摄的多视定标区域内外布设的外业控制点作为定向点，基于步骤 1 中所得内定标参数解算结果，重新基于最小二乘平差解算各个相机的外定标参数，确定多相机的相对安装关系，具体如下。

(1)对各相机分别以步骤 1 所得到内定标参数为"真值"，以步骤 1 所得到外定标参数作为初值 X_E^0，将外定标参数 X_E 视为待求的未知参数，基于最小二乘平差重新求解外定标参数；

(2)设相机 C_m 为主载荷，计算相机 C_m 相对其他相机 C_n 的安装矩阵 R_{mn}：

$$R_{mn} = R_n R_m^{-1} \tag{4-11}$$

其中，R_n 为相机 C_n 对应的安装矩阵，R_m 为相机 C_m 对应的安装矩阵。

步骤 3 对作为主载荷的相机，基于步骤 1 所得到的内定标参数求解结果，利用定标场数据作为定向点，基于最小二乘平差重新求解外定标参数，并转换为最终的安装矩阵；以主载荷的最终安装矩阵为基准，根据步骤 2 中所得多载荷间相对安装关系求取其他非主载荷最终的安装矩阵，从而精确恢复三台相机之间的相对安装关系，得到各相机的外定标参数，完成多相机联合定标，具体如下。

(1)对作为主载荷的相机，以步骤 1 所得到内定标参数为"真值"，将外定标参数 X_E 视为待求的未知参数，利用定标场数据作为定向点，输入各定向点的地固坐标系(conventional terrestrial system, CTS)地心直角坐标和像点坐标，基于最小二乘平差重新求解外定标参数，并转换为相机安装矩阵 R_m'；

(2)以相机安装矩阵 R_m' 为基准，求取其他非主载荷最终的安装矩阵 R_n'，根据安装矩阵 R_n' 得到相机最终的外定标参数：

$$R_n = R_{mn} R_m' \tag{4-12}$$

4.4 基于有理函数模型的在轨几何定标

虽然上述基于严密几何成像模型的在轨几何定标方法在理论上是严密的，但严密几何成像模型的构建不仅包括姿态、轨道、时间等多种参数的处理，还涉及从像方到物方多个坐标系统的转换，使得模型构建本身就是极其专业且复杂的。此外，成像模型中参数众多，且不同参数可能包括多种表达形式(如姿态的四元素和欧拉角），使得模型不但复杂且多样，造成在轨几何定标的实际处理也是比较复杂的。

　　针对该问题，这里提出一种基于有理函数模型的卫星载荷在轨几何定标方法，仅利用卫星载荷的当前定标参数和基于此拟合的 RPC 构建定标参数求解数学模型，而无须建立复杂的严密几何成像模型，但定标结果与基于严密几何成像模型的传统方法相当，且仍是指向角模型的系数，可直接用于卫星数据处理系统中。

4.4.1　定标方法原理与流程

1. 方法原理

　　基于有理函数模型的几何定标利用相机当前的模型参数（定标参数）和基于当前参数生成的 RPC 进行定标处理。其方法的本质是利用卫星影像 RPC 参数确定的定位残差，在当前参数基础上反演出精确的模型参数。如图 4-13 所示，对于一个物方点 P，其对应的真实像点（real image point, RIP）为 p，且其像点坐标为 (s,l)。由于卫星成像模型存在系统性几何误差，当前 RPC 投影在影像上的虚拟像点为 p'（假设剔除外方位元素误差），其像点坐标为 (s',l')。因此，这两个像点之间的像方残差 Δd 就是系统几何误差。这里几何定标的目的是计算一组新的几何定标参数（内定标参数）来消除整个影像的系统几何误差。

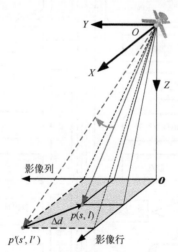

图 4-13　基于 RPC 的在轨几何定标原理（Pi et al., 2022b）

　　为了消除像方残差 Δd，需要使点 p 处确定的视线（line of sight, LOS）与点 p' 处确定的视线相同，进而得到如下关系：

$$V_{\mathrm{LOS}}(s,l,gc_{\mathrm{new}})=V_{\mathrm{LOS}}(s',l',gc_{\mathrm{ori}}) \tag{4-13}$$

其中，V_{LOS} 表示光线指向矢量，gc_{ori} 为原始的几何定标参数，gc_{new} 为需要被确定的新几何定标参数。

2. 方法流程

基于这个基本的数学原理，我们设计了一种基于通用 RPC 模型的卫星成像载荷在轨几何定标方法。该方法不仅适用于线阵相机，也适用于面阵相机，但由于二者成像系统和模型不同，在具体处理流程和模型上存在一定的差异，其中面阵相机的定标方法可视为线阵方法的一个特例。首先，在广义探元指向角模型基础上，建立了光学卫星相机的几何定标模型；其次，根据 RPC 模型中内外方位元素相关特性，采用先验粗差探测法发现和剔除控制点观测值中的粗差；然后，通过对 RPC 模型中与低阶外方位元素相关的几何误差进行修正，得到所有可靠控制点的虚拟像点；最后，基于 RPC 模型和当前几何定标参数，以控制点的虚拟像点和真实像点作为输入，构建几何定标参数平差解算模型，从而求解新的内方位元素。具体方法流程如图 4-14 所示。

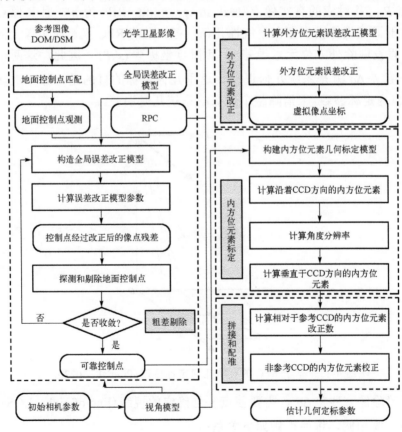

图 4-14　基于 RPC 的在轨几何定标流程(Pi et al., 2022b)

4.4.2　粗差观测值探测与剔除

由于作为几何定标观测值的控制点通常是自动的影像匹配获取的，因此在大量的控制点观测值中不可避免地存在匹配粗差，这将严重降低最终几何定标结果的精度和可靠性。因此，为了保证几何定标精度，需要对匹配误差显著的控制点进行探测和剔除。在传统的基于严密几何成像模型的几何定标方法中，可以通过计算和统计在几何定标中所有控制点的定位残差进行粗差探测。然而，基于 RPC 的几何定标中无法根据计算模型参数得到相应的控制点定位残差，即无法在几何定标中有效区分模型误差和匹配误差，导致 RPC 参数中包含的内外方位元素的模型误差与控制点本身的误差耦合在一起，造成粗差观测值难以被有效检测。

基于卫星成像模型中内外方位元素相关的特性，低阶的外方位元素误差可以通过内方位元素进行补偿，因此可以采用一种基于预先的全局模型误差改正的粗差探测方法，检测观测值中的粗差。首先，利用与多项式拟合的指向角模型等阶的误差改正模型对初始 RPC 计算的控制点像方定位残差进行整体优化，该模型可以同时改正像方残差中包含的内外方位元素模型误差，并暴露出控制点自身的匹配误差。误差改正模型补偿后的像点残差 (v_s, v_l) 如下：

$$\begin{cases} v_s = ds - \Delta s \\ v_l = dl - \Delta l \end{cases} \tag{4-14}$$

$$\begin{cases} \Delta s = ca_0 + ca_1 s + ca_2 s^2 + ca_3 s^3 + \cdots \\ \Delta l = cb_0 + cb_1 s + cb_2 s^2 + cb_3 s^3 + \cdots \end{cases} \tag{4-15}$$

其中，(ds, dl) 为 RPC 模型计算的控制点最初的像方定位残差，$(\Delta s, \Delta l)$ 为采用的误差改正模型，(ca_i, cb_i) $(i = 0,1,\cdots)$ 为待解算的误差改正模型系数。

然后，以所有控制点像方残差平方和 $(v_s^{\mathrm{T}} v_s + v_l^{\mathrm{T}} v_l)$ 最小为约束，采用最小二乘平差迭代求解误差改正模型系数。因此，迭代求解时可根据式(4-14)得到模型误差补偿后每个控制点的像方残差，该残差可以直接反映出控制点的匹配误差，并基于该残差进行粗差探测与剔除。每次平差迭代解算后，分别计算两个方向上所有像方残差的均值 $(\mathrm{mean}_{vs}, \mathrm{mean}_{vl})$ 和中误差 $(\mathrm{rmse}_{vs}, \mathrm{rmse}_{vl})$。取误差剔除中常用的 3 倍中误差作为阈值，残差大于该阈值的控制点直接作为粗差点剔除，进而得到粗差探测与剔除条件如下：

$$\begin{cases} |v_s - \mathrm{mean}_{vs}| > 3 \cdot \mathrm{rmse}_{vs} \\ |v_l - \mathrm{mean}_{vl}| > 3 \cdot \mathrm{rmse}_{vl} \end{cases} \tag{4-16}$$

在上述平差迭代求解中，不断探测和剔除粗差，直到解算的改正模型系数趋于稳定。采用这种预先的粗差剔除方法，既能有效消除误匹配的控制点，又能保证后续在相同的地面约束条件下，对内外方位元素的几何误差进行优化，避免了由于内外方位元素的相关性导致的残留外方位元素误差对相机几何内定标精度的不利影响。

4.4.3　相机绝对几何畸变标定

1. 外方位元素误差改正

将初始 RPC 模型中包含的内方位元素误差从外方位元素误差精确分离出来是进行相机内定标的关键。根据以往的研究，对于光学遥感卫星影像，外方位元素的角元素误差(如姿态误差)和线元素误差(如轨道误差)均主要引起单景影像的整体平移和旋转，而不会引起其他高阶畸变。因此，直接对影像定位残差中包含的平移和旋转误差进行改正，即可得到与成像载荷内方位元素相关的定位残差。进而得到外方位元素的误差改正模型如下：

$$\begin{bmatrix} v_{es} \\ v_{el} \end{bmatrix} = \begin{bmatrix} s_0 \\ l_0 \end{bmatrix} + \begin{bmatrix} \cos\theta & -\sin\theta \\ \sin\theta & \cos\theta \end{bmatrix} \begin{bmatrix} s+ds \\ l+dl \end{bmatrix} - \begin{bmatrix} s \\ l \end{bmatrix} \tag{4-17}$$

其中，(v_{es}, v_{el}) 为外方位元素误差改正后的控制点像方定位残差，(s_0, l_0) 为改正模型的平移参数，θ 为旋转参数，(s,l) 为控制点的像方坐标，(ds,dl) 为基于 RPC 模型计算的地面控制点初始像方定位残差。

同样地，以所有地面控制点的残差平方和 $(v_{es}^{\mathrm{T}} v_{es} + v_{el}^{\mathrm{T}} v_{el})$ 最小为约束，以粗差剔除后的可靠地面控制点为观测值，采用最小二乘平差求解平移和旋转参数。进而得到外方位元素误差改正后的虚拟像点 (s', l')，其中，$s' = s + v_{es}$ 和 $l' = l + v_{el}$。因此，可以根据最终得到的实际像点的坐标 (s,l) 和虚拟像点的坐标 (s',l') 对相机的几何畸变进行定标。

2. 内方位元素计算

在外方位元素误差改正的基础上，进行相机内方位元素的计算。由于相机结构的不同，面阵相机与线阵相机的几何定标方法存在一定的差异。对于面阵相机，可根据式(4-13)，直接使用初始几何定标参数，实际像点坐标 (s,l) 和对应的虚拟像点坐标 (s',l') 建立定标参数的平差方程，然后计算新的几何定标参数。但对于线阵相机，其沿 CCD 方向的几何定标参数也可用上述方法直接建模和求解，但其相机指向角模型是由仅包含影像列号(探元号)的一元多项式描述的，在垂直于CCD 方向的指向角模型与影像的行号无关，因此直接根据式(4-13)进行求解的参数无法补偿该方向的几何畸变。

　　针对该问题，基于线阵影像在其行方向的局部角分辨率稳定的特性，我们将角分辨率引入到垂直 CCD 方向的平差方程中，进而保证该方向的畸变也能够被准确补偿，具体如下：

$$\begin{cases} G_x = v_x^{\text{ori}}(s', gc_{\text{ori}}) - v_x^{\text{est}}(s, gc_{\text{est}}) \\ G_y = v_y^{\text{ori}}(s', gc_{\text{ori}}) - v_y^{\text{est}}(s, gc_{\text{est}}) + \tan(v_{el} v_{\text{ar}\_l}) \end{cases} \tag{4-18}$$

其中，$gc_{\text{ori}} = (oa_i, ob_i)$ 和 $gc_{\text{est}} = (na_i, nb_i)$ $(i = 0,1,\cdots)$ 分别为原始几何定标参数和待解算的定标参数；$(v_x^{\text{ori}}, v_y^{\text{ori}})$ 和 $(v_x^{\text{est}}, v_y^{\text{est}})$ 分别是相应确定的指向角模型；v_{ar_l} 为行方向上的局部角分辨率。

　　根据行列两个方向局部角分辨率的比值和地面分辨率比值近似相等的关系 $v_{\text{ar}\_l} / v_{\text{ar}\_s} = v_{\text{gsd}\_l} / v_{\text{gsd}\_s}$ 计算 v_{ar_l}，其中地面分辨率距离的比值 $v_{\text{gsd}\_l} / v_{\text{gsd}\_s}$ 可以由 RPC 模型计算，沿着 CCD 方向的角分辨率 v_{ar_s} 可以利用在该方向计算出的几何定标参数进行估计。因此，定标参数解算时，需要分别求解式 (4-18) 中的这两个平差方程，先得到沿 CCD 的指向角模型参数。由于两个方向的平差解算相同，下面仅给出了沿 CCD 方法的模型参数解算方法，对第 j 对真实像点和虚像点建立的平差方程，可通过模型线性化构造平差参数求解的误差方程：

$$v_x^j = A_j x_{\text{iop}} - L_j \qquad P_j \tag{4-19}$$

其中，x_{iop} 为几何定标参数的改正数向量，$A_x^j = \begin{bmatrix} \dfrac{\partial G_x}{\partial na_i} & \dfrac{\partial G_x}{\partial nb_i} \end{bmatrix}_j$ $(i = 0,1,\cdots)$ 为相应的系数矩阵，L_j 是根据当前解算的指向角模型参数计算的常数向量，P_j 为相应的权阵。

　　根据最小二乘平差原理，x_{iop} 的解如下：

$$x_{\text{iop}} = \left(\sum_{j=1}^{k} A_j^{\text{T}} P_j A_j \right)^{-1} \left(\sum_{j=1}^{k} A_j^{\text{T}} P_j L_j \right) \tag{4-20}$$

其中，k 为地面控制点的个数。

　　最小二乘平差是一个迭代估计过程，需要不断根据解算的改正数 x_{iop} 更新模型参数，并将其作为下一次迭代解算的输入值，直到连续两次迭代获得的结果趋于稳定，迭代收敛。然后根据得到的模型参数计算该方向的角分辨率 v_{ar_s}，再根据分辨率比值等价关系计算另一个方向上的角分辨率 v_{ar_l}，进一步根据式 (4-18) 中的另一个平差方程，利用相同的最小二乘法求解该方向的模型参数。

4.4.4 相机相对几何畸变标定

1. 相对平移畸变标定

虽然上述方法补偿了每个 CCD 的绝对几何畸变，但在相同外方位元素参考框架下，无法实现所有 CCD 影像的精确拼接和配准。针对该问题，我们首先假设一个光学相机包含三片 CCD，并选择其中一片作为参考（图 4-15 中的 CCD2）。由于在该相机中，每片 CCD 的绝对几何定标是在各自影像的外方位元素误差改正基础上进行的，相当于是在各自的焦平面坐标系（如 CCD3 的 $O_3 - X_3Y_3$）中进行的，导致各个 CCD 和参考 CCD 之间存在一个相对位置偏移 (dx, dy)，造成各片影像无法纳入到统一的外参数基准下。因此，除了精确检校各片 CCD 的绝对几何畸变，还需消除各 CCD 模型参数之间的相对畸变，来确保 CCD 影像在相同外方位元素下的精确几何拼接和配准。

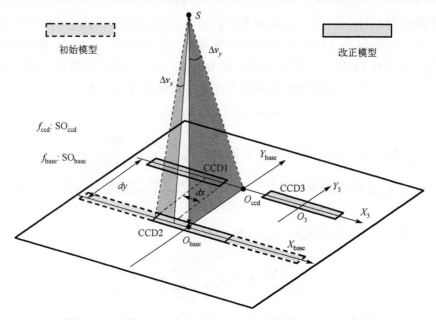

图 4-15　多个 CCD 之间的相对几何误差（Pi et al., 2022b）

如图 4-15 所示，在由参考 CCD 确定统一外方位元素基准下，通过恢复非参考 CCD 和参考 CCD 的内参模型之间的相对角度残差 $(\Delta v_x, \Delta v_y)$，实现所有 CCD 影像的几何拼接和配准。上述在外参数误差解算中计算的改正模型平移参数和绝对定标中计算的角分辨率再次被用于估计相对角度残差 $(\Delta v_x, \Delta v_y)$。利用外方位元素改正模型的平移参数可以计算各片 CCD 相对参考 CCD 的位置残差 (dx, dy)，再基于角分辨率即可计算相对角度残差。需要注意的是，由于短时间成像的稳定性，所有 CCD 的沿轨方向的角度分辨率基本是相同的，但由于在沿 CCD 方向它们的位置不同，需要根据各自的几何定标参数分别计算该方向的角度分辨率。

进而，得到第 k 个非参考 CCD 相对于参考 CCD 的内参改正量如下：

$$\begin{cases} \Delta v_x^k = \tan\left(s_0^k \cdot v_{\mathrm{or}\_s}^k - s_0^{\mathrm{base}} \cdot v_{\mathrm{or}\_s}^{\mathrm{base}}\right) \\ \Delta v_y^k = \tan\left(l_0^k \cdot v_{\mathrm{or}\_l} - l_0^{\mathrm{base}} \cdot v_{\mathrm{or}\_l}\right) \end{cases} \tag{4-21}$$

其中，(s_0^k, l_0^k) 和 $(s_0^{\mathrm{base}}, l_0^{\mathrm{base}})$ 分别表示非参考和参考 CCD 的平移参数估计值，v_{or_l} 为垂直 CCD 方向的角分辨率，$v_{\mathrm{or}\_s}^k$ 和 $v_{\mathrm{or}\_s}^{\mathrm{base}}$ 分别是沿 CCD 方向的非参考和参考 CCD 的角分辨率。

最后，通过使用计算的改正参数 $(\Delta v_x^k, \Delta v_y^k)$，修改每个非参考 CCD 模型参数的常数值，即可修正 CCD 与参考 CCD 之间的相对位置残差 (dx, dy)。

2. 偏视场畸变标定

然而，在修正 CCD 之间的相对平移畸变时，还会在沿 CCD 方向引起额外的偏视场畸变。如图 4-16 所示，对于非参考 CCD，修正了垂直 CCD 方向的相对平移 dy 后，其成像焦距由最初的 f_{ccd} 变为 f_{base}，从而形成偏视场成像。这样引起的视场偏置会在沿 CCD 方向引入新的几何畸变，从而降低 CCD 影像间的相对几何精度。

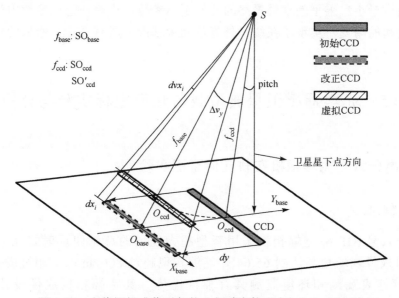

图 4-16　由偏视场成像引起的几何畸变校正(Pi et al., 2022b)

为了补偿上述偏视场畸变，我们首先根据成像几何计算所有 CCD 探元的偏视场畸变，然后使用最小二乘将它们的改正值融合到估计的定标参数中。在图 4-16 中，我们在相对平移改正后的 CCD 成像方向 SO_{base} 上设置了一个虚拟 CCD，且虚拟 CCD 与原始 CCD 的主距相同。因此，虚拟 CCD 在焦平面上的投影与改正后的 CCD 之间的偏差为相应的偏视场畸变，即 dx_i 及其相应的角度畸变 dvx_i。根据几何关系，第 k 个非参考 CCD 的第 i 个探元的偏视场畸变如下：

$$dvx_i^k = dx_i^k \cdot v_{\text{or\_}s}^k = x_i^k \cdot v_{\text{or\_}s}^k \cdot \left(\frac{\cos(\text{pitch})}{\cos(\text{pitch} + (l_0^k - l_0^{\text{base}}) \cdot v_{\text{or\_}l})} - 1 \right) \tag{4-22}$$

式中，x_i^k 为探元在沿 CCD 方向上相对于参考 CCD 中心的位置，pitch 为星载相机沿卫星轨道的成像倾角。

最后，对于第 k 个非参考 CCD，可以建立当前估计的定标参数 gc_{est}^k 与最终的精确定标参数 gc_{new}^k 之间的关系：

$$v_x^{\text{new}}(i, gc_{\text{new}}^k) = v_x^{\text{est}}(i, gc_{\text{est}}^k) - \tan(dvx_i^k) \tag{4-23}$$

其中，v_x^{est} 和 v_x^{new} 分别为相应参数确定的指向角模型。

对于每个非参考 CCD，通过建立所有探元的上述关系，即可得到一组观测方程，并通过最小二乘平差求解最终的几何定标参数，进而在定标参数中优化了由偏视场引起的畸变，实现了在统一外方位元素基准下所有 CCD 影像的精确几何拼接和配准。

4.5　光学遥感卫星典型载荷几何定标实验与分析

4.5.1　高分六号宽幅相机在轨几何定标实验

1. 实验数据

高分六号(GF-6)宽幅相机采用新型超大视场的离轴四反射式光学系统结构，相机成像视场角高达到 65.64°，能够实现超过 800km 的单相机成像幅宽，对大尺度地表观测和环境监测具有独特优势，其宽幅相机成像设计信息如表 4-1 所示。

表 4-1　高分六号卫星宽幅相机主要参数

参数	宽幅相机
相机类型	线阵 CMOS 推扫式
CMOS 像元数量	8(波段) × 8(片) × 6400(像元) 相邻 CMOS 重叠 120 像元
地面像元分辨率	16m(视场中心)
视场角	65.64°
焦距	548mm
量化等级	12bit

实验中用于绝对几何定标的宽幅影像覆盖我国北部；用于谱段间相对定标的影像覆盖纹理特征丰富的荒漠地区，以保障波段间能匹配到足够多的连接点，进而保证参数解算的精度。此外，由于该卫星的超大视场和超大幅宽，现有定标场均无法有效覆盖，因此选择其他区域的高精度参考 DOM 和 DEM 作为几何定标的基准数据。绝对定标时选取的参考 DOM 数据为 Landsat-8 卫星全色波段生产的正射影像，影像地面分辨率为 15m，平面几何精度优于 12m；参考 DEM 数据为资源三号(ZY3)制作的数字表面模型(DSM)，地面分辨率为 2m，高程精度优于 5m；相对定标时选取的参考 DEM 为 ASTER GDEM 提供的高程数据，其地面分辨率为 30m，高程精度优于 17m。

由于宽幅相机 8 个谱段间辐射差异较大，谱段差异较大的影像间同名像点匹配的可靠性低，造成以单一波段为参考的相对定标方法不再适用。考虑到 B7 和 B8 波段以绝对定标的 B2 波段为参考基准时，实际情况下的匹配效果不好，同名像点在数量和分布上都不能满足相对定标的要求，因此这里选择宽幅相机的 B2 和 B6 作为参考波段，B1 到 B6 波段以 B2 为参考波段，B7 和 B8 波段以 B6 为参考波段。具体的定标流程如图 4-17 所示，由于宽幅相机的超大视场会造成严重的镜头畸变，导致每个波段的 8 片 CMOS 具有不同的畸变特性，为了精确标定待定标波段各片 CMOS 相对于参考波段的各项几何畸变，需要对待定标波段的 8 片 CMOS 分别进行相对定标。首先以 B2 为参考波段，依次对 B1、B3、B4、B5 和 B6 波段各片进行相对定标，以确定各片的内部定标参数；再以 B6 波段为参考，对 B7 和 B8 波段各片进行相对定标，实现波段间的配准。

2. 定标数据精度验证

由于高分六号卫星宽幅相机一级标准产品分为左、中、右三块，第 7、8 片 CMOS 影像构成第 1 块，第 3、4、5、6 片 CMOS 影像构成第 2 块，第 1、2 片 CMOS 影像构成第 3 块。实验中有关整景的测试均分为三块进行。

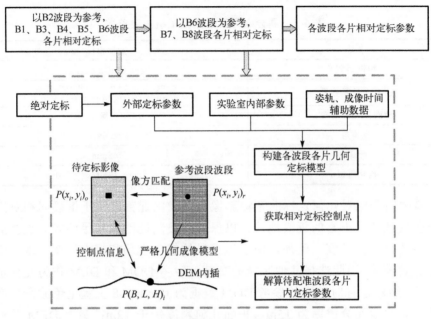

图 4-17　宽幅相机相对定标方法与流程

1) 绝对定标精度

将绝对定标景 B2 波段中间的第 4 片作为主片，以 Landsat-8 全色波段正射影像为参考 DOM，将 B2 波段第 4 片影像与参考 DOM 匹配同名像点，同名像点的物方坐标可在参考 DOM 和 DSM 上直接获取，实验中得到 54384 个同名像点作为控制点来解算内外定标参数。为保证解算的精度，使这些控制点在垂轨方向上覆盖每个探元，在沿轨方向尽可能分布在较小的一段区域内，利用匹配的控制点解算得到的外定标参数如表 4-2 所示。

表 4-2　外定标参数定标前后统计表

外定标参数	roll/rad	pitch/rad	yaw/rad
实验室定标值	0.0	0.0	0.0
定标结果	−0.000783282	0.0035031809	0.0646570420

基于外定标参数确定的广义相机安装矩阵，依次对 B2 波段的 8 片 CMOS 进行内部参数的定标，补偿内部系统几何误差。基于 B2 波段定标的相机参数，生产绝对定标景的一级标准产品，对其 B2 波段三块影像的定位精度进行测试，结果见表 4-3，其垂轨和沿轨方向的定位精度均在 1 个像素以内，表明宽幅相机外部系统误差和 B2 波段的内部几何畸变得以精确地定标和补偿。

表 4-3　绝对定标景 B2 波段三块影像定位精度

成像时间	中心经纬度	侧摆角	分块编号	定位精度/像素		
				X	Y	XY
2018/06/13	E107.2° N38.0°	0.005930	1	0.488	0.518	0.712
			2	0.582	0.484	0.757
			3	0.659	0.756	1.003

2) 相对定标精度

以绝对定标后的 B2 为参考波段，ASTER GDEM 为参考 DEM，基于外部定标参数确定的广义相机安装矩阵，依次对 B1、B3、B4、B5 和 B6 波段各片进行相对定标，再以相对定标后的 B6 为参考波段，依次对 B7 和 B8 波段各片进行相对定标，得到各波段各片的内定标参数。基于 8 个波段的定标参数，测试相对定标景一级标准产品的波段配准精度，结果见表 4-4，三块影像波段间配准精度均优于 0.3 个像素，表明波段间的相对几何畸变得以消除和补偿。

表 4-4　相对定标景三块影像波段配准精度

测试波段	参考波段	配准精度/像素								
		第 1 块			第 2 块			第 3 块		
		X	Y	XY	X	Y	XY	X	Y	XY
B1	B2	0.139	0.099	0.17	0.112	0.133	0.174	0.116	0.112	0.161
B3		0.118	0.138	0.182	0.105	0.104	0.148	0.119	0.13	0.176
B4		0.145	0.185	0.235	0.11	0.207	0.235	0.133	0.203	0.243
B5		0.124	0.185	0.223	0.095	0.177	0.2	0.152	0.222	0.269
B6		0.134	0.217	0.255	0.109	0.201	0.228	0.138	0.251	0.286
B7	B6	0.212	0.154	0.262	0.151	0.208	0.257	0.174	0.21	0.273
B8		0.144	0.158	0.214	0.12	0.166	0.205	0.127	0.165	0.208

对相对定标后定标景波段间的配准效果进行目视评价，如图 4-18 所示，均以 B2 波段为参考进行对比，从图中能看出各波段均能与 B2 波段很好地配准，说明相对几何定标可以实现多光谱相机高精度的波段配准。

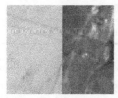

　(a) B1-B2　　　　　　(b) B3-B2　　　　　　(c) B4-B2　　　　　　(d) B5-B2

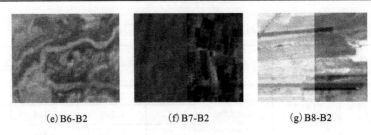

（e）B6-B2　　　　　　（f）B7-B2　　　　　　（g）B8-B2

图 4-18　相对定标后宽幅相机波段间配准局部效果（见彩图）

以 B2 波段为参考，灰色显示

3. 定标结果有效性验证

为保证定标结果的可靠性和适用性，有必要对其他非定标影像的几何精度进行验证。随机选取 10 景不同时间成像的影像进一步验证宽幅影像几何定标参数的精度。其中，6 景用于测试几何定位精度，4 景用于测试波段间配准精度。10 景测试影像均为基于几何定标参数生产的一级标准产品。GF-6 宽幅相机的几何定标是对焦面上 8×8 片 CMOS 分别进行的，在测试整景的几何精度之前，有必要先对相邻片间重叠区的定位一致性进行测试，以验证分片定标是否能保证相邻片间的无缝拼接。利用相邻片间重叠区的相对定位误差测试得到的片间拼接精度结果见表 4-5，能看出在垂轨（X）和沿轨（Y）方向上左右相邻片间的拼接误差均小于 0.2 个像素，能满足无缝拼接的精度要求。

表 4-5　测试景相邻片间的拼接精度

影像编号	CMOS 片号		拼接精度/像素		
	左	右	X	Y	XY
Image2	1	2	0.103	0.105	0.147
	2	3	0.104	0.08	0.131
	3	4	0.107	0.068	0.127
	4	5	0.112	0.071	0.133
	5	6	0.086	0.082	0.119
	6	7	0.096	0.091	0.132
	7	8	0.079	0.108	0.134

由于用单景影像进行绝对定标时，定标参数会不可避免地补偿一些随机误差，而对于其他不同成像时间、不同成像状态的非定标影像来说，这些被消除的随机误差会成为非定标景的系统误差，因此在分析非定标影像的定位精度

时，分为绝对定位精度和内部几何精度，绝对定位精度可直观地反映影像与参考影像间的定位误差；而内部几何精度是对影像进行仿射变换后的定位残差，表示影像内部畸变的相对误差。表 4-6 列出了 6 景影像各块的定位精度，可以看出绝对定位精度在 3 个像素左右(平面精度)，最大定位误差为 4.054 个像素，最小定位误差为 1.966 个像素，复杂运行环境引起影像存在随机误差，导致绝对定位精度在不同的成像时间存在微小的波动；而消除随机误差后这 6 景测试影像的内部几何精度基本稳定在 1 个像素，表明几何定标有效地补偿了影像内部畸变。

表 4-6　测试景影像的几何定位精度

影像编号	成像时间	侧摆角/(°)	分块	绝对定位精度/像素			相对定位精度/像素		
				X	Y	平面	X	Y	平面
Image1	2018/9/8	−0.0076	1	2.218	1.395	2.787	0.469	0.69	0.834
			2	2.149	1.48	2.91	0.518	0.892	1.031
			3	2.295	−0.99	2.634	0.479	0.626	0.788
Image2	2018/10/30	−0.0020	1	0.974	2.727	2.896	0.714	0.602	0.934
			2	1.459	2.009	2.483	0.707	0.789	1.059
			3	1.91	1.742	2.586	0.511	0.738	0.898
Image3	2018/11/1	−10.0026	1	−3.253	−2.149	4.054	0.738	0.63	0.970
			2	−0.641	−1.849	2.325	0.681	0.605	0.911
			3	0.026	−2.604	2.839	0.497	0.673	0.837
Image4	2018/11/21	−0.0040	1	−0.627	−2.895	3.192	0.655	0.781	1.019
			2	−0.305	−3.182	3.381	0.612	0.671	0.908
			3	0.652	−3.545	3.752	0.682	0.649	0.941
Image5	2018/11/23	9.9950	1	−1.151	−1.207	1.966	0.659	0.503	0.829
			2	−0.79	−1.53	2.006	0.68	0.579	0.893
			3	−0.415	−1.606	1.968	0.795	0.581	0.985
Image6	2018/12/1	−0.0054	1	−1.254	−1.94	2.507	0.624	0.552	0.833
			2	−2.214	−2.194	3.335	0.681	0.644	0.937
			3	−1.901	−1.978	2.972	0.687	0.587	0.904

利用选取的其他 4 景影像测试波段间的配准精度，图 4-19 列出 4 景影像各块的配准精度，可以看出波段间的配准精度同定标景的精度一致，也在 0.3 个像素

以内（平面精度），这表明采用的相对定标方法能够有效地消除波段间的相对畸变误差，实现宽幅相机高精度的波段配准。

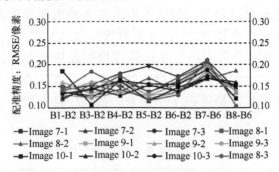

(a) 垂轨方向精度(X方向)

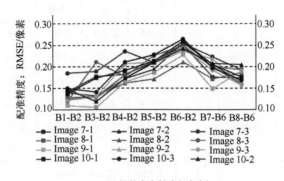

(b) 沿轨方向精度(Y方向)

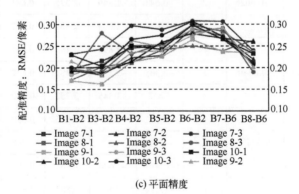

(c) 平面精度

图 4-19　测试景的波段配准精度（见彩图）

Image7-1：Image7 表示影像编号，-1 表示分块编号，其他类同

4.5.2　高分四号面阵相机在轨几何定标实验

1.　实验数据

为了保证卫星影像可以匹配到均匀分布的控制点，选取没有大片云及水体的高分四号全色及中波红外影像对高分四号搭载的两个面阵相机进行在轨几何定标实验。由于全色影像中的第一波段具有最强的辐射能量感应范围，较强的信号有利于进行与参考影像之间的同名像点匹配，因此选取第一波段影像进行全色与近红外相机的几何定标。参考数字正射影像同样采用 Landsat8 获得的分辨率为 15m 的影像，参考数字高程影像采用 ASTER GDEM 的分辨率为 30m 的影像。高分四号定标影像与参考影像如图 4-20 所示。

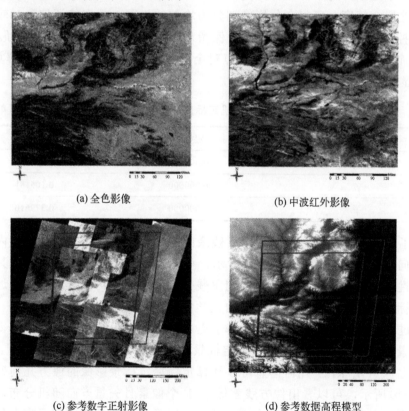

(a) 全色影像　　　　　　　　　　　(b) 中波红外影像

(c) 参考数字正射影像　　　　　　　(d) 参考数据高程模型

图 4-20　高分四号定标景影像数据及其参考影像数据示意图（王密　等，2017）

其详细参数信息如表 4-7 所示。

表 4-7　　高分四号定标影像数据及其参考影像数据的详细参数信息

定标影像	全色影像	中波红外影像
地面空间分辨率/米	约 55	约 490
影像大小/像素	10240×10240	1024×1024
获取时间	2016/2/8 12:04:08	2016/2/8 12:05:09
影像中心经纬度/(°)	E111.9, N34.0	E111.9, N34.0
成像姿态角/(°)	r (roll): 5.44 p (Pitch): 0.88 y (Yaw): 0	

2. 全色载荷定标

将选取的第一波段全色影像与参考影像进行密集匹配，由于高分四号分辨率相对较低，在山地的纹理相较于平原地区更加丰富，因此匹配获得的控制点会明显多于平原地区，为了保证匹配的控制点的均匀分布性，确保内部定标参数的全局一致性拟合精度，可将全色影像划分为均匀的格网，根据统计信息对较密集的格网内控制点进行部分删除，同时保留较稀疏的格网内的控制点，最终选取202386 个控制点。利用匹配的控制点对全色相机的内外定标参数进行解算定标。表 4-8 显示了全色相机的外定标参数。

表 4-8　　全色相机定标前后的外定标参数　　　　　　　（单位：°）

外定标参数	定标前	定标后
α	0.000000	−0.028753
β	0.000000	0.105181
γ	0.000000	0.379610

为了定性及定量的分析外定标后残余的相机内部畸变误差的情况，内定标前后的指向角绝对偏差如图 4-21(a) 所示，可以发现定标前后指向角残差具有明显的对称性，且离影像中心越远、指向角残差越大，因此可以推测全色与近红外相机外定标后残余的内部畸变主要是由光学镜头的畸变引起的。

经过分步的外定标与内定标，基于更新的全色相机的相机参数可以得到更新的定标景影像的 RPC 文件，再次将定标景影像与参考影像数据进行匹配，根据匹配的同名像点及 RPC 几何信息可以计算定标后定标景影像的像方几何残差，如图 4-21(b) 所示，可以看出像方残差优于 1 个像素且矢量方向随机分布，其精度统计如表 4-9 所示，可见经过内定标处理，影像的内部畸变得到了完全的补偿，定标精度优于 1 个像素。

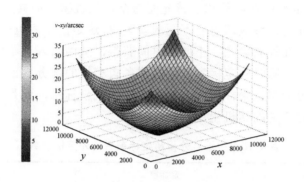

(a) 外定标后指向角的绝对偏差量

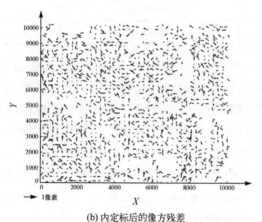

(b) 内定标后的像方残差

图 4-21 全色相机内定标结果(王密 等,2017)

表 4-9 全色定标景影像内定标前后的几何定位精度 (单位:像素)

精度	列			行		
	最大值	最小值	均方根值	最大值	最小值	均方根值
定标前	87.239	−77.271	35.447	84.498	−81.655	35.669

精度	列			行		
	最大值	最小值	均方根值	最大值	最小值	均方根值
定标后	0.900	−1.000	0.405	1.100	−0.900	0.456

3. 中波红外载荷定标

将中波红外相机的定标景影像与参考影像进行密集匹配,利用前文方法获取并筛选 36302 个均匀分布的控制点进行外定标与内定标解算。外定标结果如

表 4-10 所示，虽然中波红外相机感光面与全色相机感光面共用同一个光学相机，但是定标后的外定标参数却有着不同的安装角，这是由于相机采用分时成像系统，全色影像与中波红外的影像在不同的时间获得，从而引入了不同的外部姿态误差及轨道观测误差，同时外定标参数会吸收各自相机的部分内部畸变量。因此，外定标参数所确定的相机坐标系并不是真正的相机坐标系，而是一个服务于各自相机内定标所用的广义的相机坐标基准。

表 4-10　中波红外相机定标前后的外定标参数　　　　　　（单位：°）

外定标参数	定标前	定标后
Pitch	0.000000	0.026994
Roll	0.000000	0.086810
Yaw	0.000000	0.171221

图 4-22（a）中显示的中波红外影像外定标后的残差曲面与图 4-21（a）中所示的全色与近红外影像内定标前后的残差曲面相似，这是由于两个相机虽然具有不同的感光面，但是共用相同的主镜与次镜，因此具有相似的内部畸变情况。同时由于全色与近红外相机的视场角略大于中波红外相机的视场角，而视场角越大，镜头畸变量就越大，因此全色与近红外相机的内部畸变略大于中波红外相机。

图 4-22（b）显示了中波红外影像内定标后检测获得的像方残差向量，其精度统计如表 4-11 所示，由此可见，经过内定标后，中波红外定标景影像的内精度优于 1 个像素，得到了显著提升。

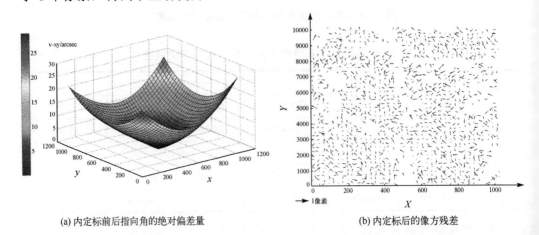

(a) 内定标前后指向角的绝对偏差量　　　　　　　(b) 内定标后的像方残差

图 4-22　中波红外影像内定标结果（王密 等，2017）

表 4-11　中波红外定标景影像内定标前后的几何定位精度　　　　（单位：像素）

精度	列			行		
	最大值	最小值	均方根值	最大值	最小值	均方根值
定标前	8.625	−6.818	0.241	8.250	−9.001	3.986
精度	列			行		
	最大值	最小值	均方根值	最大值	最小值	均方根值
定标后	0.800	−0.700	0.310	0.900	−0.900	0.464

4.5.3　基于 RPC 的资源三号 02 星多光谱相机几何定标

1.　实验数据

使用资源三号 02（ZY3-02）星上的多光谱相机进行基于 RPC 模型的几何定标实验。该卫星于 2016 年 5 月 30 日发射，是我国 ZY3 系列卫星中的第二颗立体测绘卫星。卫星搭载一个线阵多光谱相机和三个线阵立体测绘相机。如图 4-23 所示，多光谱相机通过在其焦平面上间隔布置的四个波段线阵 CCD（B1：蓝波段、B2：绿波段、B3：红波段、B4：近红外波段）获取图像，每个波段由 3 个 CCD 组成，每个 CCD 包含 3072 个探元，且相邻两个 CCD 之间的重叠为 200 个探元。

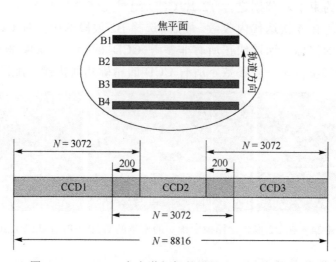

图 4-23　ZY3-02 多光谱相机的设计（Pi et al., 2022b）

该多光谱相机的成像参数如表 4-12 所示。

表 4-12　ZY3-02 多光谱相机的参数

参数	值
焦距/mm	1750
像素大小/μm	20
各波段 CCD 探元/像素	3072×3
影像幅宽/km	51
地面采样距离/m	5.8
沿轨方向成像倾角/(°)	6.0

采用在 2020 年 11 月 27 日获取的我国北京地区的一套多光谱影像作为定标数据，包括 12 景分片 CCD 影像（每个波段 3 景），对于所有影像，都提供了由初始相机参数生成的 RPC。此外，利用该卫星高精度和高分辨率的立体测绘相机生成的高精度 DOM 和 DSM 数据作为几何定标的参考数据，并且在获取密集的控制点观测值时仅在影像上一小段（1200 行）进行点位匹配，以避免时变姿态误差的不利影响。图 4-24 给出 B2 波段的三片影像上控制点的分布情况，三片影像上分别匹配了 133344，132531 和 137646 个控制点。

首先，采用前文基于模型误差整体修正的方法消除了密集控制点中的粗差。考虑到 ZY3 02 星多光谱相机的几何畸变特性，在定标中采用三阶指向角模型，因此用于粗差剔除的误差改正模型也是一个三阶多项式模型。然后，在粗差剔除后可靠控制点约束下，分别进行 12 片 CCD 绝对几何畸变的定标，每片 CCD 的绝对定标解算均在 4 次迭代内收敛。最后，选择 B2 波段的中间片 CCD 作为参考，进行相对畸变的定标，通过纠正所有非参考 CCD 的相对平移畸变和因其引起的偏视场畸变，实现在统一外参数下所有 CCD 的精确几何拼接和配准。

图 4-24　在 B2 多光谱图像中确定的密集的 GCPs（Pi et al., 2022b）

2. 定标结果和精度分析

控制点的像方定位残差可直接反映几何定标的效果。为了说明该方法的精度和有效性，我们首先利用定标后的指向角模型参数重新拟合了 RPC 模型，并利用定标前后的 RPC 计算所有 CCD 影像上控制点的定位残差。此外，由于该定标方法主要是针对相机的内方位元素误差，因此，在精度评价中需要预先消除残差中存在的外方位元素误差。最终得到定标前后的残差分布如图 4-25 所示，可以看到，所有的 CCD 在沿 CCD 方向都存在明显的线性畸变（图 4-25(a)），由相机误差特性可知，该线性畸变主要是由主距误差引起的，在垂直 CCD 方向则表现出不规则的非线性畸变（图 4-25(b)）。此外，在初始控制点观测值中存在大量的粗差，如果直接将这些粗差观测值引入到参数解算中，势必造成定标精度的下降。在几何定标后，初始观测值中的大量粗差得到了有效的剔除，所有 CCD 的初始定位残差得到了较好的改正，各 CCD 影像表现出几乎相同的残差分布（图 4-25(c) 和图 4-25(d)），说明基于 RPC 模型的几何定标有效补偿了该相机的几何畸变。

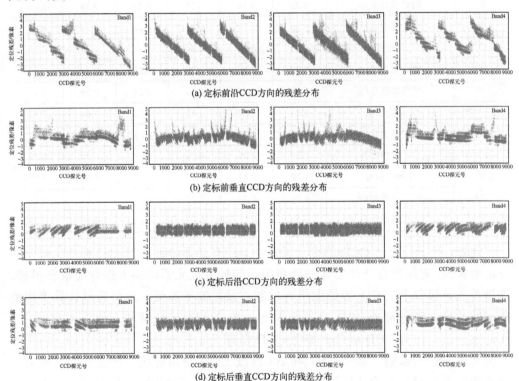

图 4-25　所有 CCD 在定标前后的控制点残差分布（Pi et al., 2022b）

为了进一步说明该方法的精度和有效性，这里还对比验证了所有 CCD 影像在定标前、基于 RPC 模型定标和基于严密几何成像模型定标三种情形下的控制点残差精度（残差的中误差）。如表 4-13 所示，在定标之前，所有分片影像在沿 CCD

和垂直 CCD 方向的由相机畸变引起的几何定位误差分布高达 1.5 和 0.5 像素，结合图 4-25(a) 和图 4-25(b) 可知，初始相机模型中存在明显的几何畸变。在基于 RPC 模型进行定标处理后，所有 CCD 影像在两个方向上的精度都提高到了优于 0.3 像素，初始模型中的畸变得到了很好的补偿。此外，对于所有分片影像，基于 RPC 的定标方法与基于严格模型的定标方法可以获得几乎相同的精度，并且均达到了优于 0.3 像素的高精度水平。

表 4-13　控制点定位残差精度统计与对比 (x: 沿 CCD, y: 垂直 CCD)　　(单位：像素)

波段	方法和阶段	CCD1		CCD2		CCD3	
		x	y	x	y	x	y
B1	几何定标前	1.87	0.50	1.72	0.44	1.60	0.66
	RPC 模型定标	0.25	0.25	0.26	0.21	0.14	0.22
	严格模型定标	0.26	0.25	0.24	0.22	0.14	0.23
B2	几何定标前	1.42	0.35	1.44	0.35	1.62	0.59
	RPC 模型定标	0.29	0.28	0.28	0.28	0.29	0.28
	严格模型定标	0.28	0.29	0.29	0.28	0.29	0.29
B3	几何定标前	1.35	0.37	1.46	0.36	1.64	0.57
	RPC 模型定标	0.29	0.29	0.30	0.29	0.29	0.29
	严格模型定标	0.29	0.29	0.29	0.28	0.30	0.29
B4	几何定标前	1.32	0.41	1.12	0.32	1.80	0.73
	RPC 模型定标	0.30	0.20	0.27	0.28	0.29	0.23
	严格模型定标	0.29	0.21	0.27	0.28	0.28	0.24

　　此外，对于具有多 CCD 的多光谱相机，还有必要验证其对于相对几何畸变的改正效果，以确保所有分片影像都能在统一的外方位元素框架下进行配准和拼接。这里首先计算每个 CCD 影像上所有控制点残差的平均值，然后通过计算平均值之间的差异，得到每个 CCD 相对于参考 CCD 的相对定位精度。如表 4-14 所示，几何定标前，所有 CCD 相对于参考 CCD 都有明显的相对几何定位误差，由于外方位元素误差的影响，其中，B1 和 B4 波段 CCD 的相对残差高达几十个像素，严重影响多光谱图像的几何拼接和配准。基于 RPC 模型的几何定标后，CCD 间显著的相对定位误差得到了补偿，残余的残差基本为 0，此外，该方法获得的精度与基于严格模型方法几乎相同，说明该方法不仅可以有效补偿每个 CCD 的绝对几何畸变，还可以将相机的所有 CCD 纳入到一致的几何框架下，确保每个多光谱影像的精度和质量。

表 4-14　所有 CCD 相对于参考 CCD 的相对几何定位精度　　（单位：像素）

波段	方法和阶段	CCD1		CCD2		CCD3	
		x	y	x	y	x	y
B1	几何定标前	6.00	−36.39	−0.33	−35.64	−5.69	−36.84
	RPC 模型定标	−0.01	−0.02	0.01	0.02	0.03	−0.03
	严格模型定标	0.00	−0.01	0.00	−0.03	0.02	−0.03
B2	几何定标前	6.51	−0.67	0.00	0.00	−6.41	−1.33
	RPC 模型定标	−0.01	0.00	0.00	0.00	0.02	−0.01
	严格模型定标	0.00	0.01	0.00	0.00	0.01	−0.01
B3	几何定标前	6.66	−0.80	−0.07	−0.10	−6.31	−1.53
	RPC 模型定标	−0.01	0.00	0.00	0.00	0.02	−0.01
	严格模型定标	0.00	0.00	0.01	0.01	0.00	−0.01
B4	几何定标前	6.20	51.57	−0.18	52.04	−6.97	50.57
	RPC 模型定标	0.00	−0.01	0.00	−0.01	0.00	0.00
	严格模型定标	0.00	0.00	0.01	0.00	0.00	0.01

3. 基于独立影像的精度验证

这里还采用两组不同于定标景的影像进行一个综合的精度评价。表 4-15 中综合对比验证了影像的内部几何精度、片间拼接精度和波段配准精度。由于每组多光谱影像由 12 景 CCD 分片影像组成，利用每景影像上均匀分布的控制点计算该影像的内部几何精度（中误差），并将所有分片影像统计精度的均值作为多光谱影像的综合内部几何精度；对于片间拼接精度，则以每个波段的中间 CCD（CCD2）作为参考，然后用相邻 CCD 之间重叠区域的同名像点来计算 CCD1 和 CCD3 相对于 CCD2 的偏移量，因此每组多光谱影像获得 8 个相对偏移量，最后统计所有偏移量的均方根，用于表示多光谱影像的综合片间拼接精度；对于波段配准精度，则以 B2 波段为参考，然后计算各 CCD 影像相对于 B2 中相应参考 CCD 影像的偏移量，因此每组多光谱影像共获得了 9 个相对偏移量，仍然统计所有偏移量的均方根，用于表示多光谱影像的综合波段配准精度。

表 4-15　独立精度验证影像的综合精度评价　　（单位：像素）

影像区域（成像时间）	阶段	内部几何精度		片间拼接精度		波段配准精度	
		x	y	x	y	x	y
临沂（2020/12/16）	几何定标前	1.47	0.50	1.75	0.82	0.12	36.54
	RPC 模型定标	0.41	0.40	0.08	0.08	0.10	0.10
	严格模型定标	0.39	0.40	0.07	0.10	0.10	0.08

续表

影像区域 （成像时间）	阶段	内部几何精度		片间拼接精度		波段配准精度	
		x	y	x	y	x	y
日照 （2020/12/21）	几何定标前	1.55	0.59	1.83	0.80	0.17	36.63
	RPC 模型定标	0.35	0.36	0.08	0.10	0.11	0.09
	严格模型定标	0.37	0.38	0.08	0.09	0.10	0.09

如表 4-15 所示，对于两组多光谱影像，基于 RPC 模型的几何定标将内部几何精度从大约两个方向 1.5 和 0.5 像素均提高到大约 0.4 像素，且所有 12 景分片影像各自的内部几何精度在两个方向上均优于 0.5 像素；将片间拼接精度从两个方向大约 1.8 和 0.8 像素均提高到小于 0.1 像素，且所有 8 对相对偏移量均优于 0.14 个像素，完全满足片间无缝拼接的要求；将波段配准精度从两个方向几十个像素均提高到大约 0.1 个像素，且所有 9 对相对偏移均小于 0.15 个像素，实现了多波段影像间的精确几何配准。该方法与基于严格模型的几何定标具有几乎相同的精度，这进一步说明了基于 RPC 模型的载荷定标方法的有效性和合理性。

图 4-26 和图 4-27 比较了定标前后影像片间拼接和波段配准情况，从图 4-26（a）到图 4-26（b），相邻的 CCD 影像之间明显的几何错位得到了纠正，从图 4-27（a）到图 4-27（b），多光谱影像间的严重漏光问题得到了改善。总的来说，基于 RPC 模型的定标方法可以达到与传统严格几何模型方法几乎相同的精度。

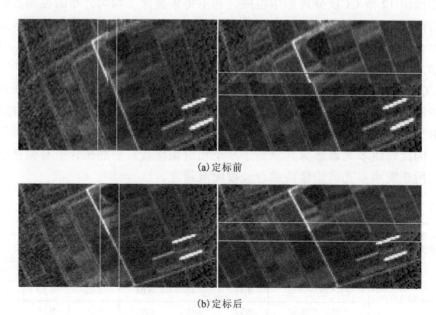

(a) 定标前

(b) 定标后

图 4-26　B1 波段 CCD1 和 CCD2 影像间的拼接（Pi et al., 2022b）

(a)定标前

(b)定标后

图 4-27 多光谱影像的配准(Pi et al., 2022b)(见彩图)
原始图像和 2 倍放大下的图像部分

4.6 本 章 小 结

本章介绍高分辨率光学卫星地面几何定标场的建设意义、建设方案以及我国现有的主要几何定标场,在此基础上分别介绍基于严密几何成像模型和基于有理函数模型的光学遥感卫星场地定标方法,包括具体的模型构建和参数解算,通过对高分六号、高分四号、资源三号等多体制成像卫星,包括分片宽幅、多光谱、面阵和线阵等典型载荷的定标方案设计和试验结果的分析,验证基于地面定标场的成像系统在轨几何定标模型和算法的有效性。

参 考 文 献

李德仁, 2012. 我国第一颗民用三线阵立体测图卫星——资源三号测绘卫星[J]. 测绘学报, 41(3): 317-322.

李德仁, 王密, 杨芳, 2022. 新一代智能测绘遥感科学试验卫星珞珈三号 01 星[J]. 测绘学报, 51(6): 789-796.

王密, 程宇峰, 常学立, 等, 2017. 高分四号静止轨道卫星高精度在轨几何定标[J]. 测绘学报, 46(1): 53-61.

王密, 郭贝贝, 龙小祥, 等, 2020. 高分六号宽幅相机在轨几何定标及精度验证[J]. 测绘学报, 49(2): 171-180.

王密, 杨博, 金淑英, 2013. 一种利用物方定位一致性的多光谱卫星影像自动精确配准方法[J]. 武汉大学学报: 信息科学版, 38(7): 5.

杨博, 2014. 光学线阵推扫式卫星影像在轨几何定标理论与方法研究[D]. 武汉: 武汉大学.

Breton E, Bouillon A, Gachet R, et al, 2002. Pre-flight and in-flight geometric calibration of SPOT5 HRG and HRS images[C]//International Archives of photogrammetry Remote Sensing and Spatial Information Sciences, 34: 20-25.

Chen Y, Xie Z, Qiu Z, et al, 2015. Calibration and Validation of ZY-3 Optical Sensors[J]. IEEE Transactions on Geoscience and Remote Sensing, 53(8): 4616-4626.

Takaku J, Tadono T, 2009. PRISM on-orbit geometric calibration and DSM performance[J]. IEEE Transactions on Geoscience and Remote Sensing, 47(12): 4060-4073.

Pi Y, Wang M, Yang B, 2022a. Robust camera distortion calibration via unified RPC model for optical remote sensing satellites[J]. IEEE Transactions on Geoscience and Remote Sensing, 60:1-15.

Pi Y, Yang B, Li X, 2022b. Robust correction of relative geometric errors among GaoFen-7 regional stereo images based on posteriori compensation[J]. IEEE Journal of Selected Topics in Applied Earth Observations and Remote Sensing, 15: 3224-3234.

Wang M, Yang B, Hu F, et al, 2014. On-orbit geometric calibration model and its applications for high-resolution optical satellite imagery[J]. Remote Sensing, 6(5): 4391-4408.

Yang B, Wang M, Xu W, et al, 2017. Large-scale block adjustment without use of ground control points based on the compensation of geometric calibration for ZY-3 images[J]. ISPRS Journal of Photogrammetry and Remote Sensing, 134: 1-14.

第5章 线阵成像卫星载荷在轨自主几何定标

5.1 引　言

更高的地面分辨率和更大的幅宽一直是光学遥感卫星系统发展的趋势。然而，卫星影像分辨率和幅宽的不断提高，给传统场地定标方法带来一些问题。①精度受限：随着卫星影像成像幅宽的不断提高，现有定标场的范围已无法有效覆盖卫星影像的成像范围，导致场地定标方法难以获取可靠的结果，此外，当前卫星影像空间分辨率已突破 0.5m，保证其正射纠正、拼接配准等子像素处理精度，对定标场参考数据的精度及分辨率都提出了极高的要求。②成本过高：由于定标场的高精度参考影像通常采用航空摄影测量的方式采集，而光学卫星影像幅宽通常达到数十甚至数百公里，导致定标场建设成本相当昂贵，此外，由于地物的不定期改变，还需花费大量人力、物力对定标场和参考数据进行更新与维护。③时效性差：由于我国定标场有限，加上天气、卫星回归周期等客观条件的限制，卫星在轨运行后往往需要经过较长时间才能获取有效的定标场影像数据，导致定标参数获取不及时，更新周期较长，时效性较差，无法满足应急需求。由此可见，随着线阵光学卫星影像空间分辨率和成像幅宽的不断提高，现有基于地面定标场的几何定标方法会凸显精度不足、成本过高以及时效性较差的弊端，已愈加无法满足当前线阵光学卫星影像高精度处理与实时应用的需求。

在传统场地定标的基础上，本章介绍一种利用影像之间的相对几何约束进行线阵成像载荷在轨自主几何定标的方法，利用符合一定重叠规则的影像对，构建不同成像探元间空间相交的约束关系，进而实现影像系统误差参数的精确估计，摆脱传统定标方法对高精度定标场参考数据的依赖。首先介绍自主几何定标原理，然后深入分析利用影像自约束进行几何定标时模型参数的特性，并规划了自主几何定标的重叠成像条件，最后设计适用于自主几何定标的参数求解方法，在无地面定标场条件下，实现定标参数的精确估计。

5.2　基于影像自约束的几何定标原理与模型

5.2.1　自主几何定标原理

光学卫星载荷自主几何定标利用重叠影像间的相对几何约束(共面约束条件)反演传感器精确成像参数(Pi et al.，2019，2020；Wang et al.，2019)。如图 5-1所示，线阵卫星获取两景具有一定重叠的影像，进而可以根据两景影像建立传感器畸变之间的相对约束关系(图 5-1(b))，要求重叠区域同名像点的几何畸变相同，结合卫星载荷的畸变特性(通常不具有周期变化特性)可知，当且仅当模型的高阶畸变被消除时才能满足上述约束关系，进而实现高阶畸变的有效补偿(图 5-1(c))。进一步分析可知，低阶的平移误差不受重叠影像间的观测条件限制，在自主几何定标中需要引入额外的约束对其进行补偿(图 5-1(d))。

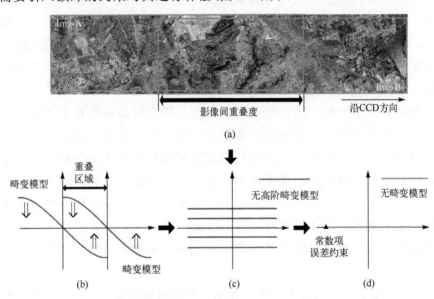

图 5-1　线阵传感器自主几何定标原理

5.2.2　成像角度自适应的自主几何定标模型

为了利用重叠影像间的相对几何约束精确估计指向角模型参数，需要从影像间的相对几何误差中排除其时变外方位元素误差引起的相对几何误差，同时要保留内方位元素引起的相对几何误差。因此，准确地分离出这部分误差是载荷精确定标的前提。在通常的几何处理中，多采用相对定向的方法消除影像间的相对几何误差，但在本方法中却不能采用相对定向，这是因为由内方位元素误差引起的相对几何误差在相对定向中无法被保留下来，会导致后续的定标解算无效。因此，在影像对的外方位元素定向中只能利用稀少地面控制点进行处理，但当直接将这些稀少控制点作为绝对约束条件进行相机定标时，是不足以获取精确结果的。

　　在基于物理几何成像模型的外定向中，需要解算的参数为相机安装角 pitch、roll 和 yaw，但在不同成像角度下外方位元素误差对影像间的相对几何误差的影响却是存在差异的。如图 5-2 所示，以一个搭载三线阵立体测绘相机的卫星平台为例，yaw 角的变化对于下视影像的影响基本可等价于 CCD 旋转，但对于具有一定成像角度的前后视影像则不能简单地等价于 CCD 旋转，还会引起沿 CCD 方向的平移误差。因此，若在侧视影像对的外定向中没有准确地估计 yaw 角，则会在影像对之间引起沿 CCD 方向的相对几何误差，进而导致参数定标精度下降。

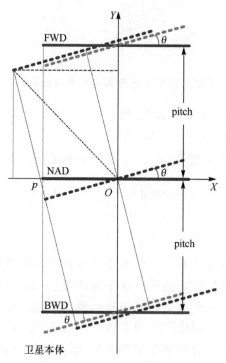

图 5-2　由相机安装角 yaw 误差引起的 CCD 平移对侧视相机的影响（Yang et al.，2020）

　　针对该问题，这里对广义的相机安装矩阵 $\boldsymbol{R}_{\text{Body}}^{\text{Cam}}$ 进行了分解，分解为一个名义的相机安装矩阵 $\boldsymbol{R}_{\text{Body}}^{\text{Ncam}}$ 和一个广义的误差改正矩阵 $\boldsymbol{R}_{\text{Ncam}}^{\text{Cam}}$。其中，安装矩阵 $\boldsymbol{R}_{\text{Body}}^{\text{Ncam}}$ 可由相机安装角的设计值或实验室定标的初值 $(\text{pitch}_0,\text{roll}_0,\text{yaw}_0)$ 直接确定，进而将影像的外定向由解算广义的相机安装矩阵 $\boldsymbol{R}_{\text{Body}}^{\text{Cam}}$ 转换为解算误差改正矩阵 $\boldsymbol{R}_{\text{Ncam}}^{\text{Cam}}$。

如图 5-3 所示，基于矩阵的分解，将原本在卫星本体坐标系 $O\text{-}X_BY_BZ_B$ 下的变化转换到一个中间过度的名义相机坐标系 $O\text{-}X'_BY'_BZ'_B$ 下，在该坐标系下，绕 Z'_B 轴旋转的偏航角误差引起的定位误差又可简单地等价于 CCD 的旋转误差。

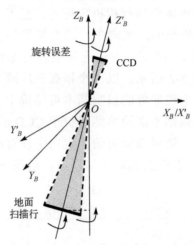

图 5-3　不同坐标系下误差影响效应（Yang et al.，2020）

更进一步地，误差改正矩阵 $\boldsymbol{R}_{\mathrm{Ncam}}^{\mathrm{Cam}}$ 可由名义的相机坐标系和真实相机坐标系之间的三个旋转角 (φ,ω,κ) 确定，具体如下：

$$\boldsymbol{R}_{\mathrm{Body}}^{\mathrm{Cam}} = \boldsymbol{R}_{\mathrm{Ncam}}^{\mathrm{Cam}}(\varphi,\omega,\kappa) \cdot \boldsymbol{R}_{\mathrm{Body}}^{\mathrm{Ncam}}(\mathrm{pitch}_0,\mathrm{roll}_0,\mathrm{yaw}_0) \tag{5-1}$$

$$\boldsymbol{R}_{\mathrm{Body}}^{\mathrm{Ncam}} = \begin{bmatrix} \cos\varphi & 0 & \sin\varphi \\ 0 & 1 & 0 \\ -\sin\varphi & 0 & \cos\varphi \end{bmatrix} \begin{bmatrix} 1 & 0 & 0 \\ 0 & \cos\omega & -\sin\omega \\ 0 & \sin\omega & \cos\omega \end{bmatrix} \begin{bmatrix} \cos\kappa & -\sin\kappa & 0 \\ \sin\kappa & \cos\kappa & 0 \\ 0 & 0 & 1 \end{bmatrix} \tag{5-2}$$

虽然方法提出的出发点不同，但本方法与基于偏置矩阵进行光学卫星遥感影像的系统误差改正和高精度定位的方法不谋而合（尹粟，2018），其差异在于这些方法是在模型中增加了一个偏置矩阵来补偿系统误差，而这里是从广义的相机安装矩阵中分解出了一个相同作用的误差改正矩阵 $\boldsymbol{R}_{\mathrm{Ncam}}^{\mathrm{Cam}}$。将构建的指向角模型引入到严密几何成像模型中，并将相机安装矩阵 $\boldsymbol{R}_{\mathrm{Body}}^{\mathrm{Cam}}$ 分解为名义安装矩阵 $\boldsymbol{R}_{\mathrm{Body}}^{\mathrm{Ncam}}$ 和误差改正矩阵 $\boldsymbol{R}_{\mathrm{Ncam}}^{\mathrm{Cam}}$，进而建立成像角度自适应的线阵光学遥感卫星在轨自主几何定标模型：

$$\begin{pmatrix} \tan(\varphi_x(s)) \\ \tan(\varphi_y(s)) \\ 1 \end{pmatrix} = \mu \boldsymbol{R}_{\mathrm{Ncam}}^{\mathrm{Cam}}(\varphi,\omega,\kappa) \boldsymbol{R}_{\mathrm{Body}}^{\mathrm{Ncam}} \boldsymbol{R}_{\mathrm{J2000}}^{\mathrm{Body}} \boldsymbol{R}_{\mathrm{WGS84}}^{\mathrm{J2000}} \begin{bmatrix} X_g - X_{\mathrm{gps}} \\ Y_g - Y_{\mathrm{gps}} \\ Z_g - Z_{\mathrm{gps}} \end{bmatrix}_{\mathrm{WGS84}} \tag{5-3}$$

5.2.3　自主几何定标参数平差模型

在构建的自主几何定标模型基础上，建立用于指向角模型参数解算的基础平差模型，令

$$\begin{bmatrix} \overline{X} \\ \overline{Y} \\ \overline{Z} \end{bmatrix} = \boldsymbol{R}_{\text{Ncam}}^{\text{Cam}}(\varphi,\omega,\kappa)\boldsymbol{R}_{\text{Body}}^{\text{Ncam}}\boldsymbol{R}_{\text{J2000}}^{\text{Body}}\boldsymbol{R}_{\text{WGS84}}^{\text{J2000}}\begin{bmatrix} X_g - X_{\text{gps}} \\ Y_g - Y_{\text{gps}} \\ Z_g - Z_{\text{gps}} \end{bmatrix}_{\text{WGS84}} \tag{5-4}$$

进而构建定标参数基础平差模型：

$$\begin{cases} G_x = \overline{X} - \overline{Z} \cdot \tan(\varphi_x(s)) \\ G_y = \overline{Y} - \overline{Z} \cdot \tan(\varphi_y(s)) \end{cases} \tag{5-5}$$

利用重叠影像的同名光线空间相交的自约束进行系统几何误差参数的定标，用于平差模型解算的观测值主要为重叠影像间的同名像点。因此，需要在基础平差模型基础上，基于每对同名像点，构建用于定标参数解算的平差模型，如下：

$$\begin{cases} G_x^L = \overline{X}_L(U) - \overline{Z}_L(U) \cdot \tan(\varphi_x(s)) \\ G_y^L = \overline{Y}_L(U) - \overline{Z}_L(U) \cdot \tan(\varphi_y(s)) \\ G_x^R = \overline{X}_R(U) - \overline{Z}_R(U) \cdot \tan(\varphi_x(s)) \\ G_y^R = \overline{Y}_R(U) - \overline{Z}_R(U) \cdot \tan(\varphi_y(s)) \end{cases} \tag{5-6}$$

其中，(G_x^L, G_y^L) 和 (G_x^R, G_y^R) 分别为一对同名像点中左右像点对应的平差方程，$(\overline{X}_L, \overline{Y}_L, \overline{Z}_L)$ 和 $(\overline{X}_R, \overline{Y}_R, \overline{Z}_R)$ 为左右像点对应成像模型的右侧部分，由各自影像的参数确定，但同时左右像点对应地面相同的物方三维坐标 $U = (X_g, Y_g, Z_g)$。因此，在上述基于一对同名像点构建的定标模型中，未知参数不但包括定标参数 (a_i, b_i) $(i = 0,1,2,3)$（采用三次指向角模型），还包括每对同名像点对应的物方三维坐标。

5.3　自主几何定标参数特性分析

参数可确定性和相关性问题既影响系统误差参数解算的稳健性，又影响系统误差补偿的精度，对于自主几何定标方法的设计具有重要指导意义。下面将重点针对系统误差参数的可确定性、影像对的相对几何残差与系统误差参数间的关系，以及高程误差与定标参数之间的相关性进行定量分析与讨论。

5.3.1　自主几何定标参数可确定性分析

明确系统误差参数在平差解算中是否可解是系统误差定标的前提。由上述构建定标模型可知，几何定标中需要解算的系统误差参数为探元指向角模型的系数(a_i, b_i) $(i = 0,1,2,3)$，从数学的本质探讨利用影像的自约束进行定标时系统误差参数的可确定性，假设系统误差参数a_i在沿 CCD 方向的误差为Δa_i，则在沿 CCD 方向的指向角误差可表示为

$$F(s) = \Delta \tan(\varphi_x(s)) = \Delta a_0 + \Delta a_1 s + \Delta a_2 s^2 + \Delta a_3 s^3 \tag{5-7}$$

对于重叠影像上的同名像点，为了满足同名像点空间相交的几何关系，则需要重叠区域的 CCD 探元满足式(5-8)，其中，R_s表示重叠影像沿 CCD 方向错开的探元数，进而推导出等式两端一系列导数相等的条件，如式(5-9)所示。

$$F(s) = F(s + R_s) \tag{5-8}$$

$$\begin{aligned} &\Rightarrow F'(s) = F'(s + R_s) \\ &\Rightarrow F''(s) = F''(s + R_s) \\ &\Rightarrow F'''(s) = F'''(s + R_s) \end{aligned} \tag{5-9}$$

将指向角误差模型引入式(5-8)和式(5-9)中，可得

$$\Delta a_1 = \Delta a_2 = \Delta a_3 = 0 \tag{5-10}$$

即只有a_1、a_2、a_3上的误差被消除了上式才会成立，但Δa_0的值无法确定，说明指向角模型的常数项a_0是独立于影像间的相对约束条件的，在基于影像自约束的误差参数定标中无法确定。利用相同的方法进行分析可知，在垂直于 CCD 方向，同样是b_1、b_2、b_3可确定，但常数项b_0无法基于影像的自约束条件确定。

因此，影像间的自约束可用于确定指向角模型的高阶参数，但无法用于解算模型的常数项，若直接将常数项作为未知数在定标中解算，势必造成过度参数化的问题，引起平差法方程系数矩阵的亏秩，解算无法收敛。针对该问题，这里利用卫星影像的外方位元素与内方位元素常数项完全相关的特性，将常数项误差的补偿放在影像的外定向中，在定标中直接将这两个参数的设计值或实验室定标值作为"真值"，而不在内参数的解算中将其作为未知数。

5.3.2　模型估计精度与影像重叠条件

通过评价系统误差参数和模型的理论估计精度，进一步分析各个误差参数的可确定性，并在此基础上通过评价探元指向角的理论估计精度，分析影像的重叠度对定标精度的影响。为了方便分析，对原本基于严密几何成像模型的同名光线

空间相交的关系进行了简化，排除同名像点几何成像模型中相同的物方部分，直接建立模型像方与像方的对应关系，具体如下：

$$
\begin{bmatrix}
\tan \varphi_{lx}(s_l) \\
\tan \varphi_{ly}(s_l) \\
1
\end{bmatrix}
= \mu \boldsymbol{R}
\begin{bmatrix}
\tan \varphi_{rx}(s_r) \\
\tan \varphi_{ry}(s_r) \\
1
\end{bmatrix}
\tag{5-11}
$$

其中，s_l 为同名光线在左影像上的探元号，相应的探元指向为 $(\tan \varphi_{lx}, \tan \varphi_{ly})$，$s_r$ 为同名光线在右影像上的探元号，相应的探元指向为 $(\tan \varphi_{rx}, \tan \varphi_{ry})$，$\mu$ 仍为比例系数，$\boldsymbol{R}$ 为左右影像像方的变换矩阵，可通过改变该矩阵来模拟影像对不同的重叠度，该矩阵可表示为如下形式：

$$
\boldsymbol{R} =
\begin{bmatrix}
c_0 & c_1 & c_2 \\
d_0 & d_1 & d_2 \\
e_0 & e_1 & e_2
\end{bmatrix}
\tag{5-12}
$$

基于间接平差的方法进行理论精度的评价，根据上述模型可直接建立每对同名光线的观测方程：

$$
\begin{cases}
F_x = \dfrac{c_0 \tan \varphi_{rx} + c_1 \tan \varphi_{ry} + c_2}{e_0 \tan \varphi_{rx} + e_1 \tan \varphi_{ry} + e_2} - \tan \varphi_{lx} \\[3mm]
F_x = \dfrac{d_0 \tan \varphi_{rx} + d_1 \tan \varphi_{ry} + d_2}{e_0 \tan \varphi_{rx} + e_1 \tan \varphi_{ry} + e_2} - \tan \varphi_{ly}
\end{cases}
\tag{5-13}
$$

进而建立每对同名光线的误差方程：

$$
v = A\hat{x} - \boldsymbol{L} \qquad \boldsymbol{P}
\tag{5-14}
$$

其中，$\hat{x}$ 为系统误差参数的改正数，$\boldsymbol{P}$ 为权矩阵，鉴于同名像点为等精度观测，这里的权矩阵可直接视为单位阵，$\boldsymbol{A}$ 为关于系统误差参数的偏导数矩阵，$\boldsymbol{L}$ 为根据观测值初值确定的常数向量，具体如下：

$$
\boldsymbol{A} =
\begin{bmatrix}
\dfrac{\partial F_x}{\partial a_0} & \dfrac{\partial F_x}{\partial a_1} & \dfrac{\partial F_x}{\partial a_2} & \dfrac{\partial F_x}{\partial a_3} & \dfrac{\partial F_x}{\partial b_0} & \dfrac{\partial F_x}{\partial b_1} & \dfrac{\partial F_x}{\partial b_2} & \dfrac{\partial F_x}{\partial b_3} \\[3mm]
\dfrac{\partial F_y}{\partial a_0} & \dfrac{\partial F_y}{\partial a_1} & \dfrac{\partial F_y}{\partial a_2} & \dfrac{\partial F_y}{\partial a_3} & \dfrac{\partial F_y}{\partial b_0} & \dfrac{\partial F_y}{\partial b_1} & \dfrac{\partial F_y}{\partial b_2} & \dfrac{\partial F_y}{\partial b_3}
\end{bmatrix},
\quad
\boldsymbol{L} =
\begin{bmatrix}
-(F_x) \\
-(F_y)
\end{bmatrix}
$$

根据最小二乘原理，可得间接平差的解：

$$
\hat{x} = (A^{\mathrm{T}} \boldsymbol{P} A)^{-1} A^{\mathrm{T}} \boldsymbol{P} \boldsymbol{L}
\tag{5-15}
$$

再根据误差传播定律，可推导出改正数 x 的协因数矩阵 $\boldsymbol{Q}_{xx}$：

$$
\boldsymbol{Q}_{xx} = (A^{\mathrm{T}} \boldsymbol{P} A)^{-1} A^{\mathrm{T}} \boldsymbol{P} \boldsymbol{Q}_{ll} \boldsymbol{P} A (A^{\mathrm{T}} \boldsymbol{P} A)^{-1}
$$

$$
\begin{aligned}
&= (\boldsymbol{A}^{\mathrm{T}}\boldsymbol{PA})^{-1}\boldsymbol{A}^{\mathrm{T}}\boldsymbol{PA}(\boldsymbol{A}^{\mathrm{T}}\boldsymbol{PA})^{-1} \\
&= (\boldsymbol{A}^{\mathrm{T}}\boldsymbol{PA})^{-1}
\end{aligned}
\tag{5-16}
$$

其中，$\boldsymbol{Q}_{ll} = \boldsymbol{P}^{-1}$ 为观测值的协因数矩阵。

进而可得系统误差参数改正数的协方差矩阵 $\boldsymbol{D}_{xx} = \sigma_0^2\boldsymbol{Q}_{xx}$，其中，$\sigma_0$ 为观测值的中误差。再根据误差传播定律，系统误差参数的协方差矩阵与改正数的协方差矩阵相同，因此可知第 i 个误差参数的理论精度如下：

$$
\sigma_i = \sqrt{D_{ii}} = \sigma_0\sqrt{Q_{ii}}
\tag{5-17}
$$

其中，D_{ii} 和 Q_{ii} 分别为改正数协方差矩阵和协因数矩阵主对角线上的第 i 个元素。

更进一步，可以评价每个 CCD 探元在沿 CCD 和垂直 CCD 两个方向指向角的理论精度，根据误差传播定律将指向角模型变形，并进行线性化：

$$
\begin{cases}
\varphi_x(s) = \arctan(a_0 + a_1 s + a_2 s^2 + a_3 s^3) \\
\varphi_y(s) = \arctan(b_0 + b_1 s + b_2 s^2 + b_3 s^3)
\end{cases}
\tag{5-18}
$$

得线性化系数矩阵：

$$
\boldsymbol{K} = \begin{bmatrix}
\dfrac{\partial\varphi_x}{\partial a_0} & \dfrac{\partial\varphi_x}{\partial a_1} & \dfrac{\partial\varphi_x}{\partial a_2} & \dfrac{\partial\varphi_x}{\partial a_3} & \dfrac{\partial\varphi_x}{\partial b_0} & \dfrac{\partial\varphi_x}{\partial b_1} & \dfrac{\partial\varphi_x}{\partial b_2} & \dfrac{\partial\varphi_x}{\partial b_3} \\[3mm]
\dfrac{\partial\varphi_y}{\partial a_0} & \dfrac{\partial\varphi_y}{\partial a_1} & \dfrac{\partial\varphi_y}{\partial a_2} & \dfrac{\partial\varphi_y}{\partial a_3} & \dfrac{\partial\varphi_y}{\partial b_0} & \dfrac{\partial\varphi_y}{\partial b_1} & \dfrac{\partial\varphi_y}{\partial b_2} & \dfrac{\partial\varphi_y}{\partial b_3}
\end{bmatrix}
\tag{5-19}
$$

则 CCD 探元指向角的协方差矩阵如式(5-20)所示，其主对角线元素即可用来表示两个方向指向角的理论精度。

$$
\boldsymbol{D}_{yy} = \boldsymbol{K}\boldsymbol{D}_{xx}\boldsymbol{K}^{\mathrm{T}}
\tag{5-20}
$$

通过一组模拟数据来说明系统误差参数的可确定性，并分析不同的重叠度下 CCD 探元指向角的理论精度。指向角系统误差参数采用了资源三号下视相机的设计参数，在重叠区域每隔 30 个探元模拟一对观测值，但由于观测值的数量对理论精度具有显著的影响，为了统一不同重叠条件下这部分因素对最终理论精度评估的影响，在初始的单位权矩阵基础上，采用一系列平衡系数保证不同重叠条件下观测值数量的一致。

根据参数可确定性分析表明在自主几何定标中指向角模型的常数项无法确定，因此这里评价了包括常数项与不包括常数项两种情况，在影像 60%重叠情况下得到系统误差参数的精度评价结果如表 5-1 所示。显然在定标中不考虑常数项 a_0 和 b_0 时，各个误差参数都能以较高的精度确定，但当在定标中将常数项也视作未知数时，不但常数项本身精度过低，无法在定标中精确估计，而无法确定的常数项误差还会引起其他参数精度的下降。

表 5-1　系统误差参数理论精度

a_0	a_1	a_2	a_3	b_0	b_1	b_2	b_3
2.96×10^{10}	1.28×10^{-3}	2.13×10^{-12}	9.43×10^{-28}	-1.53×10^{16}	-2.64×10^{3}	-4.39×10^{-6}	9.08×10^{-28}
—	1.35×10^{-10}	1.21×10^{-18}	9.08×10^{-28}	—	1.34×10^{-10}	1.21×10^{-18}	9.08×10^{-28}

在不考虑指向角模型的常数项时，基于计算的系统误差参数理论精度，可进一步估计每个探元的指向角理论精度，表 5-2 列出了在不同重叠度下统计的探元指向角理论精度。

表 5-2　不同重叠度下定标精度　　　　　　　　　　　（单位：像素）

重叠度	沿 CCD 方向			垂直 CCD 方向		
	均值	中误差	最值	均值	中误差	最值
0.1	0.1932	0.1233	0.3932	0.1934	0.1234	0.3936
0.2	0.0819	0.0341	0.1487	0.0819	0.0342	0.1489
0.3	0.0556	0.0171	0.1006	0.0556	0.0171	0.1007
0.4	0.0436	0.0122	0.0775	0.0436	0.0122	0.0775
0.5	0.0377	0.0103	0.0651	0.0377	0.0103	0.0652
0.6	0.0359	0.0098	0.0597	0.0359	0.0098	0.0597
0.65	0.0365	0.0101	0.0595	0.0365	0.0101	0.0596
0.7	0.0385	0.0109	0.0615	0.0385	0.0109	0.0615
0.8	0.0492	0.0151	0.0765	0.0491	0.0151	0.0765
0.9	0.0888	0.0311	0.1378	0.0888	0.0311	0.1379

根据计算的理论精度，进一步绘制两个方向的综合精度随重叠度变化的曲线，如图 5-4 所示，可以看出影像对最佳的重叠度在 65%左右，而在实际的定标处理中，严格满足最佳重叠条件的影像对可能不易获取，而为了确保综合指向理论精度的最大值优于 0.1 个像素，实际处理中影像对的重叠度在 45%~75%之间为宜。

5.3.3　影像相对残差与系统误差参数间的关系

利用重叠影像对同名光线空间相交的约束关系进行系统几何误差参数定标，其本质是将影像对间的相对几何残差作为观测值来反演系统误差参数，因此分析二者之间的关系是必要的，而最终得到的结论为定标方法设计提供了关键指导。由于影像对间的相对几何残差的高阶分量与系统误差参数间的模型不易建立，定量关系不易分析，但很显然这部分残差主要是由较高阶的系统误差引起的，其产

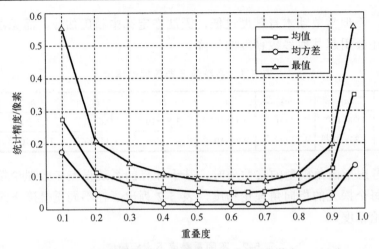

图 5-4　不同重叠度下定标精度变化曲线（皮英冬，2021）

生的误差源是明确的。因此，本节主要分析相对几何残差中的常量部分（相对的平移误差）与系统误差参数的关系。

1. 沿 CCD 的相对几何残差与主距误差

影像对沿 CCD 的相对几何残差的常量部分主要是由载荷的主距误差或 CCD 探元尺寸误差引起的，二者影响机理相同，这里仅讨论主距误差。如图 5-5 所示，f 为载荷的主距，H 为卫星的轨道高度，由主距误差 Δf 引起的相对几何残差为 Δds，由空间几何关系可推导出：

$$\Delta ds = \Delta f \cdot H \cdot (s_l + s_r) / (f \cdot (f + \Delta f)) \tag{5-21}$$

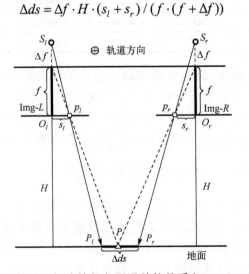

图 5-5　相对几何残差与主距误差的关系（Pi et al.，2020）

其中，s_l 和 s_r 分别为同名像点在沿 CCD 方向上到在各自像主点的距离，当高阶误差得到补偿时，二者的和等于 CCD 的长度与视场重叠范围的差值，为一常量。

由式(5-21)可知，由主距误差引起的影像间的相对几何残差在沿 CCD 方向为一系统性的平移。因此，为了在几何定标中精确估计与主距相关的系统误差参数 (a_1, b_1)，必须首先在同名像点间准确反演出这部分相对几何残差，而当这部分残差估计不准时，势必造成与主距相关的系统误差参数计算精度下降，这也解释了 5.3.2 节中为什么在理论精度评估中考虑常数项误差参数时，其他参数的理论精度也随之显著下降。上述分析同样表明，在影像对的外定向时只能利用地面控制点，因为相对定向势必导致影像间原本应该保留的相对平移残差被补偿掉，造成与成像载荷主距相关的系统误差参数无法精确定标。

2. 垂直 CCD 的相对几何残差与 CCD 旋转误差

影像对垂直于 CCD 的相对几何残差的常量部分主要是由 CCD 旋转误差引起的。如图 5-6 所示，以 CCD 视场中心轴为旋转轴，由 CCD 旋转误差 θ 引起的相对残差为 Δd。可将残差 Δd 分解为垂直于 CCD 和沿 CCD 的分量 $\Delta d \cos\theta$ 和 $\Delta d \sin\theta$。由于 CCD 的旋转误差通常是一个较小的量，旋转角 θ 接近于 0，因此，沿 CCD 的分量 $\Delta d \sin\theta$ 通常很小，可忽略不计，而垂直于 CCD 方向的分量与整体的相对残差 Δd 大致相等，进而可推导出由 CCD 旋转误差与相应的相对平移误差 Δdl 的关系，具体如下：

$$\Delta dl \approx \Delta d = (L - T) \cdot \tan\theta \tag{5-22}$$

其中，T 为影像对间的重叠范围，L 为 CCD 的长度。

传统的基于地面定标场的在轨几何定标方法，一般采用先外定标再内定标的分步解算方法，将内方位元素的低阶误差(平移和旋转)分配到外方位元素中补偿(杨博，2014)。但在缺少地面控制点的条件下，由于缺少充分的约束条件，影像对的外定向中偏航角通常不易精确估计，在影像对间残留一定的垂直于 CCD 方向的相对几何残差，进而在系统几何误差定标时会在模型参数中引入一些与 CCD 旋转相关的误差。针对该问题，这里仍将低阶误差的补偿分配到外方位元素中，而不将其保留在内方位元素中。基于影像对的同名像点，在垂直于 CCD 方向采用一个精确的相对定向消除该方向的相对平移误差 Δdl，进而在内方位元素的定标中剥离 CCD 旋转误差。

通过上述对于相对几何残差与相机物理成像参数的分析可知，由于影像间时变外方位元素误差的影响，当前完全不采用地面控制点的定标方法是无法实现的，消除重叠影像对的时变外方位元素误差仅能利用地面控制点，否则与主距相关的模型参数是无法精确估计的。

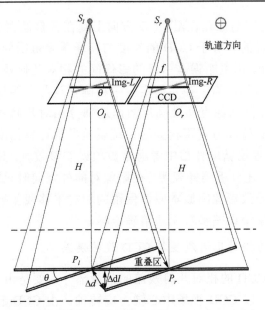

图 5-6　相对几何残差与 CCD 旋转误差的关系(Pi et al.，2020)

5.3.4　高程误差与视轴指向关系分析

同名像点对应的地面高程与定标参数也是密切相关的，主要表现为高程误差与系统误差参数确定的定向精度间的强相关性，同样是影响参数解算的稳定性和精度的关键因素。图 5-7 分别给出了下视相机和侧视相机对应的影像对中高程误差和定向精度的关系，其中，B 是左右重叠影像的投影中心 S_l 和 S_r 间的基线长度，H 是卫星相对于实际的地面位置 P 的轨道高度，P' 是对应于高程误差 dH 的地面位置，θ 和 θ' 分别为沿 CCD 方向对应 P 和 P' 的视线方向，α 和 α' 分别为垂直 CCD 方向对应 P 和 P' 的视线方向。

进而可以推导出由高程误差引起的定向误差如下：

$$\begin{cases} \Delta\theta = \theta' - \theta = \arctan\dfrac{B\cdot\cos\alpha}{H - dH\cdot\cos^2\alpha} - \arctan\dfrac{B\cdot\cos\alpha}{H} \\ \Delta\alpha = \alpha' - \alpha = \arctan\dfrac{H\cdot\tan\alpha}{H - dH} - \alpha \end{cases} \tag{5-23}$$

定向误差 $(\Delta\theta,\Delta\alpha)$ 可以用于表示光线的指向精度，因此，式(5-23)可表示定标精度与高程误差之间的关系。根据 ZY-3 卫星的成像参数，可以确定 ZY-3 三线阵立体测绘相机在不同基线长度下定标精度与高程误差的关系，如图 5-8 所示。可以看出，对于一个固定长度的基线，在垂直和沿 CCD 方向高程误差与定标精度均呈线性关系，但在垂直 CCD 的方向，二者的关系与基线长度无关。因此，高程误差与参数定标精度是强相关的，两类参数在平差解算中是耦合的，在参数定标中必须首先确定同名像点的高程以保证参数解算的稳定性和精度。上述分析同样表明，定标精度对于高程误差的影响并不敏感，一般引入一个公开的 DEM 数据作为高程约束便足以确保定标的精度，但对于侧视相机，其垂直 CCD 方向的定标精度受高程误差影响较大，在实际处理中应尽量选择平坦区域影像对进行定标处理，降低高程误差的不利影响。

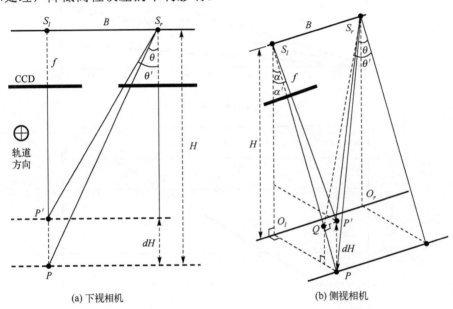

(a) 下视相机　　　　　　　　　　　　(b) 侧视相机

图 5-7　高程误差引起的定向误差（Pi et al.，2020）

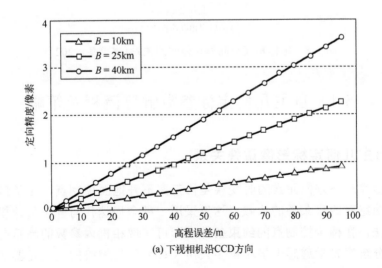

(a) 下视相机沿CCD方向

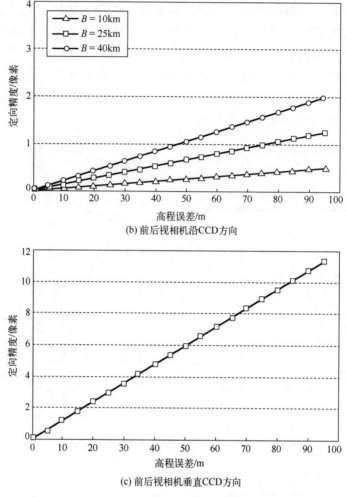

图 5-8　定标精度与高程误差间的关系(皮英冬，2021)

5.4　自主几何定标参数解算流程及策略

5.4.1　自主几何定标影像重叠关系

重叠影像对外方位元素的时变误差修正离不开地面控制点，为了最大限度地摆脱对地面绝对约束条件的依赖，这里采用一种全局迭代与分步估计相结合的参数解算方法，在稀少控制点的约束条件下即可实现相机内参数的高精度解算。线阵成像高分辨率光学遥感卫星相机多采用 CCD 作为相机的光敏元器件，但单片

CCD 上的像元数有限，通常将多个 CCD 线阵排列以获取更大的成像幅宽。在整景影像中，各片 CCD 对应的分片影像的系统误差通常存在差异，在几何定标中需采用不同的参数分别表达。如图 5-9所示，由多片 CCD 组成的光学相机采集的具有一定重叠度的左右影像分别为 $L1 - L2 - L3$ 和 $R1 - R2 - R3$，根据上述分析可知，对于具有相同畸变参数的影像对，其重叠度在 45%～75% 之间为宜，在这里则需要每片 CCD 对应的重叠影像对满足该条件。在左右影像重叠区域行方向上较窄的范围内匹配密集的同名像点，包括同一 CCD 对应的左右影像的重叠区域以及不同 CCD 对应影像的重叠区域，如 $R1 - L2$，在行方向选择较窄的匹配范围是为了抑制高频姿态误差的不利影响。选择某一片 CCD 对应的影像对为基准影像对，并在基准影像对范围内布设一定的控制点，理论上每景影像上布设两个控制点即可实现外方位元素的解算，但为了保证参数估计的精度，在平差解算中需要一定的多余观测。因此，在实际处理中可在基准影像对的每景影像的视场范围内均匀布设几个控制点簇，每个点簇包括三到五个控制点，此外，控制点应尽量布设在同名像点的范围内以确保所有的解算是在相同的误差基准下进行的。

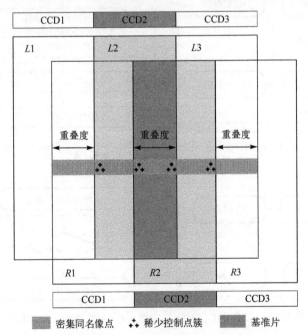

图 5-9　重叠影像及观测值分布示意图（皮英冬，2021）

5.4.2　基于全局迭代优化的基准影像几何定标

　　首先，利用基准影像上的稀少控制点和同名像点进行基准影像误差参数的定标；然后，将定标好的基准影像作为绝对参考，通过基准影像与非基准影像间的同名像点以及非基准影像间的同名像点，采用光束法平差整体定标非基准影像的误差参数。其中，稀少的控制点仅用于基准影像的外定向，并不直接参与误差参数的解算，但由于使用的控制点的数量少，控制点的布设可能不够均匀，在左右影像上对应载荷视场的不同位置，而不同位置具有不同的内方位元素误差，导致影像对的外定向是基于具有不同误差的内方位元素进行的，会造成影像对间相对几何残差难以准确估计，影响内方位元素定标的精度。因此，这里采用全局迭代的参数估计方法，结合外定向和内定标分步解算策略，在迭代估计中通过不断迭代优化内外误差参数使得参数解算逐渐逼近最优估计，定标流程如图 5-10 所示。

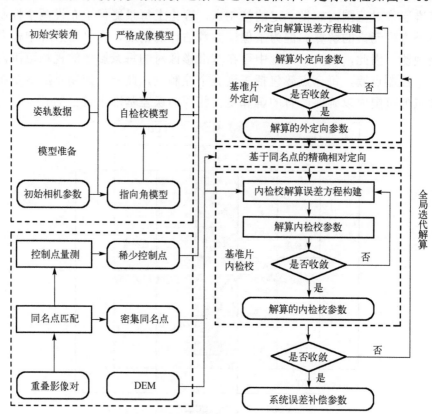

图 5-10　基准片 CCD 自主几何定标流程(皮英冬，2021)

1. 基于稀少控制点的外定向

受成像环境变化等因素的影响，影像的外方位元素误差并不稳定，是随时间变化的，不同时刻获取的重叠影像对的外方位元素误差必然是存在差异的，需要采用影像上布设的控制点进行修正，即进行外定向。将物理几何成像模型中用于确定误差改正矩阵 R_{Ncam}^{Cam} 的三个旋转角 $(\varphi, \omega, \kappa)$ 作为待解算参数，并将内方位元素的当前值作为"真值"，而其初始值可直接采用相机参数的设计值或实验室定标值。采用最小二乘方法进行外定向参数解算，根据建立的基础平差模型进行线性化，可直接建立外定向解算的误差方程：

$$V^E = Ax^E - L^E \qquad P^E \tag{5-24}$$

其中，$x^E = (\Delta\varphi, \Delta\omega, \Delta\kappa)^T$ 是影像的外方位元素改正数，A 是线性化得到的关于外方位元素的偏导数矩阵，L^E 是根据外方位元素当前值由基础平差模型确定的向量，P^E 是权矩阵，对于第 i 个控制点，A_i 和 L_i^E 的形式如下：

$$A_i = \begin{bmatrix} \dfrac{\partial G_x}{\partial \varphi} & \dfrac{\partial G_x}{\partial \omega} & \dfrac{\partial G_x}{\partial \kappa} \\[2mm] \dfrac{\partial G_y}{\partial \varphi} & \dfrac{\partial G_y}{\partial \omega} & \dfrac{\partial G_y}{\partial \kappa} \end{bmatrix}, \quad L_i^E = \begin{bmatrix} -(G_x) \\ -(G_y) \end{bmatrix}$$

进而根据最小二乘原理可以得到改正数的解：

$$x^E = (A^T P^E A)^{-1}(A^T P^E L^E) \tag{5-25}$$

最小二乘平差解算是一个迭代的过程，需要根据解算的改正数不断更新参数，并将其作为输入进行下一次迭代解算，直到外方位元素的值趋于稳定，解算收敛。

2. 基于同名像点的精配准

在采用控制点进行外定向后，还需利用影像间的密集同名像点进行精配准，以消除影像对在垂直于 CCD 方向的相对平移残差。选择影像对中的某一景影像作为参考影像，利用参考影像的成像模型，在 DEM 的约束下计算同名像点对应的地面三维坐标，然后将生成的地面点作为控制点计算另外一景影像的外方位元素。但是这里需要注意的是精配准仅用于消除垂直于 CCD 方向的相对残差，却不能影响沿 CCD 方向的相对残差，因此这里仅能解算与垂直 CCD 方向相关的外方位元素，即确定矩阵 R_{Ncam}^{Cam} 的三个旋转角中的俯仰角 φ 和偏航角 κ。

3. 基于同名像点的误差参数定标

与外方位元素不同，影像的内方位元素在一定的时段内是稳定的，可以利用重叠影像同名光线空间相交的共面条件进行定标。在解算内方位元素时，将上述外定向和精配准解算的外方位元素视作"真值"，在该外方位元素确定的参考框架下进行内方位元素的解算。由参数相关性和可确定性分析可知，基准影像对内方位元素的常数项是独立于影像对的相对几何约束的，在基准影像误差参数定标中无法且无须解算常数项，因此这里待解算的定标参数为 $(a_i,b_i)(i=1,2,3)$。此外，系统误差参数和高程误差之间的强相关性决定在平差解算中二者不能同时作为未知数，这里通过在定标模型中引入一个额外的 DEM 作为高程约束来克服参数耦合问题，在每次迭代解算中将内插自 DEM 的高程作为同名像点的物方高程真值，而不再将其作为未知数。由于影像的几何定位误差，在高程内插时同名光线与 DEM 相交的位置可能存在差异，此时可取二者的均值作为内插的高程值。由上述分析可知，定标模型中的未知参数不但包括系统误差参数 $(a_i,b_i)(i=1,2,3)$，还包括同名像点对应的物方平面坐标 (Lat,Lon)，仍需在平差模型基础上对其进行线性化以构建误差方程：

$$V_b^I = \boldsymbol{B}_b \boldsymbol{x}_b^I + \boldsymbol{C}_b t_b - \boldsymbol{L}_b^I \qquad \boldsymbol{P}_b^I \tag{5-26}$$

其中，$\boldsymbol{x}_b^I = (\Delta a_i, \Delta b_i)^{\text{T}} (i=1,2,3)$ 为系统误差参数的改正数，t_b 是同名像点物方平面坐标的改正数；$\boldsymbol{B}_b$ 和 $\boldsymbol{C}_b$ 则分别为关于系统误差参数和物方平面坐标的偏导数矩阵；$\boldsymbol{L}_b^I$ 是根据当前系统误差参数和物方坐标由基础平差模型确定的向量；$\boldsymbol{P}_b^I$ 是权矩阵，对于第 i 对同名像点，$\boldsymbol{B}_{bi}$、$\boldsymbol{C}_{bi}$ 以及 $\boldsymbol{L}_{bi}^I$ 的具体形式如下：

$$\boldsymbol{B}_{bi} = \begin{bmatrix} \dfrac{\partial G_x^L}{\partial a_1} & \dfrac{\partial G_x^L}{\partial a_2} & \dfrac{\partial G_x^L}{\partial a_3} & \dfrac{\partial G_x^L}{\partial b_1} & \dfrac{\partial G_x^L}{\partial b_2} & \dfrac{\partial G_x^L}{\partial b_3} \\[2mm] \dfrac{\partial G_y^L}{\partial a_1} & \dfrac{\partial G_y^L}{\partial a_2} & \dfrac{\partial G_y^L}{\partial a_3} & \dfrac{\partial G_y^L}{\partial b_1} & \dfrac{\partial G_y^L}{\partial b_2} & \dfrac{\partial G_y^L}{\partial b_3} \\[2mm] \dfrac{\partial G_x^R}{\partial a_1} & \dfrac{\partial G_x^R}{\partial a_2} & \dfrac{\partial G_x^R}{\partial a_3} & \dfrac{\partial G_x^R}{\partial b_1} & \dfrac{\partial G_x^R}{\partial b_2} & \dfrac{\partial G_x^R}{\partial b_3} \\[2mm] \dfrac{\partial G_y^R}{\partial a_1} & \dfrac{\partial G_y^R}{\partial a_2} & \dfrac{\partial G_y^R}{\partial a_3} & \dfrac{\partial G_y^R}{\partial b_1} & \dfrac{\partial G_y^R}{\partial b_2} & \dfrac{\partial G_y^R}{\partial b_3} \end{bmatrix}, \quad \boldsymbol{C}_{bi} = \begin{bmatrix} \dfrac{\partial G_x^L}{\partial \text{Lat}} & \dfrac{\partial G_x^L}{\partial \text{Lon}} \\[2mm] \dfrac{\partial G_y^L}{\partial \text{Lat}} & \dfrac{\partial G_y^L}{\partial \text{Lon}} \\[2mm] \dfrac{\partial G_x^R}{\partial \text{Lat}} & \dfrac{\partial G_x^R}{\partial \text{Lon}} \\[2mm] \dfrac{\partial G_y^R}{\partial \text{Lat}} & \dfrac{\partial G_y^R}{\partial \text{Lon}} \end{bmatrix}, \quad \boldsymbol{L}_{bi}^I = \begin{bmatrix} -(G_x^L) \\[1mm] -(G_y^L) \\[1mm] -(G_x^R) \\[1mm] -(G_y^R) \end{bmatrix}$$

其中，(G_x^L, G_y^L) 和 (G_x^R, G_y^R) 分别为左右影像对应的基础平差模型，$((G_x^L),(G_y^L))$ 和 $((G_x^R),(G_y^R))$ 则分别为基于未知参数当前值计算的左右影像平差模型的值。

根据最小二乘原理，可建立法方程如下：

$$\begin{bmatrix} \boldsymbol{B}_b \boldsymbol{P}_b^I \boldsymbol{B}_b & \boldsymbol{B}_b \boldsymbol{P}_b^I \boldsymbol{C}_b \\ \boldsymbol{C}_b \boldsymbol{P}_b^I \boldsymbol{B}_b & \boldsymbol{C}_b \boldsymbol{P}_b^I \boldsymbol{C}_b \end{bmatrix} \begin{bmatrix} \boldsymbol{x}_b^I \\ t_b \end{bmatrix} = \begin{bmatrix} \boldsymbol{B}_b \boldsymbol{P}_b^I \boldsymbol{L}_b^I \\ \boldsymbol{C}_b \boldsymbol{P}_b^I \boldsymbol{L}_b^I \end{bmatrix} \tag{5-27}$$

由于参与解算的同名像点较多，上述方程中待解算未知数的数量较大，无法整体直接求逆。鉴于物方平面坐标这类未知数的数量远大于待解算的误差参数，采用消元法去掉这类未知参数，进而得到系统误差参数改正数的解，具体如下：

$$
\begin{cases}
\boldsymbol{x}_b^I = \boldsymbol{W}_b^{-1} \boldsymbol{M}_b \\
\boldsymbol{W}_b = \boldsymbol{B}_b^{\mathrm{T}} \boldsymbol{P}_b^I \boldsymbol{B}_b - \boldsymbol{B}_b^{\mathrm{T}} \boldsymbol{P}_b^I \boldsymbol{C}_b (\boldsymbol{C}_b^{\mathrm{T}} \boldsymbol{P}_b^I \boldsymbol{C}_b)^{-1} \boldsymbol{C}_b^{\mathrm{T}} \boldsymbol{P}_b^I \boldsymbol{B}_b \\
\boldsymbol{M}_b = \boldsymbol{B}_b^{\mathrm{T}} \boldsymbol{P}_b^I \boldsymbol{L}_b^I - \boldsymbol{B}_b^{\mathrm{T}} \boldsymbol{P}_b^I \boldsymbol{C}_b (\boldsymbol{C}_b^{\mathrm{T}} \boldsymbol{P}_b^I \boldsymbol{C}_b)^{-1} \boldsymbol{C}_b^{\mathrm{T}} \boldsymbol{P}_b^I \boldsymbol{L}_b^I
\end{cases}
\tag{5-28}
$$

同样地，系统误差参数的解算仍为一个迭代的过程，需要在每次迭代中不断更新参数直到解算收敛。此外，还需要不断进行全局的迭代解算，在全局的迭代中不断优化系统误差参数，使左右影像的控制点对应的内方位元素的误差趋于一致（直到趋于 0），确保外定向后影像间的相对几何残差越来越精确，进而提高系统误差参数的估计精度。

5.4.3　基于整体光束法平差的非基准影像定标

以定标好的基准影像几何成像模型为参考，利用基准影像和非基准影像间的相对几何约束，以及非基准影像对间的自约束，采用光束法平差的方法定标非基准影像的系统误差参数。由于有基准片作为绝对参考，因此非基准片系统误差模型参数的常数项同样可以精确估计，而将该常数项作为待定标参数对于保证 CCD 影像间的拼接精度是很有必要的。

将影像间的同名像点（corresponding image point，CIP）观测值划分为两类，一类是非基准影像与基准影像间的同名像点，一类是非基准影像间的同名像点。对于前者需根据基准影像的几何成像模型在 DEM 的约束下生成地面三维点，并将其作为真实控制点引入非基准影像误差参数定标中，而对于后者，则仍利用其同名光线共面的相对约束条件，因此，两类观测值构建的定标模型中包含的未知数是不同的，前者仅包括相应分片影像的系统误差参数，而后者则不但包括分片影像的系统误差参数还包括同名像点对应的物方平面坐标。基于基础的平差模型进行线性化，可建立控制点和同名像点的误差方程 $\boldsymbol{V}_{\mathrm{gcp}}^I$ 和 $\boldsymbol{V}_{\mathrm{cip}}^I$，如下：

$$
\begin{cases}
\boldsymbol{V}_{\mathrm{gcp}}^I = \boldsymbol{B}_{\mathrm{gcp}} \boldsymbol{x}_n^I - \boldsymbol{L}_{\mathrm{gcp}}^I & \boldsymbol{P}_{\mathrm{gcp}}^I \\
\boldsymbol{V}_{\mathrm{cip}}^I = \boldsymbol{B}_{\mathrm{cip}} \boldsymbol{x}_n^I + \boldsymbol{C}_{\mathrm{cip}} t_n - \boldsymbol{L}_{\mathrm{cip}}^I & \boldsymbol{P}_{\mathrm{cip}}^I
\end{cases}
\tag{5-29}
$$

其中，$\boldsymbol{B}_{\mathrm{gcp}}$ 是控制点关于相应影像系统误差参数的偏导数矩阵，$\boldsymbol{B}_{\mathrm{cip}}$ 是同名像点关于相应影像系统误差参数的偏导数矩阵；$\boldsymbol{C}_{\mathrm{cip}}$ 是同名像点关于物方平面坐标 $(\mathrm{Lat}, \mathrm{Lon})$ 的偏导数矩阵，这里高程仍内插自 DEM 数据，而不将其视为未知数；$\boldsymbol{L}_{\mathrm{gcp}}^I$ 和 $\boldsymbol{L}_{\mathrm{cip}}^I$ 则是分别由当前系统误差参数和物方坐标确定的分别对应于控制点和同名像点的向量；$\boldsymbol{P}_{\mathrm{gcp}}^I$ 和 $\boldsymbol{P}_{\mathrm{cip}}^I$ 则分别为对应控制点和同名像点观测值的权矩阵。假设非基准片 CCD 的数量为 n，则对于第 j 片 CCD 影像对上的任一控制点，$\boldsymbol{B}_{\mathrm{gcp}}^j$ 和 $\boldsymbol{L}_{\mathrm{gcp}}^{I_j}$ 的具体形式如下：

$$\boldsymbol{B}_{\mathrm{gcp}}^{j} = \begin{bmatrix} 0 & 0 & \cdots & \dfrac{\partial G_x^j}{\partial a_i} & \dfrac{\partial G_x^j}{\partial b_i} & \cdots & 0 & 0 \\ 0 & 0 & \cdots & \dfrac{\partial G_y^j}{\partial a_i} & \dfrac{\partial G_y^j}{\partial b_i} & \cdots & 0 & 0 \end{bmatrix}_{2 \times 8n} \quad (i=0,1,2,3), \quad \boldsymbol{L}_{\mathrm{gcp}}^{I_j} = \begin{bmatrix} -(G_x^j) \\ -(G_y^j) \end{bmatrix}$$

其中，(G_x^j, G_y^j) 为第 j 片 CCD 影像对中某一影像的基础平差模型，$((G_x^j),(G_y^j))$ 则为基于未知参数当前值计算的该平差模型的值。

对于第 j 片 CCD 影像对上的任意一对同名像点，$\boldsymbol{B}_{\mathrm{cip}}^{j}$、$\boldsymbol{C}_{\mathrm{cip}}^{j}$ 和 $\boldsymbol{L}_{\mathrm{cip}}^{j}$ 的具体形式如下：

$$\boldsymbol{B}_{\mathrm{cip}}^{j} = \begin{bmatrix} 0 & 0 & \cdots & \dfrac{\partial G_x^{L_j}}{\partial a_i} & \dfrac{\partial G_x^{L_j}}{\partial b_i} & \cdots & 0 & 0 \\ 0 & 0 & \cdots & \dfrac{\partial G_y^{L_j}}{\partial a_i} & \dfrac{\partial G_y^{L_j}}{\partial b_i} & \cdots & 0 & 0 \\ 0 & 0 & \cdots & \dfrac{\partial G_x^{R_j}}{\partial a_i} & \dfrac{\partial G_x^{R_j}}{\partial b_i} & \cdots & 0 & 0 \\ 0 & 0 & \cdots & \dfrac{\partial G_y^{R_j}}{\partial a_i} & \dfrac{\partial G_y^{R_j}}{\partial b_i} & \cdots & 0 & 0 \end{bmatrix}_{4 \times 8n}, \quad \boldsymbol{C}_{\mathrm{cip}}^{j} = \begin{bmatrix} \dfrac{\partial G_x^{L_j}}{\partial \mathrm{Lat}} & \dfrac{\partial G_x^{L_j}}{\partial \mathrm{Lon}} \\ \dfrac{\partial G_y^{L_j}}{\partial \mathrm{Lat}} & \dfrac{\partial G_y^{L_j}}{\partial \mathrm{Lon}} \\ \dfrac{\partial G_x^{R_j}}{\partial \mathrm{Lat}} & \dfrac{\partial G_x^{R_j}}{\partial \mathrm{Lon}} \\ \dfrac{\partial G_y^{R_j}}{\partial \mathrm{Lat}} & \dfrac{\partial G_y^{R_j}}{\partial \mathrm{Lon}} \end{bmatrix}, \quad \boldsymbol{L}_{\mathrm{cip}}^{I_j} = \begin{bmatrix} -(G_x^{L_j}) \\ -(G_y^{L_j}) \\ -(G_x^{R_j}) \\ -(G_y^{R_j}) \end{bmatrix}$$

其中，$(G_x^{L_j}, G_y^{L_j})$ 和 $(G_x^{R_j}, G_y^{R_j})$，$(i=0,1,2,3)$ 分别为第 j 片 CCD 的左右影像对应的基础平差模型，$((G_x^{L_j}),(G_y^{L_j}))$ 和 $((G_x^{R_j}),(G_y^{R_j}))$ 则分别为基于未知参数当前值计算的左右平差模型的值。

最后，将控制点和同名像点的误差方程统一表示为如下形式：

$$\boldsymbol{V}_n^I = \boldsymbol{B}_n \boldsymbol{x}_n^I + \boldsymbol{C}_n t_n - \boldsymbol{L}_n^I \qquad \boldsymbol{P}_n^I \tag{5-30}$$

其中，

$$\boldsymbol{B}_n = \begin{bmatrix} \boldsymbol{B}_{\mathrm{gcp}} \\ \boldsymbol{B}_{\mathrm{cip}} \end{bmatrix}, \quad \boldsymbol{C}_n = \begin{bmatrix} 0 \\ \boldsymbol{C}_{\mathrm{cip}} \end{bmatrix}, \quad \boldsymbol{L}_n^I = \begin{bmatrix} \boldsymbol{L}_{\mathrm{gcp}}^I \\ \boldsymbol{L}_{\mathrm{cip}}^I \end{bmatrix}, \quad \boldsymbol{P}_n^I = \begin{bmatrix} \boldsymbol{P}_{\mathrm{gcp}}^I & \\ & \boldsymbol{P}_{\mathrm{cip}}^I \end{bmatrix}$$

根据最小二乘原理，可得系统误差参数的改正数 $\boldsymbol{x}_n^I$ 的解，如下式：

$$\begin{cases} \boldsymbol{x}_n^I = \boldsymbol{W}_n^{-1} \boldsymbol{M}_n \\ \boldsymbol{W}_n = \boldsymbol{B}_n^{\mathrm{T}} \boldsymbol{P}_n^I \boldsymbol{B}_n - \boldsymbol{B}_n^{\mathrm{T}} \boldsymbol{P}_n^I \boldsymbol{C}_n (\boldsymbol{C}_n^{\mathrm{T}} \boldsymbol{P}_n^I \boldsymbol{C}_n)^{-1} \boldsymbol{C}_n^{\mathrm{T}} \boldsymbol{P}_n^I \boldsymbol{B}_n \\ \boldsymbol{M}_n = \boldsymbol{B}_n^{\mathrm{T}} \boldsymbol{P}_n^I \boldsymbol{L}_n^I - \boldsymbol{B}_n^{\mathrm{T}} \boldsymbol{P}_n^I \boldsymbol{C}_n (\boldsymbol{C}_n^{\mathrm{T}} \boldsymbol{P}_n^I \boldsymbol{C}_n)^{-1} \boldsymbol{C}_n^{\mathrm{T}} \boldsymbol{P}_n^I \boldsymbol{L}_n^I \end{cases} \tag{5-31}$$

同样地，非基准影像的系统误差参数的解算仍为一个迭代的过程，仍需要在每次迭代中不断更新参数直到解算收敛。

5.4.4 立体测绘相机整体定标策略

本节进一步介绍一种针对立体测绘相机的系统几何误差整体定标方法。该方法在利用每个相机获取的重叠影像进行系统误差参数解算上与前述定标方法相同，差异之处在于其采用立体像对空间交会的几何条件代替上述方法中使用的 DEM 高程，进一步降低了定标方法对参考数据的依赖。因此，这里使用的不再是两景重叠的影像，而是两对重叠的立体像对，以 ZY-3 号卫星的三线阵立体相机为例，立体相机获取的每个立体像对包括前、下、后三视影像，即影像对的重叠区域包括左右影像对的前、下、后共六景影像。在定标解算中仍利用各视获取的重叠影像，分别进行各视影像系统误差的定标，但无须再引入额外的高程约束，而是直接将重叠区域六景影像交会的物方三维坐标作为最小二乘解算的初值。

由于本方法的参数解算内容与上述定标方法大致相同，因此本节仅介绍多视同名像点匹配和定标方法流程两个新内容。

1. 多视同名像点匹配

为了实现立体相机系统几何误差参数的整体定标，需要在影像重叠区域匹配具有多视重叠的同名像点。在匹配中为了避免不同影像上转点可能引起的累积误差，需要保证同一个相机对应的重叠影像对之间的同名像点是直接匹配得到的。同样以 ZY-3 号卫星的三线阵立体影像为例，其同名像点的匹配顺序如图 5-11 所示，首先选择某一下视影像为主片，然后进行主片与另一下视影像之间的匹配，再进行主片与同立体像对的前后视影像间的匹配，最后再分别进行前后视影像间的匹配。

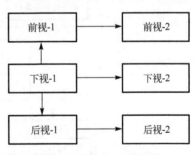

图 5-11　同名像点匹配顺序

利用 Harris 特征点和相位相关算法相结合的匹配策略实现影像重叠区域的多视同名像点匹配，在预先设定的匹配范围内，将主片划分为均匀格网，并在每个格网内提取一组 Harris 特征点（Harris et al.，1988；王旭光 等，2009），然后采用相位相关算法在影像对重叠区域匹配同名像点。相位相关算法是一种利用傅里叶平移不变性来快速确定影像间平移量的区域匹配方法，它具有速度快、精度高和对辐射变化不敏感的优点（叶沅鑫 等，2017；李欣 等，2020）。对于两幅只存在平移关系的影像，在各自频率域的表达只存在一个线性的相位角差，对于匹配影像块 $f(x,y)$ 和 $g(x,y)$，二者之间的平移为 $(\Delta x, \Delta y)$，则可得

$$g(x,y) = f(x - \Delta x, y - \Delta y) \tag{5-32}$$

通过傅里叶变换可得

$$G(u,v) = F(u,v)\mathrm{e}^{-i(\Delta xu + \Delta yv)} \tag{5-33}$$

对上式进行变形，可以得到影像对间的互功率谱函数 $Q(u,v)$：

$$Q(u,v) = \mathrm{e}^{-i(\Delta xu + \Delta yv)} = \frac{F(u,v) * \overline{G(u,v)}}{\left| F(u,v) * \overline{G(u,v)} \right|} \tag{5-34}$$

其中，$\overline{G(u,v)}$ 为 $G(u,v)$ 的共轭。对互功率谱函数做反傅里叶变换，得到二维 Dirichlet 函数（叶沅鑫 等，2017），该函数在 $(\Delta x, \Delta y)$ 处具有明显峰值。由于数字图像是离散的，根据峰值点所在的整像素位置 $(\Delta x, \Delta y)$，可以快速定位匹配点的初始位置，最后通过基于灰度的拟合即可得到亚像素精度的匹配结果。

2. 定标方法流程

针对立体影像对的整体定标流程如图 5-12 所示。

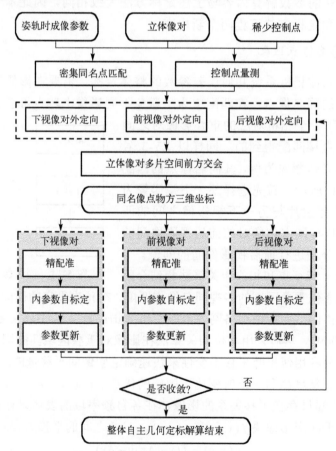

图 5-12　立体测绘影像对系统几何误差整体定标流程（Yang et al.，2020）

　　首先，基于稀少控制点分别进行不同相机对应的重叠影像对的外定向，然后通过多片空间前方交会解算所有同名像点的物方三维坐标，并将其作为同名像点物方坐标的初值引入到后续的系统误差参数解算中。对于各视影像，利用其影像对的同名像点采用上节的定标方法估计其系统误差参数，最后判断解算是否收敛，若收敛则整体定标解算结束，否则继续迭代解算。

5.5　线阵成像卫星载荷自主几何定标实验

5.5.1　资源三号下视相机自主几何定标实验

1. 实验数据

　　相机基准片 CCD 的定标是进行全视场精准定标的关键，非基准片 CCD 的定标实际为基于基准片的几何模型外推，基准片定标的精度决定最终载荷全视场系统几何误差补偿的精度。利用我国首颗民用立体测绘卫星 ZY-3 三号线阵相机中的下视相机获取的重叠影像对进行实验(李德仁，2012)。表 5-3 列出了三线阵相机的物理成像参数，三线阵相机的每台相机均是由三片 TDI CCD 组成的，采用半反半透棱镜的"光学拼接"方式将多片 CCD 拼接为一条扫描线，各片 CCD 之间具有优于 0.3 个像素的拼接精度(曹海翊 等，2012)，在几何定标时通常将其视为一整个扫描行。因此，在利用下视相机对进行自主几何定标时同样将多片 CCD 视为一个整体进行处理，可用于验证基准片 CCD 定标的效果。

表 5-3　ZY-3 卫星三线阵相机物理成像参数

参数	下视	前视	后视
主距/mm	1700	1700	1700
CCD 探元尺寸/μm	7.0	10	10
CCD 阵列探元数/像素	24530	16300	16300
影像幅宽/km	51	52	52
地面采样间隔/m	2.1	3.2	3.2

　　选择我国东北地区的两对重叠像对作为实验数据，并进行最终定标精度的对比验证，两个像对的重叠度均为 58%左右，满足上述分析得到的 45%～75%的重叠范围，参数解算时附加的高程约束来自公开的 30m 分辨率的 ASTER DEM，表 5-4 列出了影像对及相应区域的信息。

表 5-4　ZY-3 下视重叠影像对及区域信息

数据		成像时间	中心经纬度	重叠度	地形起伏
影像对 1	N1	2017-11-14	E123.4°，N44.9°	58.9%	<50m
	N2	2017-11-24	E123.7°，N44.9°		
影像对 2	N3	2018-01-12	E123.5°，N44.9°	58.5%	<50m
	N4	2017-11-19	E123.8°，N44.9°		

为了使用影像对间的自约束条件，采用基于 SIFT 算子的稳健匹配算法在影像重叠区域行(沿轨)方向上较短的一段区域内匹配大量的同名像点。此外，在影像对的行(沿轨)方向上，布设了 4 组高精度的地面控制点，并手动量测其在影像上的点位。图 5-13 列出了影像对 1、影像之间的同名像点以及使用的 4 组控制点的分布情况。这里通过对控制点编号来方便验证控制点的分布和数量对定标精度的影响。

图 5-13　重叠影像对上同名像点和控制点的分布(皮英冬，2021)(见彩图)

2. 实验结果

基于上述同名像点和控制点观测值，进行影像系统性几何误差的定标。根据 ZY-3 卫星下视相机的畸变特性，采用三次多项式拟合的指向角模型描述影像的内部畸变(曹海翊 等，2012；皮英冬 等，2019)。对于重叠影像的外方位元素时变误差，利用稀少地面对影像分别进行外定向，即每景影像各自拥有一套外方位元素，但共用一套内方位元素。

为了说明基于影像自约束的系统误差定标方法具有通用性，利用两个影像对（影像对 1：IP1；影像对 2：IP2）进行对比验证，同时将控制点分为两组，第一组（G1）包括点 1 和点 4，第二组（G2）则包括所有的四组控制点，通过两组的对比来说明控制点的数量和分布对定标精度的影响。结合上述实验目的，分配影像对和控制点得到三种定标的实验条件：条件 A 是影像对 1 和第一组控制点即 IP1+G1，条件 B 是影像对 1 和第二组控制点即 IP1+G2，条件 C 是影像对 2 和第一组控制点即 IP2+G1，通过三组实验的对比分析说明本方法的有效性。基于这里提出的定标方法，可得到三种条件下影像的外定向结果，如表 5-5 所示。

表 5-5　重叠影像对外定向结果

参数		φ/rad	ω/rad	κ/rad
初值		0.0	0.0	0.0
条件 A (IP1+G1)	NAD 1	0.0013771	−0.0012930	−0.0031657
	NAD 2	0.0013767	−0.0013066	−0.0030923
条件 B (IP1+G2)	NAD 1	0.0013764	−0.0012941	−0.0031085
	NAD 2	0.0013761	−0.0013066	−0.0031174
条件 C (IP2+G1)	NAD 3	0.0014074	−0.0012453	−0.0031462
	NAD 4	0.0013702	−0.0012789	−0.0030710

在解算的外定向参数的基础上，进一步得到影像系统误差参数定标的结果，由于定标中无法解算内参数的常数项，这里直接使用内参数的初值替代常数项，并在解算中将其视为真值，得到的内定标结果如表 5-6 所示。

表 5-6　基于三次多项式指向角模型的定标结果

i	初值		条件 A(IP1+G1)		条件 B(IP1+G2)		条件 C(IP2+G1)	
	a_i	b_i	a_i	b_i	a_i	b_i	a_i	b_i
0	0.0	5.050294×10^{-2}	0.0	5.050294×10^{-2}	0.0	5.050294×10^{-2}	0.0	5.050294×10^{-2}
1	0.0	-4.11765×10^{-6}	3.44419×10^{-10}	-4.11939×10^{-6}	3.43609×10^{10}	-4.11927×10^{-6}	2.80197×10^{-10}	-4.11951×10^{-6}
2	0.0	0.0	-3.57832×10^{-14}	-2.87802×10^{-15}	-3.56392×10^{-14}	-2.652597×10^{-15}	-2.81012×10^{-14}	1.16201×10^{-14}
3	0.0	0.0	9.54903×10^{-19}	-7.02416×10^{-20}	9.55061×10^{-19}	-7.33897×10^{-20}	7.62436×10^{-19}	-5.07413×10^{-19}

可以看出，三种条件下内参数的解算结果几乎相同，解算的参数之间的差异小于 1.3×10^{-10}，将指向角模型参数的初值作为基准，可根据定标结果计算每个CCD 探元相较于基准的指向角残差，根据所有探元的指向角残差可绘制出 CCD 上所有探元的残差曲线，在绘制残差曲线时需考虑外定向参数对内参数平移量的

补偿作用，因此在每个残差处需减去一个平均偏移量，进而得到三种条件下的残差曲线，如图 5-14 所示。

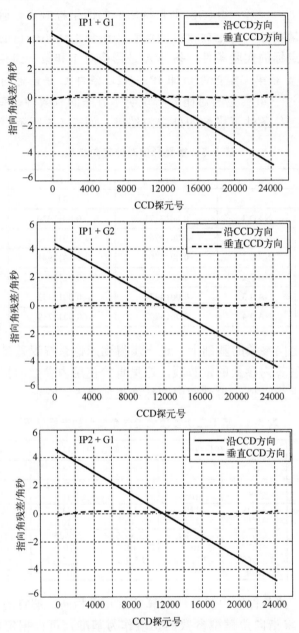

图 5-14　不同条件下的定标结果残差曲线 (皮英冬，2021)

上述三种情况下垂直于 CCD 方向的残差均几乎为 0，而沿 CCD 方向的残差则近似为一具有固定斜率的直线，这说明影像的系统性几何误差主要集中在沿 CCD 方向，在垂直于 CCD 方向几乎无畸变，且该误差主要是由主距误差引起的缩放误差，更高阶的内畸变的比例较小。三种条件下的畸变曲线大致相同，边缘处的最大差异小于 0.2 角秒。通过分析上述结果，可以得到如下两个结论：①在一定时段内，对了不同区域的影像对，本定标方法的结果大致相同，说明该方法具有普适性；②在保证均匀分布和量测精度的前提下，控制点的数量对定标结果的影响有限，理想的情况下，每个影像上两个高精度的控制点（控制点对应相同的 CCD 探元）即可满足定标的要求。

3. 精度验证

1）单景影像几何定位精度验证

为了确保用于定标的影像与用于精度验证的影像是独立的，这里利用两个影像对交叉检验的方法验证定标前后单景影像的几何定位精度。对于条件 A 的定标结果，利用影像对 2 的两景影像进行验证，对于条件 C 的定标结果则利用影像对 1 的两景影像进行验证。利用影像上布设的一定数量的地面控制点作为检查点进行精度检验，控制点的地面量测精度优于 1m。此外，验证了在不同误差改正模型修正下的单景影像绝对几何定位精度，并采用检查点的像方残差的中误差作为精度评价的指标，表 5-7 列出了定标前（before calibration，BC）和定标后（after calibration，AC）单景影像在不同误差改正模型修正下的几何定位精度。

表 5-7　定标前后单景影像在不同误差改正模型下的几何精度　　　　（单位：像素）

影像	阶段	无改正		平移变换		相似变换		仿射变换		二次多项式	
		列	行	列	行	列	行	列	行	列	行
N1	BC	320.33	332.15	2.45	16.45	8.30	9.51	0.50	0.49	0.46	0.47
	AC	3.52	1.30	0.50	0.67	0.53	0.52	0.49	0.47	0.49	0.44
N2	BC	322.60	340.27	2.78	19.34	9.68	10.63	0.48	0.53	0.47	0.50
	AC	6.93	0.81	0.53	0.69	0.50	0.51	0.47	0.49	0.47	0.48
N3	BC	310.39	330.51	3.56	19.81	10.22	9.17	0.50	0.49	0.49	0.47
	AC	14.72	6.72	0.66	0.54	0.54	0.52	0.49	0.48	0.48	0.48
N4	BC	316.32	338.08	2.11	15.57	7.86	9.29	0.47	0.46	0.47	0.45
	AC	6.54	1.99	0.52	0.52	0.54	0.49	0.52	0.47	0.50	0.44

由于采用稀少控制点进行影像的外定向，并用外定向结果优化成像模型，将无改正模型修正下的影像几何定位精度从两个方向均大于 300 个像素提高到 10 个像素左右。随着误差改正模型阶数的提高，从平移到二次多项式模型，定标前

后影像的几何精度均从显著提高逐渐趋于稳定，但二者趋于稳定的节点不同。定标后，在平移变换模型改正后影像的精度即趋于稳定，但定标前的影像需在仿射变换模型的修正下才能达到与定标后在平移变换模型修正下相当的精度，并在之后精度趋于稳定。鉴于平移变换模型改正下影像几何定位精度可用于表示影像的内部几何精度，可知本方法有效地补偿了影像的内部几何误差，同时表明 ZY-3 卫星下视相机的几何误差主要是由主距误差引起的缩放误差，高阶光学畸变有限。根据该指标，几何定标将影像行列两个方向的内部几何精度提高到 0.5 个像素左右，总体优于 1 个像素，满足影像处理的高精度需求。

进一步利用 N1 影像上的 45 个检查点绘制出了定标处理不同阶段（定标前、外定向后和定标后）的像方残差矢量分布图，残差分布情况如图 5-15 所示。

可以看出，定标前影像成像模型中存在一个显著的系统性偏差，外定向后该系统性偏差得到了较好的补偿，但影像上仍存在一个由内部畸变引起的自内向外

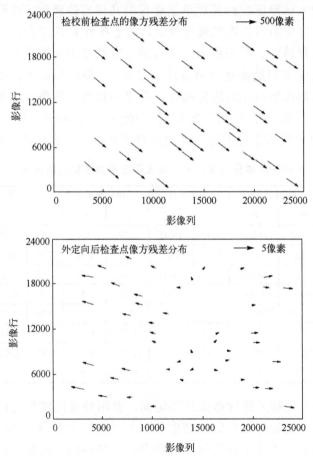

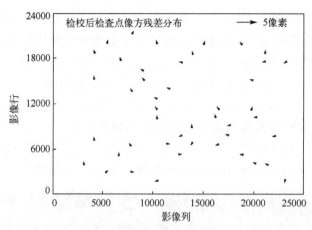

图 5-15 不同处理阶段检查点像方残差分布情况（皮英冬，2021）

的放射性缩放误差，经过进一步的定标后，该系统性缩放误差也得到了较好的补偿，影像内部几何精度趋于一致。由此可知，自主几何定标方法可以有效补偿卫星影像的系统几何误差，可以得到与场地定标方法相当的精度。

2) 影像对相对几何精度验证

影像间的相对几何精度是表征基于影像对的自主定标方法有效性的另一个关键指标。本实验对比验证了三对具有不同重叠度的影像对的几何精度，为了消除外方位元素误差不一致对影像间的相对几何精度评价的不利影响，在精度评价前首先利用控制点对外方位元素进行修正，统一其外方位元素精度基准，然后再利用在影像重叠区域匹配的同名像点作为检查点评价影像间的相对几何精度。通过统计同名像点的像方相对几何残差的均值、中误差和最值来对比验证定标前后的精度情况，具体如表 5-8 所示。

表 5-8 定标前后重叠影像间的相对几何残差

影像对	重叠度/%	检查点数	阶段	列方向/像素			行方向/像素		
				均值	中误差	最值	均值	中误差	最值
N1 N2	58.9	722	定标前	−3.39	4.16	4.83	0.19	0.76	1.21
			定标后	−0.02	0.36	0.75	−0.22	0.55	1.03
N3 N4	58.5	874	定标前	−3.61	3.64	4.57	0.48	0.72	1.28
			定标后	−0.07	0.45	0.83	0.16	0.42	0.83
N2 N4	81.1	1282	定标前	−1.83	2.06	2.89	0.37	0.70	1.19
			定标后	−0.02	0.34	0.74	0.19	0.43	0.90

在定标前，具有 58% 左右重叠度的影像对，在其列方向的相对几何误差约为

4 个像素(中误差);具有 81% 左右重叠度的影像对,其列方向的相对几何误差约为 2 个像素(中误差),影像本身的系统几何误差使得重叠影像无法满足无缝拼接的精度要求。相较于列方向,行方向的相对几何误差较小,进一步说明了 ZY-3 下视相机的系统几何误差主要存在于沿 CCD 方向,在垂直于 CCD 方向的误差有限。定标后,所有影像对的相对几何误差均提高到 0.5 个像素左右,最大误差在 1 个像素左右,重叠影像基本满足无缝拼接的精度要求。

进一步在图 5-16 中列出了定标前后重叠影像的目视拼接情况,可以发现定标后重叠影像的目视拼接效果得到了显著改善,基本达到无缝拼接的要求。

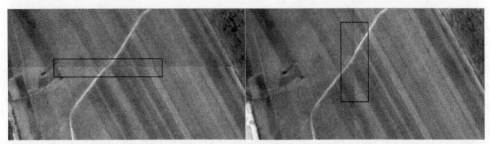

(a)几何定标前

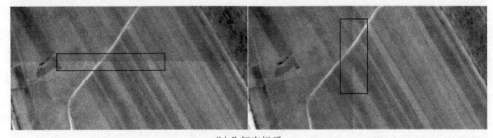

(b)几何定标后

图 5-16　定标前后影像对的拼接情况(皮英冬,2021)

5.5.2　高分七号后视相机自主几何定标实验

1. 实验数据

进一步采用高分七号(GF-7)卫星的后视影像验证分片 CCD 载荷整体自主几何定标。GF-7 是我国首颗民用亚米级高分辨率光学传输型两线阵立体测绘卫星,其搭载的前、后视相机视轴与星下点分别成 26° 和 −5° 夹角,采用后视相机获取辽宁地区的一对重叠影像进行定标实验验证,其后视相机由三片 CCD 组成,每片 CCD 包含 12288 个探元,相机主距约为 5.52m,CCD 探元尺寸约为 7μm,定标影像的详细信息如表 5-9 所示。

表 5-9　高分七号后视影像重叠像对信息

数据		成像时间	中心经纬度	重叠度	地形起伏
影像对	左影像	2020-03-10	E122.4°，N42.4°	63.2%	<100m
	右影像	2030-03-15	E122.4°，N42.4°		

　　采用的高程参考为基于 ZY-3 立体像对生成的 5m 分辨率的 DSM，DSM 的高程精度同样优于 5m，基于高精度的 SIFT 算子自影像对的重叠区域匹配密集分布且可靠的同名像点，并基于此进行定标的实验与精度验证，影像对、同名像点及高程参考数据如图 5-17 所示。

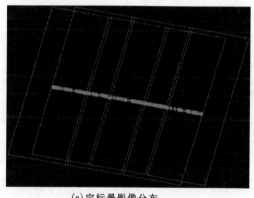
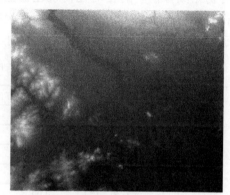

(a) 定标景影像分布　　　　　　　　　　　　　　(b) 参考 DSM

图 5-17　高分七号定标数据示意图（皮英冬，2021）

2. 实验结果

　　将基于 GF-7 卫星后视相机物理参数拟合的指向角模型参数作为定标解算的初值，选择第二片 CCD 为基准片，在地面稀少控制点的辅助下进行定标，然后在基准片定标参数的基础上，采用光束法平差进行非基准片 CCD 的整体几何定标，最终得到的各片 CCD 的定标结果如表 5-10 所示。

表 5-10　GF-7 卫星后视相机分片 CCD 影像定标结果

参数	CCD1		CCD2（基准）		CCD3	
	初值	结果	初值	结果	初值	结果
a_0	0.0	5.359237×10^{-6}	0.0	0.0	0.0	1.776868×10^{-6}
a_1	0.0	$-1.288965 \times 10^{-10}$	0.0	$-1.213321 \times 10^{-10}$	0.0	1.415752×10^{-10}
a_2	0.0	$-2.296603 \times 10^{-14}$	0.0	1.831334×10^{-14}	0.0	5.301576×10^{-15}
a_3	0.0	1.077226×10^{-18}	0.0	$-8.842093 \times 10^{-19}$	0.0	$-2.257855 \times 10^{-19}$
b_0	2.273986×10^{-2}	2.267996×10^{-2}	7.791304×10^{-3}	7.791304×10^{-3}	-7.157246×10^{-3}	-7.097826×10^{-3}

续表

参数	CCD1		CCD2(基准)		CCD3	
	初值	结果	初值	结果	初值	结果
b_1	-1.268116×10^{-6}	-1.263187×10^{-6}	-1.268116×10^{-6}	-1.263358×10^{-6}	-1.268116×10^{-6}	-1.263284×10^{-6}
b_2	0.0	1.081957×10^{-14}	0.0	5.583166×10^{-14}	0.0	2.558301×10^{-14}
b_3	0.0	-6.348594×10^{-19}	0.0	-3.249152×10^{-18}	0.0	-1.165972×10^{-18}

　　基于定标前后的成像参数计算同名像点间相对几何残差(消除了外方位元素误差),并统计残差的精度,如表 5-11 所示,与 ZY-3 影像类似,GF-7 后视影像对初始成像模型的相对几何误差仍主要表现为列方向上的相对平移,且定标前后相对几何残差的中误差变化不大,定标后行列两个方向的相对几何残差的均值几乎为 0,影像间的相对几何误差得到了较好的补偿。

表 5-11　定标前后同名像点相对几何定位精度

CCD	阶段	行方向/像素		列方向/像素	
		均值	中误差	均值	中误差
CCD1	定标前	1.58	0.57	9.64	0.74
	定标后	0.00	0.55	0.00	0.61
CCD2	定标前	0.13	0.61	9.66	0.59
	定标后	0.00	0.58	0.00	0.49
CCD3	定标前	-1.05	0.64	9.70	0.69
	定标后	0.00	0.61	0.00	0.67

3. 精度分析

1)单景影像内部几何精度验证

　　采用左影像各片 CCD 影像上人工识别的地面控制点作为检查点来验证每景影像的内部几何精度。统计所有检查点的像方定位残差的均方根误差作为影像内部几何精度,进而得到各片影像的精度如表 5-12 所示。

表 5-12　定标前后影像内部几何精度

影像	检查点数	定标前/像素			定标后/像素		
		行	列	行列	行	列	行列
CCD1	25	0.82	12.83	12.86	0.72	0.64	0.96
CCD2	27	0.94	16.62	16.65	0.71	0.75	1.03
CCD3	26	0.69	14.73	14.75	0.69	0.50	0.85

　　基于上述计算的检查点像方残差,绘制了整景影像上残差的矢量分布图,这

里为了清晰表现出残差的分布规律，将残差放大了 50 倍，如图 5-18 所示。可以看出，GF-7 后视影像的内部几何误差主要为影像列方向由主距误差引起的缩放误差，定标前行列方向的综合内部几何误差高达 15 个像素左右，定标后将其提高到优于 1 个像素，说明本方法的合理性和有效性。

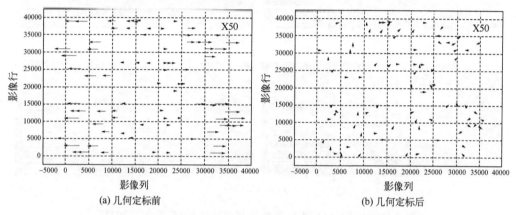

(a) 几何定标前　　　　　　　　　　(b) 几何定标后

图 5-18　几何定标前后整景影像检查点残差分布(皮英冬，2021)

2)片间拼接精度验证

采用相邻 CCD 影像间的同名像点作为检查点，对定标前后 CCD 影像的片间拼接精度进行对比验证，GF-7 卫星后视影像片间重叠约 500 个像素，可自动匹配均匀分布的可靠检查点。然后利用定标前后生成的 RPC 计算检查点的像方相对几何残差，进而统计相邻 CCD 影像的片间拼接精度，表 5-13 列出了重叠影像对中左影像的三片 CCD 影像在定标前后的片间拼接精度。

表 5-13　定标前后影像片间拼接精度

CCD 影像对	检查点数	处理阶段	均值/像素		中误差/像素	
			行	列	行	列
CCD1-CCD2	39	定标前	−1.89	−1.24	0.20	0.16
		定标后	0.01	−0.13	0.19	0.19
CCD2-CCD3	48	定标前	1.69	−0.80	0.19	0.20
		定标后	0.01	0.09	0.20	0.16

可以看出，在定标前 CCD 影像间存在 1～2 个像素的拼接误差，由相对几何定位残差的中误差较小可知该误差在较窄的重叠范围内主要表现为一系统性的平移，在定标后 CCD 影像间的相对平移得到了较好的改正，影像间相对几何定位残差的均值几乎为 0。图 5-19 列出了相邻 CCD 影像的片间拼接情况，定标前存在的些许拼接误差得到了补偿，片间影像基本达到无缝拼接的精度需求。

(a) 几何定标前

(b) 几何定标后

图 5-19　定标前后 CCD 影像片间拼接情况（皮英冬，2021）

5.5.3　资源三号立体相机整体自主几何定标实验

1. 实验数据

选择在我国东北地区采集的两对 ZY-3 号卫星三线阵立体像对来验证立体相机整体自主几何定标。两个像对的重叠度约为 58%，成像时间分别为 2018-01-02 和 2017-11-19，图 5-20 列出了立体像对中的下视影像。

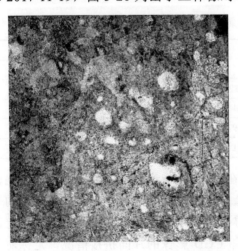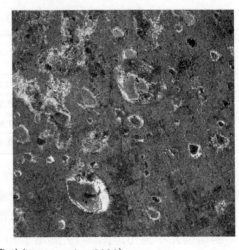

图 5-20　下视重叠影像对（Yang et al.，2020）

　　采用前述多视同名像点匹配方法及策略，从两个立体像对的重叠区域内的一个小片段上(约为影像行方向上 1200 行)，匹配了 1187 个可靠的 6 度重叠的同名像点，最终匹配的同名像点在影像上的分布如图 5-21 所示。

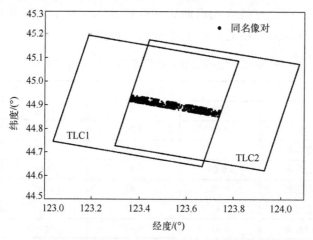

图 5-21　同名像点的分布(Yang et al.，2020)

2. 实验结果

　　将基于三线阵立体相机物理参数拟合的指向角模型参数作为定标解算的初值，在无须额外地面高程约束的条件下整体进行立体相机的整体几何定标，最后得到立体相机的定标参数如表 5-14 所示。

表 5-14　三线阵立体相机整体几何定标结果

参数	下视		前视		后视	
	初值	结果	初值	结果	初值	结果
a_0	0.0	0.0	0.0	0.0	0.0	0.0
a_1	0.0	3.822481×10^{-10}	0.0	-1.994423×10^{-10}	0.0	-2.906207×10^{-10}
a_2	0.0	-3.392069×10^{-14}	0.0	2.927247×10^{-14}	0.0	3.785319×10^{-14}
a_3	0.0	7.936793×10^{-19}	0.0	-1.231255×10^{-18}	0.0	-1.258852×10^{-18}
b_0	5.050294×10^{-2}	5.050294×10^{-2}	4.794118×10^{-2}	4.794118×10^{-2}	4.794118×10^{-2}	4.793824×10^{-2}
b_1	-4.117647×10^{-6}	-4.119904×10^{-6}	-5.882353×10^{-6}	-5.883907×10^{-6}	-5.882353×10^{-6}	-5.889077×10^{-6}
b_2	0.0	4.387716×10^{-14}	0.0	6.045753×10^{-14}	0.0	1.905616×10^{-13}
b_3	0.0	-1.354697×10^{-18}	0.0	-2.684935×10^{-18}	0.0	-7.342047×10^{-18}

　　基于定标前后的成像参数计算同名像点间的相对几何残差(消除了外方位元素误差)，并统计残差的精度，如表 5-15 所示。可以看出，在影像对的初始成像

模型中存在一个明显的相对平移偏差，由前述分析可知，在沿 CCD 方向主要为由主距误差引起的影像缩放误差，在垂直于 CCD 方向则主要是由 CCD 旋转引起的影像旋转误差。由于定标前后相对几何残差的均方差变化不大，两个方向均为 0.5 个像素左右，印证三线阵相机的无畸变特性，定标后相对几何残差的均值都几乎为 0，说明影像间的相对几何误差得到了较好的补偿。

表 5-15　定标前后同名像点相对几何精度对比

载荷	阶段	行方向/像素		列方向/像素	
		均值	中误差	均值	中误差
NAD (nadir)	定标前	0.82	0.46	−3.46	0.45
	定标后	0.01	0.45	−0.01	0.44
FWD (forward)	定标前	−0.09	0.43	0.40	0.43
	定标后	0.00	0.42	0.00	0.41
BWD (backward)	定标前	1.47	0.53	−6.11	0.47
	定标后	0.02	0.47	−0.01	0.43

3. 精度分析

选择与定标所用影像成像时间相近的两个立体像对进行精度评价，两个像对的成像时间分别为 2017-11-14 和 2017-11-29，成像地点分别在我国松原和沈阳附近。同时获取了相应区域的高精度 DOM 和 DEM 作为参考数据。

1) 单景影像几何精度验证

采用基于 SIFT 算子的高精度匹配算法从参考影像上匹配一定数量均匀分布的控制点作为检查点，并计算检查点的像方残差，统计在不同的误差改正模型修正下单景影像的绝对几何定位精度。此外，这里还对比了立体相机的整体定标和基于 DEM 高程约束的逐个相机定标方法的精度，最终统计的精度如表 5-16 所示。

表 5-16　不同误差改正模型下单景影像几何精度验证　　（单位：像素）

影像 (测区)	检查点数量	定标方法	平移变换		相似变换		仿射变换		二次多项式	
			列	行	列	行	列	行	列	行
NAD 1 (松原)	134	定标前	2.45	16.45	8.30	9.51	0.50	0.49	0.46	0.47
		定标后	0.48	0.57	0.50	0.55	0.45	0.48	0.43	0.47
		DEM	0.45	0.60	0.46	0.55	0.43	0.48	0.43	0.45
NAD 2 (沈阳)	94	定标前	2.78	19.34	9.68	10.63	0.48	0.53	0.47	0.50
		定标后	0.49	0.50	0.48	0.47	0.43	0.45	0.42	0.45
		DEM	0.53	0.55	0.53	0.53	0.49	0.47	0.48	0.46
FWD 1 (松原)	225	定标前	0.69	0.58	0.52	0.56	0.48	0.52	0.48	0.53

续表

影像 (测区)	检查点 数量	定标方法	平移变换		相似变换		仿射变换		二次多项式	
			列	行	列	行	列	行	列	行
FWD 1 (松原)	225	定标后	0.50	0.54	0.45	0.51	0.40	0.45	0.40	0.45
		DEM	0.52	0.52	0.47	0.51	0.42	0.45	0.41	0.45
FWD 2 (沈阳)	126	定标前	0.75	0.65	0.49	0.53	0.45	0.52	0.43	0.50
		定标后	0.51	0.52	0.47	0.50	0.43	0.44	0.43	0.42
		DEM	0.51	0.55	0.51	0.51	0.46	0.46	0.43	0.46
BWD 1 (松原)	126	定标前	3.53	0.59	2.00	1.92	0.48	0.52	0.46	0.52
		定标后	0.50	0.54	0.46	0.51	0.43	0.50	0.42	0.47
		DEM	0.53	0.56	0.47	0.55	0.42	0.51	0.41	0.50
BWD 2 (沈阳)	73	定标前	3.87	0.67	2.05	2.20	0.50	0.51	0.48	0.48
		定标后	0.54	0.53	0.49	0.54	0.46	0.54	0.46	0.53
		DEM	0.57	0.55	0.51	0.53	0.45	0.48	0.43	0.48

可以看出,立体像对整体自主几何定标可将 ZY-3 立体影像行列两个方向的内部几何精度均提高到 0.5 个像素左右,整体精度优于 1 个像素,对于三视影像,定标前后在不同的改正模型修正下几何定位精度的变化趋势相同,且与上述基准影像定标中的单景影像几何定位精度验证的结论一致。此外,整体定标与基于 DEM 高程约束的逐个像对定标的精度评价结果一致,这都说明立体像对整体自主几何定标方法的合理性和有效性。

2) 立体定位精度验证

立体定位精度是立体像对的一个重要精度指标,因此,本节进一步对比验证定标前后立体像对的立体定位精度。基于立体像对及其参考影像匹配一定数量均匀分布的控制点,并将其作为检查点进行精度验证。计算立体像对前方交会的地面点与检查点之间的物方残差,通过统计所有检查点物方残差的中误差来评价定标前后立体像对的立体定位精度,表 5-17 列出了在不同误差改正模型修正下两个像对的精度统计情况。

表 5-17　三线阵立体像对定标前后立体定位精度验证

测区 (成像时间)	检查 点数	补偿模型	定标前/m			定标后/m		
			经度 方向	纬度 方向	高程 方向	经度 方向	纬度 方向	高程 方向
松原 (2017/11/14)	418	平移变换	6.89	2.58	3.24	1.72	1.54	3.20
		相似变换	4.07	4.40	7.29	1.72	1.54	3.37
		仿射变换	1.67	1.43	3.14	1.69	1.47	3.16
		二次多项式	1.61	1.43	3.16	1.64	1.44	3.13

续表

测区 （成像时间）	检查 点数	补偿模型	定标前/m			定标后/m		
			经度 方向	纬度 方向	高程 方向	经度 方向	纬度 方向	高程 方向
沈阳 （2017/11/29）	278	平移变换	7.49	2.72	4.06	1.89	1.66	4.18
		相似变换	4.20	4.62	7.11	1.79	1.84	4.45
		仿射变换	1.64	1.69	3.64	1.66	1.68	3.66
		二次多项式	1.57	1.65	3.64	1.63	1.63	3.63

可以看出，定标前随着误差改正模型阶数的提高，影像的平面定位精度由7.5m左右提高到了优于2m，并在仿射变换模型修正后趋于稳定。但定标后只需在平移变换模型改正下即可达到优于2m的定位精度，并随即趋于稳定，说明定标后影像的成像模型中残存的误差主要为平移误差，高阶畸变已经得到了较好的补偿，这与单景影像精度评价的结论一致。此外，在平移变换、仿射变换和多项式变换模型修正下，定标前后高程方向精度的变化均不明显，但在相似变换模型下却有一个显著的下降，这是因为相似变换将原本沿 CCD 方向的误差分配了一部分到垂直于 CCD 方向，而高程方向的定位精度主要与垂直CCD 方向的畸变相关，因此相似变换下的高程精度反而有所下降，但其他三个模型改正下高程精度几乎不变，且定标前后几乎相同，这再次说明三线阵相机的内方位元素误差主要是分布在沿 CCD 方向的，在垂直 CCD 方向上的误差极其有限。

为了更加清楚地说明所提出的定标方法对影像系统几何误差的补偿效果，对比了定标前后立体像对物方定位残差的矢量分布情况。采用平移变换模型消除外方位元素误差的影响，鉴于松原和沈阳两个区域的残差分布大致相同，这里只展示了松原区域的残差矢量分布图，如图 5-22 所示。

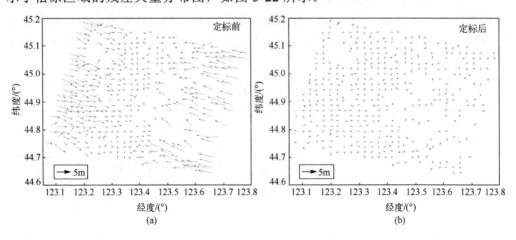

（a）　　　　　　　　　　　　　　　　（b）

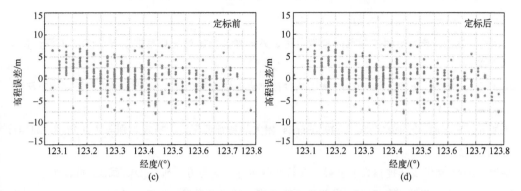

图 5-22　立体定位残差分布示意图（Yang et al.，2020）

定标前平面残差分布是混乱的，存在一个在列方向从影像中心到边缘的系统性畸变，定标后，残差的值变小，且分布更加随机，影像成像模型中的系统几何误差得到了较好的补偿，但高程方向的残差分布在定标前后无明显变化，这再次说明 ZY-3 三线阵立体相机的畸变主要是沿 CCD 方向的。

5.6　本章小结

面对传统基于地面定标场的在轨几何定标方法存在的成本高、时效差和精度受限的限制，本章介绍基于重叠影像自约束的线阵推扫式卫星成像载荷在轨自主几何定标方法，利用卫星在轨获取的重叠影像间的共面约束代替传统定标方法中密集控制点提供的共线约束，通过构建顾及不同成像角度的统一定标模型，采用全局迭代的稳健估计方法，在无须地面密集参考数据的条件下，即可实现系统误差参数的精确定标。并在此基础上，介绍基于整体光束法平差的分片 CCD 相机自主几何定标和立体相机整体自主几何定标策略。通过一组实验对基准片、非基准片和立体相机三种情形下的自主几何定标进行了验证，实验表明自主几何定标方法对于补偿线阵光学遥感卫星载荷的系统几何误差是有效的。

参 考 文 献

曹海翊, 刘希刚, 李少辉, 等, 2012. "资源三号"卫星遥感技术[J]. 航天返回与遥感, 33(3): 7-15.

李德仁, 2012. 我国第一颗民用三线阵立体测图卫星-资源三号测绘卫星[J]. 测绘学报, 41(3): 317-322.

李欣, 杨宇辉, 杨博, 等, 2020. 利用方向相位特征进行多源遥感影像匹配[J]. 武汉大学学报

（信息科学版），45（4）：17-23.

皮英冬，2021. 缺少地面控制点的光学卫星遥感影像几何精处理质量控制方法[D]. 武汉：武汉大学.

皮英冬，谢宝蓉，杨博，等，2019. 利用稀少控制点的线阵推扫式光学卫星在轨几何定标方法[J]. 测绘学报，48（2）：216-225.

王旭光，王志衡，吴福朝，等，2009. Harris 相关与特征匹配[J]. 模式识别与人工智能，22（4）：505-513.

杨博，2014. 光学线阵推扫式卫星影像在轨几何定标理论与方法研究[D]. 武汉：武汉大学.

叶沅鑫，慎利，陈敏，等，2017. 局部相位特征描述的多源遥感影像自动匹配[J]. 武汉大学学报（信息科学版），42（9）：1278-1284.

尹粟，2018. 线阵光学传感器影像几何检校理论与方法研究[D]. 武汉：武汉大学.

Harris C G, Stephens M J, 1988. A combined corner and edge detector[C]//Proceeding of Fourth Alvey Vision Conference: 147-151.

Pi Y, Li X, Yang B, 2020. Global iterative geometric calibration of a linear optical satellite based on sparse GCPs[J]. IEEE Transactions on Geoscience and Remote Sensing, 58（1）: 436-446.

Pi Y, Yang B, Li X, et al, 2019. Study of full-link on-orbit geometric calibration using multi-attitude imaging with linear agile optical satellite[J]. Optics Express, 27（2）: 980-998.

Wang M, Guo B, Zhu Y, et al, 2019. On-orbit calibration approach based on partial calibration-field coverage for the GF-1/WFV camera[J]. Photogrammetric Engineering & Remote Sensing, 85（11）: 815-827.

Yang B, Pi Y D, Li X, et al, 2020. Integrated geometric self-calibration of stereo cameras onboard the ZiYuan-3 satellite[J].ISPRS Journal of Photogrammetry and Remote Sensing, 162:173-183.

第6章　面阵成像卫星载荷在轨自主几何定标

6.1　引　言

面阵成像载荷可瞬时获取一景二维影像，赋予卫星灵活、稳定和高效的对地观测优点，广泛应用于静止轨道遥感卫星（Wang et al., 2017）、海洋环境卫星（Jeong et al., 2019）和气象卫星（Cintineo et al., 2020），并在近年在一些低轨商业遥感卫星中崭露头角，如吉林一号（He et al., 2021）、珠海一号（Jiang et al., 2019）和SkySat系列（Bhushan et al., 2021）。在线阵成像卫星载荷自主几何定标的基础上，结合卫星面阵成像载荷复杂的畸变特性，本书介绍一种基于通用探元指向角模型的面阵载荷在轨自主几何定标方法，该方法将具有高阶、复杂非线性畸变拟合能力的二元三次指向角模型作为几何定标的基础模型，并通过重叠影像同名光线空间相交的共面约束实现系统误差参数的精确反演。然而，不同于重叠约束条件下定标参数均可确定的线阵相机，面阵相机由两个方向的二维指向角模型描述，在有限的相对约束条件下，模型参数间存在强相关的问题，造成定标参数难以确定。

本章在面阵载荷物理成像模型基础上，构建基于二元三次多项式拟合的通用指向角模型，并进一步通过数学分析和精度估计确定适用于面阵载荷自主几何定标的影像重叠成像规则和重叠度；然后，将二维指向角模型引入面阵卫星严密几何成像模型，建立自主几何定标平差模型；最后，进一步将从满足重叠成像规则的重叠影像间获取的密集同名像点作为观测值，利用附加高程约束的整体光束法平差和全局分步迭代相结合的定标参数估计算法，实现定标参数的精确解算。通过一组高分四号卫星面阵载荷的定标实验，对自主几何定标及精度验证进行了详细介绍，该方法可以得到与传统的场地定标方法几乎一致的定标结果，但无须大范围的高精度参考影像作为基准，具有低成本、高时效和高精度的优点。

6.2　面阵载荷自主几何定标成像规划

自主几何定标是利用重叠影像间的自约束解算定标参数，然而，对于面阵载荷的二元指向角模型，像线阵载荷自主几何中采用的一对重叠影像间的相对约束是不足以精确估计所有模型参数的，导致模型参数间存在强相关问题，难以实现定标参数的稳健估计。因此，需要确定可保障面阵载荷自主几何定标参数稳健和精确估计的影像重叠条件（重叠规则和重叠度），具体方法如图 6-1 所示。

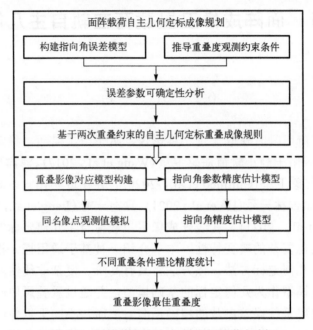

图 6-1　面阵载荷自主几何定标成像规划

6.2.1　基于参数可确定性分析的影像重叠规则

　　与线阵载荷自主几何定标相同，这里也从数学的本质出发，通过分析影像自约束条件下指向角模型参数误差的可确定性制定影像重叠成像规则。由前文可知，二元三次多项式拟合的面阵指向角模型中需要解算的参数为指向角模型的系数 $(a_i, b_i)(i = 0,1,2,\cdots,9)$，假设系统误差参数 (a_i, b_i) 的误差为 $(\Delta a_i, \Delta b_i)$，则相应的指向角误差可表示为

$$\begin{cases} E_x(s,l) = \Delta\tan(\varphi_x) = \Delta a_0 + \Delta a_1 s + \Delta a_2 l + \Delta a_3 sl + \Delta a_4 s^2 \\ \qquad\qquad + \Delta a_5 l^2 + \Delta a_6 s^2 l + \Delta a_7 sl^2 + \Delta a_8 s^3 + \Delta a_9 l^3 \\ E_y(s,l) = \Delta\tan(\varphi_y) = \Delta b_0 + \Delta b_1 s + \Delta b_2 l + \Delta b_3 sl + \Delta b_4 s^2 \\ \qquad\qquad + \Delta b_5 l^2 + \Delta b_6 s^2 l + \Delta b_7 sl^2 + \Delta b_8 s^3 + \Delta b_9 l^3 \end{cases} \tag{6-1}$$

　　如图 6-2 所示，假设两景重叠影像 Img-1 和 Img-2 在列方向和行方向的重叠度为 (T_s, T_l)，影像两个方向的幅宽（探元数）分别为 (W_s, W_l)，两景重叠影像两个方

向错开探元数为 $(\Delta R_s, \Delta R_l)$，则重叠区域的同名像点在两景影像上的像点坐标分别为 (s,l) 和 $(s+\Delta R_s, l+\Delta R_l)$。

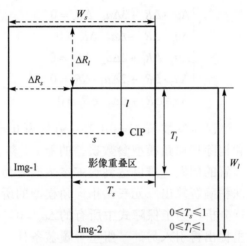

图 6-2　面阵重叠影像示意图

进而，重叠区域同名光线空间相交的条件需要满足同名像点在两个影像的像点位置处的畸变相等，即满足下式：

$$\begin{cases} E_x(s,l) = E_x(s+\Delta R_s, l+\Delta R_l) \\ E_y(s,l) = E_y(s+\Delta R_s, l+\Delta R_l) \end{cases} \tag{6-2}$$

进而推导出等式两端一系列导数相等的条件（由于行列两个方向原理相同，这里仅推导列方向），具体如下。

一阶偏导：

$$\begin{cases} \dfrac{\partial E_x(s,l)}{\partial s} = \dfrac{\partial E_x(s+\Delta R_s, l+\Delta R_l)}{\partial s} \\ \dfrac{\partial E_x(s,l)}{\partial l} = \dfrac{\partial E_x(s+\Delta R_s, l+\Delta R_l)}{\partial l} \end{cases} \tag{6-3}$$

二阶偏导：

$$\begin{cases} \dfrac{\partial^2 E_x(s,l)}{\partial s^2} = \dfrac{\partial^2 E_x(s+\Delta R_s, l+\Delta R_l)}{\partial s^2} \\ \dfrac{\partial^2 E_x(s,l)}{\partial s \partial l} = \dfrac{\partial^2 E_x(s+\Delta R_s, l+\Delta R_l)}{\partial s \partial l} \\ \dfrac{\partial^2 E_x(s,l)}{\partial l^2} = \dfrac{\partial^2 E_x(s+\Delta R_s, l+\Delta R_l)}{\partial l^2} \end{cases} \tag{6-4}$$

将指向角误差模型引入上述一系列等式(6-2)～式(6-4)中,可得如下约束条件:

$$\begin{cases} \Delta a_7 \cdot \Delta R_s + 3\Delta a_9 \cdot \Delta R_l = 0 \\ \Delta a_6 \cdot \Delta R_l + 3\Delta a_8 \cdot \Delta R_s = 0 \\ \Delta a_6 \cdot \Delta R_s + \Delta a_7 \cdot \Delta R_l = 0 \\ \Delta a_3 \cdot \Delta R_l + 2\Delta a_4 \cdot \Delta R_s = 0 \\ \Delta a_3 \cdot \Delta R_s + 2\Delta a_5 \cdot \Delta R_l = 0 \\ \Delta a_1 \cdot \Delta R_s + \Delta a_2 \cdot \Delta R_l = 0 \end{cases} \tag{6-5}$$

讨论 当且仅当上述误差参数 $\Delta a_i (i = 0,1,2,\cdots,9)$ 均为 0 时,才表明基于重叠影像的自约束具备补偿和消除指向角模型参数误差的能力。然而,由于 ΔR_s 和 ΔR_l 的影响,上述方程存在多解的问题,难以达到误差参数同时为 0 的理想状态,即利用两景重叠影像是无法精确解算出二元三次指向角模型的所有参数的。针对该问题,同样基于上式进行分析,为了保障式中所有的 $\Delta a_i = 0$,仅采用一次重叠覆盖的影像是不行的,这里提出再引入另外一组重叠覆盖条件,即采用两组重叠影像进行定标参数解算,且需要两组重叠影像需满足如下条件:

$$\Delta R_l^1 \cdot \Delta R_s^2 \neq \Delta R_l^2 \cdot \Delta R_s^1 \tag{6-6}$$

其中, $(\Delta R_l^1, \Delta R_s^1)$ 和 $(\Delta R_l^2, \Delta R_s^2)$ 分别为两组重叠影像两个方向错开的探元数。

再由重叠度与重叠影像间错开的探元数间的关系,推导出由重叠度表达的两组影像重叠规则:

$$(1 - \Delta T_s^1)(1 - \Delta T_l^2) \neq (1 - \Delta T_s^2)(1 - \Delta T_l^1) \tag{6-7}$$

其中, $(\Delta T_s^1, \Delta T_l^1)$ 和 $(\Delta T_s^2, \Delta T_l^2)$ 分别为两组重叠影像两个方向的重叠度。

另外一个方向的误差参数 $b_i (i = 0,1,\cdots,9)$ 的可确定性与其相同,这里不再赘述。此外,与线阵载荷相同,常数项 (a_0, b_0) 仍是独立于影像间的相对约束条件的,在基于影像自约束的自主几何定标中无法确定,需采用与线阵载荷定标相同的处理方式,利用内外定标参数相关性,将其分配到外参数中补偿,而不在内定标中进行解算。另外,虽然这里仅验证了三阶的指向角模型,更高阶的模型同样满足上述规律,在验证中可利用更高阶导数相等的条件进行验证,这里不再赘述。

6.2.2 基于方差估计的影像最佳重叠度确定

在利用影像间自约束进行的自主几何定标中,影像的重叠度是影响定标参数估计精度的重要因素。方差估计可用来表达当前观测条件下平差方程可达到的估计精度,因此通过评价定标参数和定标模型的估计精度可对影像重叠度的影响进行分析,进而确定面阵载荷自主几何定标的最佳重叠度。由于满足上述重叠规则的观测条件众多，为了便于分析两个方向重叠度的影响，这里选择分别将两组重叠影像中行和列方向的重叠度设置为 100%，保障分别对行和列方向的充分重叠约束，进而通过改变行和列方向的重叠度进行精度估计，如图 6-3 所示，第一组左右重叠影像上的同名像点分别表示为 (s_l, l_l) 和 (s_r, l_r)，第二组上下重叠影像上的同名像点分别表示为 (s_u, l_u) 和 (s_d, l_d)，基于上述同名像点进行定标精度估计。

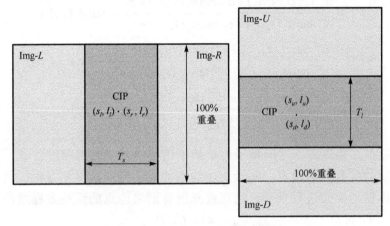

图 6-3　两组重叠影像示意图

1. 构建方差估计模型

由于面阵影像同名像点几何成像模型的物方部分是恒定和不变的，在精度估计中直接建立重叠影像像方模型之间的对应关系如下：

$$\begin{cases} \begin{bmatrix} \tan\varphi_x(s_l, l_l) \\ \tan\varphi_y(s_l, l_l) \\ 1 \end{bmatrix} = \mu_{lr} \boldsymbol{R}_{lr} \begin{bmatrix} \tan\varphi_x(s_r, l_r) \\ \tan\varphi_y(s_r, l_r) \\ 1 \end{bmatrix} \\ \begin{bmatrix} \tan\varphi_x(s_u, l_u) \\ \tan\varphi_y(s_u, l_u) \\ 1 \end{bmatrix} = \mu_{ud} \boldsymbol{R}_{ud} \begin{bmatrix} \tan\varphi_x(s_d, l_d) \\ \tan\varphi_y(s_d, l_d) \\ 1 \end{bmatrix} \end{cases} \tag{6-8}$$

其中，μ_{lr} 和 μ_{ud} 分别为两组重叠影像对应模型的比例系数，$\boldsymbol{R}_{lr}$ 和 $\boldsymbol{R}_{ud}$ 分别为两组重叠影像表达影像间几何关系的变换矩阵，通过改变该矩阵可模拟影像间的重叠度。

可通过改变该矩阵来模拟影像对不同的重叠度，该矩阵可表示为

$$\boldsymbol{R}_{lr} = \begin{bmatrix} c_0^{lr} & c_1^{lr} & c_2^{lr} \\ d_0^{lr} & d_1^{lr} & d_2^{lr} \\ e_0^{lr} & e_1^{lr} & e_2^{lr} \end{bmatrix}, \quad \boldsymbol{R}_{ud} = \begin{bmatrix} c_0^{ud} & c_1^{ud} & c_2^{ud} \\ d_0^{lr} & d_1^{ud} & d_2^{ud} \\ e_0^{ud} & e_1^{ud} & e_2^{ud} \end{bmatrix} \tag{6-9}$$

基于间接平差的方法进行理论精度评价，根据上述模型直接建立两组影像间每对同名光束的观测方程：

$$\begin{cases} F_x^{lr} = \dfrac{c_0^{lr} \tan\varphi_x(s_r, l_r) + c_1^{lr} \tan\varphi_y(s_r, l_r) + c_2^{lr}}{e_0^{lr} \tan\varphi_x(s_r, l_r) + e_1^{lr} \tan\varphi_y(s_r, l_r) + e_2^{lr}} - \tan\varphi_x(s_l, l_l) \\[3mm] F_y^{lr} = \dfrac{d_0^{lr} \tan\varphi_x(s_r, l_r) + d_1^{lr} \tan\varphi_y(s_r, l_r) + d_2^{lr}}{e_0^{lr} \tan\varphi_x(s_r, l_r) + e_1^{lr} \tan\varphi_y(s_r, l_r) + e_2^{lr}} - \tan\varphi_y(s_l, l_l) \\[3mm] F_x^{ud} = \dfrac{c_0^{ud} \tan\varphi_x(s_d, l_d) + c_1^{ud} \tan\varphi_y(s_d, l_d) + c_2^{ud}}{e_0^{ud} \tan\varphi_x(s_d, l_d) + e_1^{ud} \tan\varphi_y(s_d, l_d) + e_2^{ud}} - \tan\varphi_x(s_u, l_u) \\[3mm] F_y^{ud} = \dfrac{d_0^{ud} \tan\varphi_x(s_d, l_d) + d_1^{ud} \tan\varphi_y(s_d, l_d) + d_2^{ud}}{e_0^{ud} \tan\varphi_x(s_d, l_d) + e_1^{ud} \tan\varphi_y(s_d, l_d) + e_2^{ud}} - \tan\varphi_y(s_u, l_u) \end{cases} \tag{6-10}$$

基于最小二乘原理，在间接平差框架下进行平差参数的精度估计，利用两组重叠影像间的所有同名像点，基于上述约束关系构建间接平差方程，通过参数线性化对定标模型参数进行求导，进而建立所有同名像点的误差方程组：

$$v = A\hat{x} - L \quad P \tag{6-11}$$

其中，$\hat{x}$ 为定标模型参数的改正数，P 为权矩阵，鉴于同名像点为等精度观测，这里的权矩阵可直接视为单位阵，A 为关于定标模型参数的偏导数矩阵，L 为根据观测值初值确定的常数向量，具体如下：

$$A = \begin{bmatrix} \dfrac{\partial F_x^{lr}}{\partial a_0} & \dfrac{\partial F_x^{lr}}{\partial a_1} & \dfrac{\partial F_x^{lr}}{\partial a_2} & \dfrac{\partial F_x^{lr}}{\partial a_3} & \dfrac{\partial F_x^{lr}}{\partial b_0} & \dfrac{\partial F_x^{lr}}{\partial b_1} & \dfrac{\partial F_x^{lr}}{\partial b_2} & \dfrac{\partial F_x^{lr}}{\partial b_3} \\[3mm] \dfrac{\partial F_y^{lr}}{\partial a_0} & \dfrac{\partial F_y^{lr}}{\partial a_1} & \dfrac{\partial F_y^{lr}}{\partial a_2} & \dfrac{\partial F_y^{lr}}{\partial a_3} & \dfrac{\partial F_y^{lr}}{\partial b_0} & \dfrac{\partial F_y^{lr}}{\partial b_1} & \dfrac{\partial F_y^{lr}}{\partial b_2} & \dfrac{\partial F_y^{lr}}{\partial b_3} \\[3mm] \dfrac{\partial F_x^{ud}}{\partial a_0} & \dfrac{\partial F_x^{ud}}{\partial a_1} & \dfrac{\partial F_x^{ud}}{\partial a_2} & \dfrac{\partial F_x^{ud}}{\partial a_3} & \dfrac{\partial F_x^{ud}}{\partial b_0} & \dfrac{\partial F_x^{ud}}{\partial b_1} & \dfrac{\partial F_x^{ud}}{\partial b_2} & \dfrac{\partial F_x^{ud}}{\partial b_3} \\[3mm] \dfrac{\partial F_y^{ud}}{\partial a_0} & \dfrac{\partial F_y^{ud}}{\partial a_1} & \dfrac{\partial F_y^{ud}}{\partial a_2} & \dfrac{\partial F_y^{ud}}{\partial a_3} & \dfrac{\partial F_y^{ud}}{\partial b_0} & \dfrac{\partial F_y^{ud}}{\partial b_1} & \dfrac{\partial F_y^{ud}}{\partial b_2} & \dfrac{\partial F_y^{ud}}{\partial b_3} \end{bmatrix}, \quad L = \begin{bmatrix} -F_x^{lr} \\ -F_y^{lr} \\ -F_x^{ud} \\ -F_x^{ud} \end{bmatrix}$$

根据最小二乘原理，可得间接平差的解：

$$\hat{x} = (A^{\mathrm{T}}PA)^{-1}A^{\mathrm{T}}PL \tag{6-12}$$

2. 估计指向角模型精度

由于定标模型参数的改正数和定标模型参数的协因数矩阵相同，因此可在间接平差框架下，根据误差传播定律，进而推导出定标模型参数的协因数矩阵 $\boldsymbol{Q}_{xx}$ 和协方差矩阵 $\boldsymbol{D}_{xx}$：

$$\begin{cases} \boldsymbol{Q}_{xx} = (\boldsymbol{A}^{\mathrm{T}}\boldsymbol{P}\boldsymbol{A})^{-1}\boldsymbol{A}^{\mathrm{T}}\boldsymbol{P}\boldsymbol{Q}_{ll}\boldsymbol{P}\boldsymbol{A}(\boldsymbol{A}^{\mathrm{T}}\boldsymbol{P}\boldsymbol{A})^{-1} \\ \qquad = (\boldsymbol{A}^{\mathrm{T}}\boldsymbol{P}\boldsymbol{A})^{-1}\boldsymbol{A}^{\mathrm{T}}\boldsymbol{P}\boldsymbol{A}(\boldsymbol{A}^{\mathrm{T}}\boldsymbol{P}\boldsymbol{A})^{-1} \\ \qquad = (\boldsymbol{A}^{\mathrm{T}}\boldsymbol{P}\boldsymbol{A})^{-1} \\ \boldsymbol{D}_{xx} = \sigma_0^2 \boldsymbol{Q}_{xx} \end{cases} \tag{6-13}$$

其中，$\boldsymbol{Q}_{ll} = \boldsymbol{P}^{-1}$ 为观测值的协因数矩阵，σ_0 为观测值的中误差。

进而可得系统误差参数改正数的协方差矩阵 $\boldsymbol{D}_{xx} = \sigma_0^2 \boldsymbol{Q}_{xx}$，其中，$\sigma_0$ 为观测值的中误差。再根据误差传播定律，系统误差参数的协方差矩阵与改正数的协方差矩阵相同，因此可知第 i 个误差参数的理论精度如下：

$$\sigma_i = \sqrt{D_{ii}} = \sigma_0 \sqrt{Q_{ii}} \tag{6-14}$$

其中，D_{ii} 和 Q_{ii} 分别为改正数协方差矩阵和协因数矩阵主对角线上的第 i 个元素。

更进一步地，可以评价每个面阵探元在沿 CCD 和垂直 CCD 两个方向指向角的理论精度，根据误差传播定律将指向角模型变形并进行线性化，如下：

$$\begin{cases} \varphi_x(s) = \arctan(a_0 + a_1 s + a_2 l + a_3 sl + a_4 s^2 + a_5 l^2 + a_6 s^2 l + a_7 sl^2 + a_8 s^3 + a_9 l^3) \\ \varphi_y(s) = \arctan(b_0 + b_1 s + b_2 l + b_3 sl + b_4 s^2 + b_5 l^2 + b_6 s^2 l + b_7 sl^2 + b_8 s^3 + b_9 l^3) \end{cases} \tag{6-15}$$

得到线性化系数矩阵：

$$\boldsymbol{K} = \begin{bmatrix} \dfrac{\partial \varphi_x}{\partial a_0} & \cdots & \cdots & \dfrac{\partial \varphi_x}{\partial a_9} & \dfrac{\partial \varphi_x}{\partial b_0} & \cdots & \cdots & \dfrac{\partial \varphi_x}{\partial b_9} \\[3mm] \dfrac{\partial \varphi_y}{\partial a_0} & \cdots & \cdots & \dfrac{\partial \varphi_y}{\partial a_9} & \dfrac{\partial \varphi_y}{\partial b_0} & \cdots & \cdots & \dfrac{\partial \varphi_y}{\partial b_9} \end{bmatrix} \tag{6-16}$$

则面阵探元 (s,l) 指向角的协方差矩阵 $\boldsymbol{D}_{\varphi\varphi}$ 如下：

$$\boldsymbol{D}_{\varphi\varphi} = \boldsymbol{K}\boldsymbol{D}_{xx}\boldsymbol{K}^{\mathrm{T}} \tag{6-17}$$

进而得到探元 (s,l) 的指向角模型估计精度为

$$\begin{cases} \sigma_{vx} = \sqrt{D_{00}} \\ \sigma_{vy} = \sqrt{D_{11}} \end{cases} \tag{6-18}$$

其中，D_{00} 和 D_{11} 分别为协方差矩阵 $\boldsymbol{D}_{\varphi\varphi}$ 主对角线上的两个元素。

3. 分析与验证

通过一组模拟数据来分析不同的重叠度下探元指向角的理论估计精度。二维指

向角模型参数采用了高分四号全色多光谱（panchromatic and multispectral，PMS）相机的设计参数，在影像重叠区域每隔 50×50 个探元模拟一对同名像点观测值，但由于观测值的数量对理论精度估计具有显著的影响，为了统一不同重叠条件下观测值数量对估计精度评估的影响，在初始的单位权矩阵基础上，采用一系列对应不同重叠度的平衡系数保证不同重叠条件下加权观测值是一致的。进而根据计算的每个探元的指向角模型理论估计精度，统计所有位置探元指向角估计精度的中误差和最值，并绘制其随着重叠度变化的趋势图，由于重叠度对行列两个方向的精度的影响完全一致，因此这里仅讨论影像列方向的指向角模型精度，具体如图 6-4 所示。

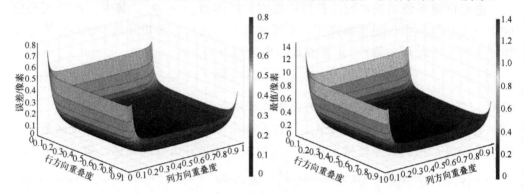

图 6-4　中误差和最值关于重叠度的变化趋势图（见彩图）

从图 6-4 中可以看出，中误差和最值关于重叠度具有相同的变化趋势，而在实际处理中应保证影像内部的精度均匀一致，即应采用最值作为评价指标，表 6-1 列出了不同重叠度条件下影像内部指向角模型精度最值。结合图 6-4 和表 6-1 可以看出，对于基于二维通用指向角模型进行自主几何定标面阵相机，两个方向的最佳重叠度均为 56.5%，而在实际的定标处理中，严格满足最佳重叠条件的影像对可能不易获取，在上述观测条件下，满足最大估计精度优于 0.1 个像素，最佳重叠度应落在表 6-1 的灰色区间的重叠度范围内。

表 6-1　不同重叠度下影像行列方向最大估计精度　　　　　　（单位：像素）

	0.2	0.3	0.4	0.5	0.6	0.7	0.8	0.9
0.2	0.1585	0.1362	0.1292	0.1263	0.1267	0.1294	0.1365	0.1629
0.3	0.1362	0.1091	0.0999	0.0956	0.0954	0.0976	0.1053	0.1366
0.4	0.1292	0.0999	0.0895	0.0844	0.0838	0.0860	0.0944	0.1284
0.5	0.1263	0.0956	0.0844	0.0788	0.0781	0.0806	0.0899	0.1257
0.6	0.1267	0.0954	0.0838	0.0781	0.0777	0.0807	0.0910	0.1280
0.7	0.1293	0.0976	0.0860	0.0806	0.0807	0.0846	0.0964	0.1349

续表

	0.2	0.3	0.4	0.5	0.6	0.7	0.8	0.9
0.8	0.1365	0.1053	0.0944	0.0899	0.0910	0.0964	0.1102	0.1519
0.9	0.1629	0.1366	0.1284	0.1257	0.1280	0.1349	0.1519	0.1995

6.3　面阵载荷自主几何定标参数解算

为了实现卫星面阵载荷定标参数的精确估计,首先,将两组重叠影像的重叠区域匹配密集的同名像点作为自主几何定标的观测值;其次,将构建的二维指向角模型引入卫星影像严密几何成像模型,构建基于同名光线空间相交约束的自主几何定标参数平差模型;最后,以重叠影像间匹配的密集同名像点为观测值,通过附加高程约束的整体光束法平差和整体迭代相结合的参数优化算法,实现定标参数的稳健估计,进而实现海量观测值的整体解算。具体流程如图 6-5 所示。

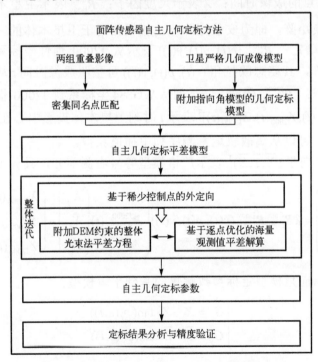

图 6-5　面阵传感器自主几何定标参数解算流程

6.3.1　面阵自主几何定标平差模型

光学卫星影像的严格几何成像模型描述了卫星影像像方坐标与地面点物方坐

标的对应关系，是光学卫星影像高精度几何定位与处理的基础。面阵成像卫星载荷采用面阵探测器的中心投影成像方式，将入瞳光学信号转换为电信号，进而转换为影像的像素值。几何上仍满足成像投影中心 O、像平面上的像点 $p(x, y, z)$ 与对应的物方点 $P(X_g, Y_g, Z_g)$ 三点共线关系，由此构建面阵载荷的严密几何成像模型。虽然第 2 章中介绍了卫星的严密几何成像模型，但是由于卫星成像机理和卫星下传的辅助数据差异，这里以静止轨道高分四号卫星为例，再次介绍其严密几何成像模型，通过引入二维指向角模型，构建附加指向角模型的严密几何成像模型，具体如下：

$$
\begin{pmatrix} \varphi_x(s,l) \\ \varphi_y(s,l) \\ 1 \end{pmatrix} = \lambda \boldsymbol{R}_{\text{Body}}^{\text{Cam}} \boldsymbol{R}_{\text{J2000}}^{\text{Body}}(r(t), p(t), y(t)) \left(\boldsymbol{R}_{\text{WGS84}}^{\text{J2000}}(t) \begin{pmatrix} X_g \\ Y_g \\ Z_g \end{pmatrix} - \begin{pmatrix} X_{\text{J2000}}(t) \\ Y_{\text{J2000}}(t) \\ Z_{\text{J2000}}(t) \end{pmatrix} \right) \tag{6-19}
$$

其中，t 表示像点的成像时间；λ 表示尺度因子；$\boldsymbol{R}_{\text{Body}}^{\text{Cam}}$ 表示卫星本体坐标系到相机坐标系的转换矩阵，即为安装矩阵，由相机相对于卫星本体的三个相机安装角 (pitch, roll, yaw) 确定；$\boldsymbol{R}_{\text{J2000}}^{\text{Body}}(r(t), p(t), y(t))$ 表示从 J2000 惯性坐标系到卫星本体坐标系的旋转矩阵，其姿态欧拉角 $(r(t), p(t), y(t))$ 可按照成像时间 t 从离散姿态量测序列中插值获得；$\boldsymbol{R}_{\text{WGS84}}^{\text{J2000}}(t)$ 表示 t 时刻从 WGS84 坐标系到 J2000 惯性坐标系的转换矩阵；$[X_{\text{J2000}}(t), Y_{\text{J2000}}(t), Z_{\text{J2000}}(t)]^{\text{T}}$ 表示 t 时刻卫星本体投影中心在 J2000 惯性坐标系下的坐标，可以从离散轨道量测序列中插值获得。

进一步利用向量 $(\bar{X}, \bar{Y}, \bar{Z})^{\text{T}}$ 表示严格模型等号右侧部分，具体如下：

$$
\begin{pmatrix} \bar{X} \\ \bar{Y} \\ \bar{Z} \end{pmatrix} = \lambda \boldsymbol{R}_{\text{Body}}^{\text{Cam}} \boldsymbol{R}_{\text{J2000}}^{\text{Body}}(r(t), p(t), y(t)) \left(\boldsymbol{R}_{\text{WGS84}}^{\text{J2000}}(t) \begin{pmatrix} X_g \\ Y_g \\ Z_g \end{pmatrix} - \begin{pmatrix} X_{\text{J2000}}(t) \\ Y_{\text{J2000}}(t) \\ Z_{\text{J2000}}(t) \end{pmatrix} \right) \tag{6-20}
$$

进而建立用于指向角模型定标参数解算的基础平差模型：

$$
\begin{cases} G_x = \bar{X} - \bar{Z} \cdot \tan(\varphi_x(s,l)) \\ G_y = \bar{Y} - \bar{Z} \cdot \tan(\varphi_y(s,l)) \end{cases} \tag{6-21}
$$

6.3.2　附加高程约束的自主几何定标平差方程

平差模型中不但指向角模型参数是待解算的未知数，同名像点对应的物方三维坐标也是未知的，但由于自主几何定标共面约束条件下指向角模型参数和物方高程之间存在强相关性，在定标解算中二者不能同时作为未知数。如图 6-6 所示，同名像点构建的前方交会模型采用参考高程辅助的约束模型，图 6-6 (a) 中，当没有内部畸变存在时，地面点 A 由理想的像点 A_1 和 A_2 通过前方交会而得，然而，光学相机的内部畸变是难以避免的，此时，地面点 A 实际成像在 B_1 和 B_2，由于内部畸变参数未知，根据初始不精确的相机参数构建前方交会模型 $O_{\text{first}} B_1$ 和 $O_{\text{second}} B_2$，其交会于地面点 B。当高程值是未知的时候，无法判断从实际地面交会点 A 到错误地面交会点 B 是由于高程误差还是内部畸变造成的，但当参考高程已知时，则可以得出由于内部畸变在物方引起高程残差 ΔH，在像方引起指向残差 $\beta - \alpha$ 的结论。因此，可以通过高程残差 ΔH 实现对内部畸变的探测与定标。

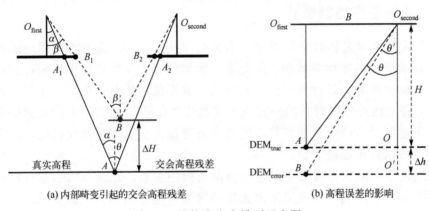

(a) 内部畸变引起的交会高程残差　　　　　(b) 高程误差的影响

图 6-6　连接点交会模型示意图

　　因此，为了保障定标解算的稳定性，同时保障自主几何定标的精度，同样需要在定标平差方程中引入一个额外的 DEM 作为高程约束来克服参数耦合问题，在每次迭代解算中将内插自 DEM 的高程作为同名像点的物方高程真值，而不再将其作为未知数。

　　以重叠影像间的同名像点为观测值，以初始的指向角参数、重叠影像的姿态、轨道和时间参数为输入，基于基础平差模型建立一对重叠影像中两景影像的平差模型 (G_x^{lu}, G_y^{lu}) 和 (G_x^{rd}, G_y^{rd})，进而构建影像间第 i 组同名像点的同名光线空间相交的约束关系，具体如下：

$$V_i = A_i x_{va} + B_i t_i \quad L_i \qquad P_i \tag{6-22}$$

其中，$x_{va} = (\Delta a_i, \Delta b_i)^{\mathrm{T}} (i = 1, 2, \cdots, 9)$ 为指向角模型参数的改正数，t_i 是该同名像点物方平面坐标 $(\text{lat}_i, \text{lon}_i)$ 的改正数；A_i 和 B_i 则分别为平差模型关于指向角模型参数和物方平面坐标的偏导数矩阵；L_i 是根据当前指向角模型参数和物方坐标由平差模型确定的向量；P_i 是对应该同名像点的权矩阵，偏导数矩阵具体形式如下：

$$
A_i = \begin{bmatrix} \dfrac{\partial G_x^{lu}}{\partial a_1} & \cdots & \dfrac{\partial G_x^{lu}}{\partial a_9} & \dfrac{\partial G_x^{lu}}{\partial b_1} & \cdots & \dfrac{\partial G_x^{lu}}{\partial b_9} \\[3mm] \dfrac{\partial G_y^{lu}}{\partial a_1} & \cdots & \dfrac{\partial G_y^{lu}}{\partial a_9} & \dfrac{\partial G_y^{lu}}{\partial b_1} & \cdots & \dfrac{\partial G_y^{lu}}{\partial b_9} \\[3mm] \dfrac{\partial G_x^{rd}}{\partial a_1} & \cdots & \dfrac{\partial G_x^{rd}}{\partial a_9} & \dfrac{\partial G_x^{rd}}{\partial b_1} & \cdots & \dfrac{\partial G_x^{rd}}{\partial b_9} \\[3mm] \dfrac{\partial G_y^{rd}}{\partial a_1} & \cdots & \dfrac{\partial G_y^{rd}}{\partial a_9} & \dfrac{\partial G_y^{rd}}{\partial b_1} & \cdots & \dfrac{\partial G_y^{rd}}{\partial b_9} \end{bmatrix}, \quad B_i = \begin{bmatrix} \dfrac{\partial G_x^{lu}}{\partial \mathrm{lat}_i} & \dfrac{\partial G_x^{lu}}{\partial \mathrm{lon}_i} \\[3mm] \dfrac{\partial G_y^{lu}}{\partial \mathrm{lat}_i} & \dfrac{\partial G_y^{lu}}{\partial \mathrm{lon}_i} \\[3mm] \dfrac{\partial G_x^{rd}}{\partial \mathrm{lat}_i} & \dfrac{\partial G_x^{rd}}{\partial \mathrm{lon}_i} \\[3mm] \dfrac{\partial G_y^{rd}}{\partial \mathrm{lat}_i} & \dfrac{\partial G_y^{rd}}{\partial \mathrm{lon}_i} \end{bmatrix}
$$

6.3.3　定标参数稳健解算

　　由于重叠影像之间时变外方位元素参数误差的存在，完全不使用地面控制点是无法精确反演内定标参数的，因此面阵影像的自主几何定标中仍需在影像重叠区域引入稀少控制点进行外定向，来消除重叠影像间的时变误差。在解算内方位元素时，将上述外定向解算的外方位元素视作"真值"，在该外方位元素确定的参考框架下进行内方位元素的解算，通过内外方位元素的整体迭代优化，逐渐逼近精确的二维指向角模型参数。

　　上述模型中的未知参数不但包括指向角模型参数，还包括同名像点对应的物方平面坐标，在解算中需要采用消元法消除数量庞大的物方平面坐标，这样做虽然可以使待解算观测值数量显著减少，但基于所有观测值构建的平差方程系数矩阵仍然过于庞大，无法整体直接求逆解算。针对该问题，基于最小二乘原理，采用结合消元法的逐点优化算法，实现定标参数的整体光束法平差解算，对于每对点建立其法方程如下：

$$
\begin{bmatrix} A_i P_i A_i & A_i P_i B_i \\ B_i P_i A_i & B_i P_i B_i \end{bmatrix} \begin{bmatrix} x_{va} \\ t_i \end{bmatrix} = \begin{bmatrix} A_i P_i L_i \\ B_i P_i L_i \end{bmatrix} \tag{6-23}
$$

进而得到改化法方程如下：

$$
(A_i^{\mathrm{T}} P_i A_i - A_i^{\mathrm{T}} P_i B_i (B_i^{\mathrm{T}} P_i B_i)^{-1} B_i^{\mathrm{T}} P_i A_i) x_{va} = A_i^{\mathrm{T}} P_i L_i - A_i^{\mathrm{T}} P_i B_i (B_i^{\mathrm{T}} P_i B_i)^{-1} B_i^{\mathrm{T}} P_i L_i \tag{6-24}
$$

得到系统误差参数改正数的解如下：

$$
\begin{cases} W_{va} = \displaystyle\sum_{i=1}^{n} (A_i^{\mathrm{T}} P_i A_i - A_i^{\mathrm{T}} P_i B_i (B_i^{\mathrm{T}} P_i B_i)^{-1} B_i^{\mathrm{T}} P_i A_i) \\[4mm] M_{va} = \displaystyle\sum_{i=1}^{n} (A_i^{\mathrm{T}} P_i L_i - A_i^{\mathrm{T}} P_i B_i (B_i^{\mathrm{T}} P_i B_i)^{-1} B_i^{\mathrm{T}} P_i L_i) \\[4mm] x_{va} = W_{va}^{-1} M_{va} \end{cases} \tag{6-25}
$$

其中，n 为定标中采用的两组重叠影像上所有同名像点的数量。

同样地，指向角模型的整体光束法平差仍为一个迭代的过程，需要在每次迭代中根据解算的模型参数改正数不断更新指向角参数，直到解算收敛为止。

6.4　面阵成像系统在轨自主几何定标实验分析

6.4.1　实验数据

高分四号（GF-4）是我国第一颗搭载面阵成像传感器的民用静止轨道光学成像遥感卫星，是我国民用高分辨率系列卫星系统的重要组成部分，其处于地面点（E105.6°，N0°）的上空 36000km 的地球静止轨道，具有滚动角及俯仰角±8.5° 的极限侧摆和俯仰成像能力，以及 0.1° 精度的凝视成像控制能力，赋予其对地球观测位置相对固定、时间分辨率高和观测范围广等特点，作为中国民用低轨卫星观测系统的补充，自 2016 年发射以来，已经获取中国及周边区域超过 40000 景高时间分辨率和中等空间分辨率卫星遥感影像，为中国的防灾减灾（Zhang et al.，2018）、气象（Zheng et al.，2019）和资源环境（Zhao et al.，2018）等重大领域提供科学的服务和决策支持。

在该卫星发射后，武汉大学和中国资源卫星应用中心利用 15m 分辨率的 Landsat 卫星的 DOM 和 30m 分辨率的 ASTER DSM 作为场地定标参考数据，对该卫星载荷的成像参数进行了精确的在轨几何定标处理（Wang et al.，2017）。然而，卫星在轨运行后成像参数的改变是不可避免的，需要定期对其进行定标处理，但高分四号卫星影像幅宽高达 500km×500km，全球范围都不具备这么大范围的地面定标场，虽然以往积累的卫星影像数据，如 Landsat 的 DOM 可提供覆盖影像范围的参考数据，但由于地物变化和云雾影响，实际处理中通常难以从这些历史参考 DOM 上识别和匹配密集、均匀分布和高精度的控制点，若利用其他高分辨率卫星影像重新生成如此大范围的高精度参考数据，则处理成本和时间代价均太大，因此，这里采用自主几何定标方法进行该星面阵载荷的定标处理。

由于 500m 空间分辨率的中波红外相机可基于定标后的 50m 分辨率的 PMS 影像进行，因此这里主要采用 PMS 相机进行自主几何定标实验。PMS 相机通过旋转滤光片对五个不同的波段进行分时成像，由于全色影像中的第一波段具有最强的辐射能量感应范围，有利于影像之间的同名像点匹配，因此选取第一波段影像进行其自主几何定标处理。根据上述确定的重叠成像条件，这里选择了三景影像来组成两对重叠影像，具体选择的定标景影像信息如表 6-2 所示。

表 6-2　定标景影像信息

影像号	成像时间	中心经纬度	影像分辨率/m	成像角度
CImg-1	2021-01-01	E112.0°, N23.1°	51.23	roll:3.9, pitch:1.0, yaw:0.0
CImg-2	2021-02-20	E113.5°, N25.9°	51.95	roll:4.3, pitch:1.2, yaw:0.0
CImg-3	2021-01-19	E116.2°, N27.0°	51.86	roll:4.5, pitch:1.6, yaw:0.0

如图 6-7 所示,两组影像在行列两个方向的重叠分别为 71.9%、47.2% 和 51.2%、78.7%,既满足影像重叠规则,也基本处于最佳重叠范围。基于成熟的高精度匹配算法,分别从两组影像重叠区域匹配密集的同名像点中选择约 80000 个均匀分布的同名像点作为自主几何定标的观测值,从图 6-7 中可以看出,同名像点均匀分布于影像重叠区域。

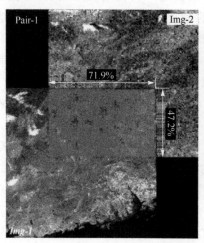

图 6-7　高分四号重叠影像及密集同名像点(见彩图)

对于不确定的高程误差影响定标精度的问题,根据高分四号卫星的成像参数和成像几何进行分析发现,由于高分四号卫星轨道高达 36000km,50% 重叠影像间的交会角约为 0.4°,根据其交会几何可以推导出 500m 的高程误差引起的视线指向精度不到 0.07 像素,高程误差对于自主几何定标精度的影响极其有限(Yang et al., 2018)。因此,通过在定标平差方程中引入全球开源的 1km 格网的 DEM 作为高程约束来克服参数耦合问题,而无须像低轨高分影像那样过多考虑地形和 DEM 精度问题,在每次迭代解算中将内插自 DEM 的高程作为同名像点的物方高程真值,而不再将其作为未知数。

此外,针对影像外方位时变误差的影响,仍需在影像重叠区域引入稀少的控制点来保障重叠影像外方位元素的精确配准,进而保障内定标解算的精度和可靠性。以上述密集匹配的同名像点为观测值，在高程参考约束下进行整体光束法平差，再结合基于稀少控制点的外定向，得到了最终的定标参数解算结果。

6.4.2　定标结果分析与验证

1. 指向角分析与验证

通过直接对定标结果（指向角模型）进行对比验证可以说明定标方法对面阵相机几何畸变的改正效果。这里以基于场地定标得到的指向角模型为基准，然后计算定标前后模型参数确定的每个探元位置的指向角相对于基准模型确定的指向角的残差，通过与场地定标方法得到的定标结果直接进行对比，既可以反映自主定标方法对于初值畸变的改正程度，又可以直接说明定标结果的有效性。需要指出的是这里采用一个外参数的一致性处理来消除自主定标和场地定标中外参数差异对于精度统计带来的不利影响。基于每个探元位置的相对残差，统计定标前后行列两个方向所有残差的均值、中误差和（无符号）最值，如表 6-3 所示。

表 6-3　定标前后指向角相对残差统计精度

处理阶段	影像列方向/像素			影像行方向/像素		
	均值	中误差	最值	均值	中误差	最值
自主定标前	0.0	47.553	91.161	0.0	38.758	70.772
自主定标后	0.0	0.114	0.433	0.0	0.123	0.371

可以看出，若假设场地定标得到结果为无畸变的真值，则定标前指向角模型在行列两个方向分别存在高达 38 像素和 47 像素的畸变误差，最大的误差更是高达 70 像素和 91 像素，而经过自主几何定标后，初始模型存在的显著畸变误差得到了较好的消除，行列两个方向的中误差畸变均提高到了 0.1 像素左右，最大的畸变误差也仅在 0.4 像素左右。此外，为了更直观地反映定标前后指向角相对残差分布和变化的效果，这里绘制了定标前后行列两个方向残差分布和变化趋势图，如图 6-8 所示。可以看出，几何定标前指向角模型存在显著的由影像中间向对角线两边扩散的几何畸变，在影像边缘可高达近 100 像素，且畸变在影像内部是非均匀变化的，在行列两个方向的变化尺度也是不一致的。需要指出的是，这里引入了相较于第 4 章中高分四号卫星场地定标中更复杂的畸变，以说明自主几何定标方法的通用性和有效性。在几何定标后，初始指向角模型的显著畸变得到了较好的消除，剩余的相对残差很小，且在影像内部均匀分布，直接说明自主几何定标方法得到的结果与高精度的场地定标方法结果几乎一致。

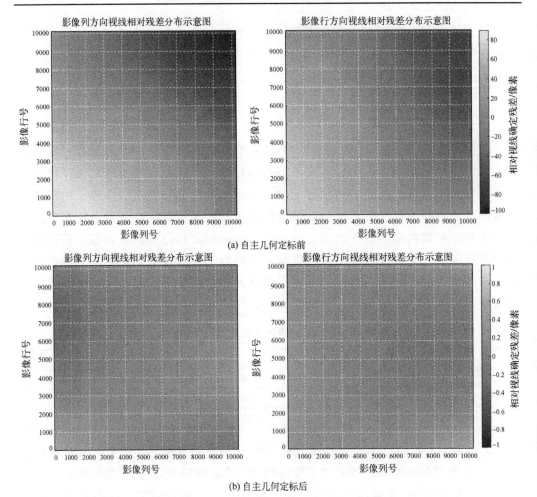

图 6-8　定标前后行列两个方向残差分布和变化趋势图（见彩图）

2. 同名像点相对几何精度

重叠影像间同名像点的相对几何定位残差是表征成像模型畸变修正效果的关键因素。为了对比验证定标前后影像间相对几何定位精度，首先基于定标前后的指向角模型，利用独立于地形的高精度拟合方法重新生成卫星影像的 RPC（Tao et al.，2001），并修正了影像的外方位元素时变误差以确保统计的相对几何定位精度能直接反映相机成像模型的内畸变，然后，基于拟合的 RPC，在参考 DEM 约束下通过同名像点对应两景影像 RPC 模型的正反算，计算每对同名像点的像方相对几何定位残差，进而统计定标前后两组影像间同名像点相对几何定位残差的均值（mean），中误差（mean square error，MSE）和均方根误差（root mean square error，RMSE），如表 6-4 所示。

表 6-4 影像重叠区域同名像点相对几何定位残差

影像对	阶段	同名像点列方向相对残差/像素			同名像点行方向残差/像素		
		mean	MSE	RMSE	mean	MSE	RMSE
Pair-1	定标前	−41.12	41.65	6.60	−9.98	12.46	7.46
	定标后	0.00	0.71	0.71	0.01	0.64	0.64
Pair-2	定标前	24.77	25.95	7.73	41.98	42.44	6.19
	定标后	0.00	0.65	0.65	0.01	0.67	0.67

进一步地，我们从初始的两组重叠影像各约 80000 个同名像点中每隔 8 个点筛选 1 个点，绘制其残差分布图，这里为了更好地展示行列两个方向定标前后多维度畸变改正效果，我们分别绘制了定标前后两组同名像点列和行两个方向的相对几何定位残分布，具体如图 6-9 所示。

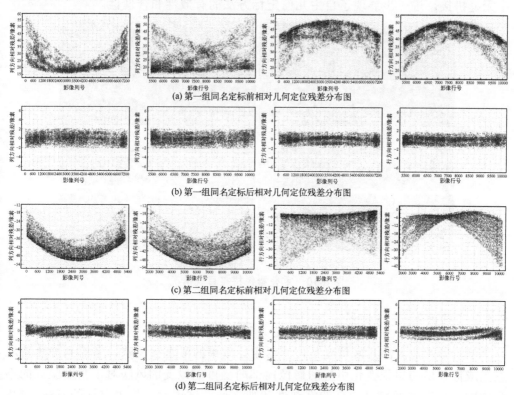

(a) 第一组同名定标前相对几何定位残差分布图

(b) 第一组同名定标后相对几何定位残差分布图

(c) 第二组同名定标前相对几何定位残差分布图

(d) 第二组同名定标后相对几何定位残差分布图

图 6-9 定标前后影像同名像点相对几何定位残差分布图

结合表 6-4 和图 6-9 可以明显看出，几何定标前不但相对残差的均值和中误差高达几十个像素，而且其均方根误差也在 7 个像素左右，这说明不但两组重叠影像间存在显著的相对偏移残差，且残差的分布存在明显的不一致性，图中多个维度发散的残差分布也印证了这一点，直接说明初始相机成像模型存在显著且复杂的畸变误差。此外，定标前两组相对残差的分布情况存在明显的共轭性，第一组的列方向残差分布与第二组的行方向残差分布相似，另一个方向亦然，究其原因，这是由两组影像行列两个方向重叠度的共轭性造成的。经过自主几何定标后，两组影像同名像点的相对残差均值基本为 0，中误差和均方根误差均提高到约 0.7个像素，定标前两组重叠影像残差精度和分布的显著共轭性也得到了消除，各个维度的相对残差分布呈现良好的一致性（图 6-9(b)和图 6-9(d)），说明本书中的自主几何定标方法较好地补偿了面阵 PMS 相机初始成像模型的畸变误差。

图 6-10 展示了定标前后第一组重叠影像重叠区域的拼接示意图，定标前影像间由相机模型误差引起的显著拼接错位在定标后得到了完美地消除，重叠影像几乎无缝拼接，进一步展现了自主几何定标方法的有效性和合理性。

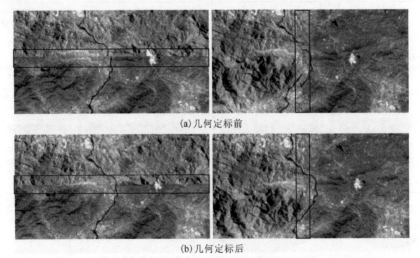

(a)几何定标前

(b)几何定标后

图 6-10　重叠影像拼接目视情况

6.4.3　精度验证与讨论

单景影像的内部几何精度是传感器定标效果的最直接反映。考虑到静止轨道卫星成像环境的累积变化引起的影像内部畸变可能改变的风险对于精度验证的不利影响，同时兼顾精度验证的客观性和独立性，这里除了使用定标的三景 PMS影像，还选择了其他三景与定标景影像成像时间相近，但成像角度各异的独立影像进行影像几何精度评价，并且对于每景影像提供了相应区域的 Landsat 卫星的15m 分辨率 DOM 和 30m 分辨率的 DEM 数据作为精度验证的参考数据，三景独立精度验证景影像信息如表 6-5 所示。

表 6-5　三景独立精度验证景影像信息

影像号	成像时间	中心经纬度	影像分辨率/m	成像角度
VImg-1	2020-12-21	E112.3°, N27.0°	52.63	roll:4.5, pitch:1.0, yaw:0.0
VImg-2	2021-01-12	E92.0°, N35.8°	67.9	roll:5.7, pitch:−1.9, yaw:0.0
VImg-3	2021-01-17	E109.4°, N34.6°	57.8	roll:5.6, pitch:0.5, yaw.0.0

利用基于尺度不变特性的 SIFT 算子的成熟匹配算法,从参考影像上匹配一定数量的可靠控制点作为检查点,进行影像几何精度验证,精度验证采用的影像成像模型仍为基于定标前后的指向角模型参数拟合的 RPC。此外,为了更加充分地说明几何定标对影像几何精度的补偿效果,这里还验证了不同阶数的误差补偿模型(平移模型、相似模型、仿射模型和多项式模型)下的影像几何精度,进而从不同的层次和视角进行精度的对比与分析。在实际计算中,将引入的误差补偿模型附加在 RPC 成像模型的像方,然后以匹配的控制点为观测值,采用最小二乘平差解算误差模型参数,进而得到各种误差补偿模型下的控制点像方定位残差,考虑到误差模型改正后的残差均值基本为 0,因此这里直接统计像点定位残差的中误差作为影像几何精度的评价指标。此外,同样引入了场地定标在相应场景下的精度评价结果进行对比验证,进而说明基于重叠影像自约束的面阵相机自主几何定标方法的有效性和合理性,统计的精度结果如表 6-6 所示。

表 6-6　单景影像几何定标精度对比分析　　　　　　　　　(单位:像素)

影像	控制点数	几何定标方法	平移变换		相似变换		仿射变换		二次多项式	
			列	行	列	行	列	行	列	行
CImg-1	122	定标前	37.13	26.99	26.77	31.27	3.41	3.27	3.11	2.39
		场地定标	0.38	0.38	0.38	0.37	0.38	0.37	0.37	0.36
		自主定标	0.40	0.41	0.40	0.41	0.40	0.39	0.37	0.37
CImg-2	75	定标前	38.54	27.71	26.34	31.95	3.15	2.55	2.81	2.12
		场地定标	0.49	0.38	0.49	0.39	0.49	0.38	0.43	0.34
		自主定标	0.53	0.39	0.52	0.40	0.51	0.37	0.42	0.34
CImg-3	44	定标前	44.08	32.34	28.21	34.09	3.27	2.51	2.77	1.96
		场地定标	0.59	0.61	0.57	0.57	0.57	0.57	0.48	0.37
		自主定标	0.61	0.65	0.60	0.59	0.59	0.59	0.47	0.37
VImg-1	48	定标前	46.86	33.39	29.45	36.17	5.21	3.78	2.96	3.32
		场地定标	0.46	0.47	0.42	0.46	0.46	0.46	0.33	0.34
		自主定标	0.53	0.45	0.52	0.45	0.51	0.43	0.35	0.35
VImg-2	84	定标前	40.99	33.44	30.92	33.73	4.29	4.15	4.25	4.07
		场地定标	0.55	0.47	0.53	0.46	0.53	0.46	0.41	0.34

续表

影像	控制点数	几何定标方法	平移变换		相似变换		仿射变换		二次多项式	
			列	行	列	行	列	行	列	行
VImg-2	84	自主定标	0.57	0.48	0.57	0.46	0.57	0.46	0.41	0.35
VImg-3	100	定标前	37.34	26.24	28.74	31.01	4.51	4.13	4.04	3.13
		场地定标	0.41	0.50	0.41	0.50	0.41	0.50	0.38	0.42
		自主定标	0.44	0.50	0.44	0.50	0.44	0.49	0.39	0.42

可以看出，对于所有的 6 景影像，在几何定标前，四种不同阶数的误差改正模型补偿下，单景影像均残存较显著的几何畸变误差，说明基于初始相机模型参数不但存在显著的畸变误差，且畸变误差是高阶非线性的，需要具有较高的畸变拟合能力的指向角模型才能有效补偿。在几何定标后，单景影像的内部几何精度（平移模型补偿后的）提高到了两个方向均在 0.5 个像素左右，且随着误差补偿模型阶数从平移模型提高到仿射模型，影像的几何精度变化不明显，只有当采用更高阶的二次多项式模型时，精度才有些许的提高，这说明单景影像内部的系统性几何误差已经得到了较好的补偿，而高阶模型下的精度提高是由于不同影像内部畸变的差异性引起的。此外，对于所有 6 景影像，自主几何定标方法与传统场地定标方法无论是在不同改正模型下的几何精度，还是不同模型下精度变化的规律均几乎一致，直接说明自主几何定标方法的有效性。

进一步地，基于平移模型补偿下的点位残差绘制定标景和精度验证景影像的残差分布图，为了更加清晰地表达残差的分布情况，将几何定标前的点位残差放大了 10 倍，将几何定标后的点位残差放大了 200 倍，如图 6-11 和图 6-12 所示。

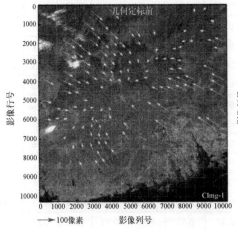
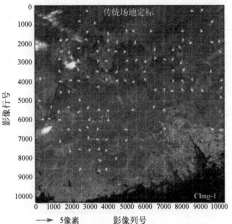

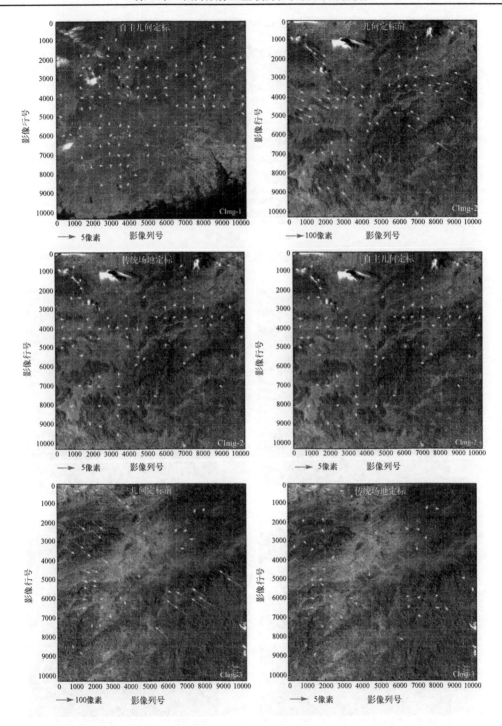

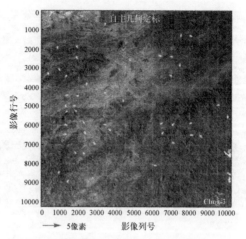

图 6-11 定标景影像控制点残差分布

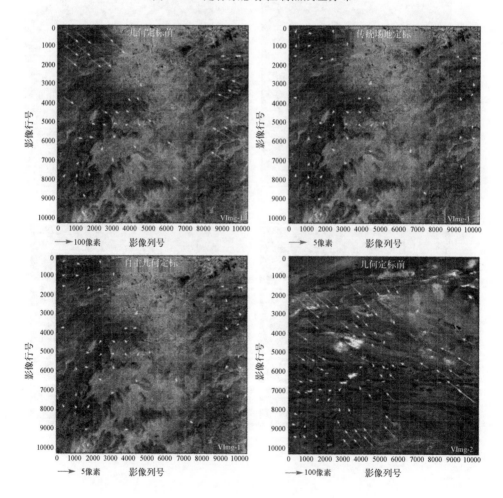

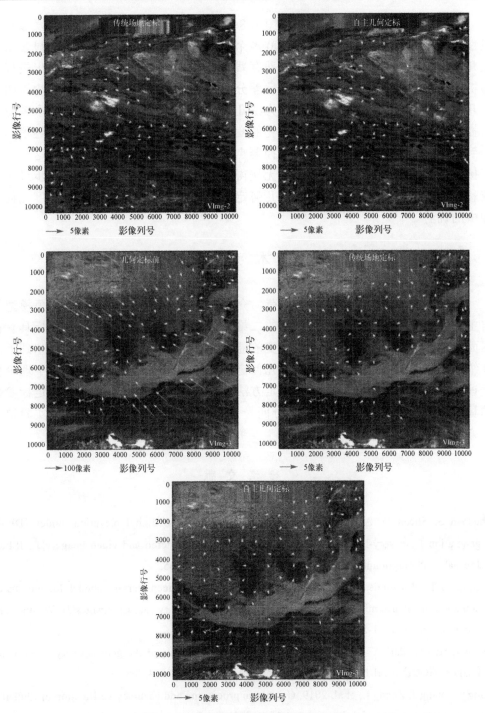

图 6-12　验证景影像控制点残差分布

几何定标前，影像内部存在与图 6-8 中一致的由中间向对角线两边发散的非线性畸变，影像边缘处畸变高达 100 多个像素，几何定标后影像内部的显著系统性几何误差得到了消除，影像内部残存残差的大小趋于一致，方向呈现出较好的随机性，并且自主几何定标方法的残差分布与场地定标方法几乎一致，均说明自主几何定标方法可得到与场地定标方法几乎一致的精度。此外，在基于参考影像的控制点匹配中，可以发现由于地物的变化，从这些历史参考数据中已经很难匹配到密集且均匀分布于整景影像的控制点，图中控制点的分布也表现出这一点，直接用这样的点进行定标，显然是无法得到准确、可靠的结果的，进一步说明不依赖地面定标场或参考数据的自主几何定标方法在大范围面阵影像高精度几何处理中的优势。

6.5 本 章 小 结

本章针对面阵光学遥感卫星载荷，介绍一种基于二维通用探元指向角模型的自主几何定标方法，通过引入通用的二维指向角模型，使得自主几何定标具有补偿面阵传感器高阶非线阵的复杂畸变的能力。在构建的二维指向角模型基础上，介绍基于参数可确定性分析的自主几何定标影像重叠规则确定方法和基于理论精度评估的最佳重叠度和重叠范围确定方法，并在此基础上，进一步介绍定标参数的稳健解算方法，最后通过一组高分四号 PMS 面阵相机的自主几何定标实验说明了方法的精度和有效性。

参 考 文 献

Bhushan S, Shean D, Alexandrov O, et al, 2021. Automated digital elevation model（DEM）generation from very-high-resolution Planet SkySat triplet stereo and video imagery[J]. ISPRS Journal of Photogrammetry and Remote Sensing, 173: 151-165.

Cintineo J L, Pavolonis M J, Sieglaff J M, et al, 2020. A deep-learning model for automated detection of intense midlatitude convection using geostationary satellite images[J]. Weather and Forecasting, 35（6）: 1-57.

Jeong J, Han H, Park Y J, 2019. A geometric accuracy analysis of the geostationary ocean color imager（GOCI）level 1B product[J]. Optics Express, 28（5）: 7634-7653.

Jiang Y, Wang J, Zhang L, et al, 2019. Geometric processing and accuracy verification of Zhuhai-1 hyperspectral satellites[J]. Remote Sensing, 11（9）: 1-17f.

He Z, Li J, Liu L, et al, 2021. Multiframe video satellite image super-resolution via attention-based residual learning[J]. IEEE Transactions on Geoscience and Remote Sensing, (99):1-15.

Tao C V, Hu Y, 2001. A comprehensive study of the rational function model for photogrammetric processing[J]. Photogrammetric Engineering and Remote Sensing, 67 (12): 1347-1357.

Wang M, Cheng Y, Chang X, et al, 2017. On-orbit geometric calibration and geometric quality assessment for the high resolution geostationary optical satellite GaoFen4[J]. ISPRS Journal of Photogrammetry & Remote Sensing, 125: 63-77.

Yang B, Pi Y, Li X, et al, 2018. Relative geometric refinement of patch images without use of ground control points for the geostationary optical satellite GaoFen4[J]. IEEE Transactions on Geoscience and Remote Sensing, 56(1): 474-484.

Zhao Y, Wei P, Zhu H, et al, 2018. Sea ice drift monitoring in the Bohai sea based on GF4 satellite[J]. ISPRS-International Archives of the Photogrammetry, Remote Sensing and Spatial Information Sciences, 42(3): 2419-2425.

Zhang T, Ren H, Qin Q, et al, 2018. Snow cover monitoring with Chinese Gaofen-4 PMS imagery and the restored snow index (RSI) method: Case studies[J]. Remote Sensing, 10(12): 1871.

Zheng G, Liu J, Yang J, et al, 2019. Automatically locate tropical cyclone centers using top cloud motion data derived from geostationary satellite images[J]. IEEE Transactions on Geoscience and Remote Sensing, 57(99): 10175-10190.

第 7 章　光学遥感卫星对天成像在轨几何定标

7.1　引　　言

通过卫星对天成像获取恒星星图进行几何定标，也是摆脱地面定标场限制的有效方法。一般来说，对天几何定标涉及星相机定标和地相机定标，其中，星相机定标的目的是利用恒星控制点解算出星相机的内方位元素，从而能够获取更为精确的姿态数据，地相机定标的目的是根据恒星控制点解算出地相机的内外方位元素，实现卫星影像的高精度几何处理。

星相机对天定标技术目前基本成熟，可直接构建其对天成像的几何模型，并在此基础上采用姿态相关或姿态无关的算法实现其精确的定标，相比之下，地相机对天定标目前更受重视。在地相机几何定标方面，由于宇宙中的恒星众多，且对其观测完全不受天气影响，因此，当前越来越多的光学卫星开始考虑通过姿态机动获取地相机对天拍摄的星图，从而完成地相机的内外定标，提高其对地观测的几何精度。这种使地相机对天成像进行几何定标的手段可克服传统场地定标方法成本高、周期长、定标受天气影响大等缺点，能够显著提高定标的频率，削弱热变形等问题对卫星影像几何精度的影响。

总的来说，光学遥感卫星对天成像在轨几何定标需要依赖于星点质心提取、高精度星图匹配等技术，在未来的光学遥感几何处理方面有着极大的应用潜力。

7.2　恒　星　星　表

7.2.1　当前常见星表

一般基于当前国际已有星表来构建星相机导航星表或地相机定标星表，当前国际常用的星表包括盖亚 2(Gaia2)星表、依巴谷(Hipparcos)星表、第谷 2(Tycho-2)星表、美国海军天文台星表(US Naval Observatory CCD Astrograph Catalog)等。

1. Gaia2 星表

Gaia2 星表总共记录了 1692919135 个天体，极限星等为 21.3,其中,0.135%(约

220 万颗)的恒星星等小于 11.6，并记录了恒星位置、视差、自行信息，容易被星相机捕获，适用于卫星导航(施云颖，2019)。所有数据中，有 1331909727 颗恒星记录了五个测量参数(星等、赤经、赤纬、自行、视差)，称为五参数天体；有 361009408 颗只记录了两个天体测量参数(赤经、赤纬)，称为两参数天体。两参数天体较为黯淡，且观测次数较少，不适用于视差和自行模型。星表使用的星历为 J2015.5，这个时间接近 Gaia 计划进行到一半的时间，以这个时间作为星表纪元能够减小恒星位置与自行之间的相关性，星表精度如表 7-1 所示。

表 7-1　Gaia2 星表精度参数

天体或误差类型	误差值
五参数天体(位置及视差)	星等<15：0.02~0.04mas 星等=17：0.1mas 星等=20：0.7mas 星等=21：2mas
五参数天体(自行)	星等<15：0.07mas/yr 星等=17：0.2mas/yr 星等=20：1.2mas/yr 星等=21：3mas/yr
两参数天体(位置)	1~4mas
全天平均系统误差	<0.1mas

2. Hipparcos 星表

Hipparcos 星表记录了约 12 万颗恒星的位置信息、自行信息和光度信息，观测了所有星等范围在 7.3~9 之内的恒星(任磊 等，2020)。在约 12 万颗恒星里，可能是双星或聚星的为 23882 个，双星 2910 个，被怀疑非单星的天体为 8542 个。该量表的精度参数如表 7-2 所示。星表位置精度为 0.7mas，视差精度为 0.97mas，赤经自行误差为 0.88mas/yr，赤纬自行误差为 0.74mas/yr。其中，星等小于 9 的恒星的赤经、赤纬观测中误差分别为 0.77mas、0.64mas，视差精度为 0.97mas，天体测量系统误差为 0.1mas。Hipparcos 星表的坐标方向与国际天球参考系统(international celestial reference system，ICRS)坐标方向差值小于 0.6mas，变化率小于 0.25mas/yr，其较小的变化率使得其能够在今后较长的一段时间内发挥重要作用。Hipparcos 星表共记录有 83011 颗 9 等星以下的恒星，平均赤经、赤纬观测中误差分别为 0.77mas 和 0.64mas，且记录的恒星易于被星敏感器捕捉，适用于建立导航星库。

表 7-2　Hipparcos 星表精度参数

星等	星数/颗	赤经观测中误差/mas	赤纬观测中误差/mas	赤经自行误差/(mas/yr)	赤纬自行误差/(mas/yr)
≤6.0	5041	0.74	0.61	0.80	0.65
6.0~6.99	10356	0.77	0.63	0.84	0.68

续表

星等	星数/颗	赤经观测中误差/mas	赤纬观测中误差/mas	赤经自行误差/(mas/yr)	赤纬自行误差/(mas/yr)
7.0～7.99	25661	0.84	0.70	0.94	0.77
8.0～8.99	41953	1.03	0.86	1.14	0.94

3. Tycho-2 星表

Tycho-2 星表记录了约 250 万颗恒星的数据，包括恒星的位置信息、自行信息和光度信息，另外，Tycho-2 星表使用了 J2000 星表历元（凌兆芬 等，1999）。Tycho-2 星表在一定程度上能够取代从前的 Tycho-1 星表、TRC（Tycho reference catalogue）星表和 ACT（astrographic catalog/Tycho）星表。该星表的精度参数如表 7-3 所示。星表位置精度方面，9 等以下恒星的位置误差为 7mas，全部恒星的位置误差平均为 60mas，系统误差小于 1mas。自行精度方面，全部恒星的平均自行误差为 2.5mas/yr，系统误差小于 0.5mas/yr。Tycho-2 星表的最大恒星密度约为每弧度 450 颗，银纬为 0° 时恒星平均密度为每弧度 150 颗，银纬为 90° 时恒星平均密度为每弧度 25 颗。星表中的低星等星测量精度较高，9 等以下恒星共有 120211 颗，平均历元 1990.99，平均位置中误差为 7mas，平均自行中误差为 1.2mas/yr。光度精度方面，9 等以下恒星的误差为 0.013 个星等，全部恒星的总误差为 0.1 个星等。

表 7-3　Tycho-2 星表精度参数

星等	≤7	>7～8	>8～9	>9～10	>10～11	>11～12	>12	总和
数量/颗	14145	27770	78296	207569	536565	1127627	547935	2539913
平均历元	1991.37	1991.23	1990.75	1989.25	1986.89	1982.67	1978.21	1984.34
位置误差/mas	4	5	8	15	30	63	92	55
自行误差/(mas/yr)	1.0	1.2	1.3	1.5	2.0	2.5	3.0	2.4

4. UCAC2 星表

UCAC2 星表记录了约 1.07 亿颗恒星的位置信息、自行信息等。位置精度随星等改变而改变，一般小于 60mas。系统误差为 5～10mas，属于较精确水平，但略低于 Hipparcos 星表。星等较低时（10 等以下），恒星赤经赤纬位置测量精度及自行精度接近 Hipparcos 星表，优于 Tycho 星表。星等较高时，位置测量中误差一般为 20～80mas，自行误差一般为 2～8mas/yr。

5. PPMX（positions and proper motions-extended）星表

PPMX 星表，又称 PPM 扩充星表，其主要研究对象为恒星自行速度，该星表约记录了 1800 万颗恒星的位置信息、自行信息和光度信息,并分为以下三个部分:巡天部分,包括 500 多万颗恒星,极限星等为 RJ 波段 12.8,自行精度约为 2mas/yr;高精度部分,包括 87 万颗恒星,使用了以前的大量星表来计算自行,其最大误差为 2mas/yr;其他部分,包括余下的其他恒星。星表整体位置精度优于 200mas。巡天部分自行精度为 2mas/yr,高精度部分最低自行精度为 2mas/yr(刘佳成,2012)。

　　6. PPMXL(The PPMXL catalog of positions and proper motions on the ICRS) 星表

　　PPMXL 星表结合了美国海军天文台(United States Naval Observatory,USNO-B1.0)星表和 2 微米全天巡天(two micron all sky survey,2MASS)星表,建立了一个新的包含位置信息和自行信息的星表,它的目的是建立最亮星到 V 星等 20 等的全天恒星星表。PPM 星表的恒星记录总数为 910469430,建立了在当前十分完善的恒星自行信息数据库(同 PPMX 一样,PPMXL 是一个更针对自行信息的数据库),而相对的,其位置信息较低,比依巴谷星表和第谷星表的精度低多个数量级,但高于 PPM 和 PPMX 星表。

7.2.2　星表信息处理

　　恒星距离地球十分遥远,因此恒星与地球之间的相对运动十分微小,一般情况下能够忽略不计。但目前的星表精度可达毫秒级,星相机的星点提取精度一般也在亚角秒级,因此利用星表中记录的恒星与地球之间的相对位置关系,对恒星的位置信息进行处理后,能够提高星表的几何精度。一般星表会记录以下关键信息。

　　1. 赤经赤纬

　　从春分点沿着天赤道向东到天体时圈与天赤道的交点间的角度,称为赤经。从天赤道沿着天体的时圈至天体的角度,称为赤纬(蒋梦源,2020)。

　　2. 天体自行

　　天体自行即恒星的空间速度,星表中一般会记录某恒星的视向速度和切向速度,视向速度即恒星靠近或远离地球的速度,切向速度与视向速度垂直,视向速度和切向速度共同构成天体的自行速度。天体的自行速度一般较低,一定时间内可以视为不变,但是当星表的星表历元与星相机投入应用的时间相差过大时,天体自行引入的误差将无法忽略。天体自行的补偿公式如下:

$$\begin{cases} \alpha = \alpha_0 + \Delta t * \mu_\alpha \\ \beta = \beta_0 + \Delta t * \mu_\beta \end{cases} \tag{7-1}$$

其中,α 为补偿后的赤经坐标,β 为补偿后的赤纬坐标,α_0 为补偿前的赤经坐标,

β_0 为补偿前的赤纬坐标，Δt 为观测时刻与星表历元的时间差，μ_α 和 μ_β 分别为赤经赤纬自行速度。

3. 视差

从不同的位置对同一天体进行观测，将产生视差。对同一颗恒星而言，在地表位置对其进行观测得到的赤经赤纬坐标，与在地心位置进行观测得到的赤经赤纬坐标存在差距。同样地，在地球质心进行观测得到的赤经赤纬坐标，与在太阳质心进行观测得到的赤经赤纬坐标也存在差距，两种视差分别被称作周日视差和周年视差。由于地球距离大多数恒星十分遥远，相对而言地表到地心的距离几乎可以忽略，故此进行星表处理时可以忽略周日视差，但地日距离相对较长，部分恒星的周年视差不可忽略，进行星表处理时最好能进行周年视差补偿。

4. 岁差与章动

地球自转轴与天球的交点被称为天极。理想状态下，天极被认为是不变的，然而，在宇宙环境中，地轴受到外力的影响，天极会随着时间的推移发生改变，这种改变分为长期性改变和周期性改变，长期性改变称为岁差，周期性改变称为章动，随着观测时间与星表星历时间的拉长，岁差对于天体赤经赤纬坐标的影响将会变大，同样地，由于日月引力的周期性变化，天极的位置会产生周期性变化，即章动，其对恒星赤经赤纬坐标的影响同样与观测时间相关，进行星表信息处理时，需要对其进行修正。

进行星相机导航星表构建时，需要从星相机视场、星相机敏感程度等方面进行考虑。对于视场相对较窄、敏感程度相对较高的星相机，需要使用极限星等较大的星表。

由表 7-4 可见，使用去除双星后的依巴谷星表统计星点分布情况，将全天分为 6°×6° 的 1800 个天区，均匀地取其中 450 个天区，计算其平均星数和标准差。可见星相机极限星等大于 6.5 时，就平均星数而言，能够满足相机定标的基本需求，当极限星等较高时，星图中能有一定数量的多余观测量用于提高精度，但星等过高将造成星点黯淡，信噪比降低。

表 7-4　载荷 6°×6° 视场角星数统计

极限星等	平均星数	标准差	极限星等	平均星数	标准差
6.0	2.6	0.84	8.5	28.20	5.93
6.5	4.59	1.34	9.0	36.32	7.19
7.0	7.99	2.07	9.5	41.98	8.13
7.5	12.84	3.11	10.0	44.97	8.53
8.0	19.92	4.58			

当前位置精度最高的星表为 Gaia2 星表，极限星等可达 21.3。然而，星敏感器或地相机能够捕获的最高星等一般不超过 11，且捕获高星等恒星时，星点的信噪比会降低，星点提取精度下降，无法满足几何定标需求。另外，对于星等小于 9 的恒星，Gaia2 星表和 Hipparcos 星表的记录基本重叠。当前国内外常用的星地相机所能够捕获的极限星等一般低于 9，因此，当相机能捕获的极限星等不超过 9 时，从视场恒星数量的角度来说，使用 Hipparcos 星表即可在绝大多数情况下满足测量要求。然而，当视场变得更小时，非常容易出现单视场内恒星数量过少的情况，根据视场大小进行进一步的分析，基于 Hipparscos 星表，设置极限星等为 9，统计不同视场角下的视场内平均星点数量，如表 7-5 所示。

表 7-5　视场角与星数关系

视场角/(°)	平均星数	视场角/(°)	平均星数
2	7.30	8	116.8
4	29.21	10	182
6	36.32		

由统计可知，当取极限星等为 9 等时，难以满足视场角为 2° 左右的星相机姿态解算和定标，但基本能满足视场角大于 4° 的星相机的需求，单视场内能够有效捕获的星数能够支持姿态参数和定标系数的解算，且能够提供一定数量的多余观测值用来平差提高解算精度。

7.2.3　双星剔除

双星是指在视线方向上相距较近的两颗星，这种星将影响到星点识别算法的精确度，需要根据星相机的参数，合理地设置阈值，权衡确定的星相机星等范围，将这两种星从导航星表中舍去(樊萌，2020)。

双星剔除是为了避免提取出的两颗星被匹配为同一颗星。对于本书的星图匹配算法和相机参数解算算法来说，双星剔除的阈值要结合相机的姿态初值精度和 CCD 相机参数确定。设姿态初值的精度为 p_1 角秒，相机每个探元大小对应的角度为 p_2 角秒，则将像素距离小于 p_1 / p_2 的双星，或者在星表中角距小于 p_1 角秒的双星，从星表中剔除，能够很大程度上避免两颗星点被匹配为同一颗导航星。

在相机坐标系和天球坐标系下，设其观测向量分别为 w_i, w_j, v_i, v_j，则它们之间具有以下关系：

$$\cos\theta_{ij} = w_i^{\mathrm{T}} w_j = v_i^{\mathrm{T}} v_j \tag{7-2}$$

由上式可知，能够得到两颗恒星在星图中的像素距离，与这两颗星的角距 θ_{ij} 之间的关系，进而可以据此设置阈值删去导航星库中距离过近的点。进行双星剔除时，首先将星表中记录的星按赤经赤纬划分天区建立索引，然后在每个天区之内计算两两星点之间的角距，剔除角距过小的两个星点即可。

7.2.4　星表索引构建

星表中的星数量较高时，必须建立索引以降低时间复杂度。将天球坐标系从两极到赤道划分为几个天区，将每颗星标记以天区作为索引，即可大大缩短算法运行时间，提高效率。另外，星表索引的构建还能够对各个天区的星等数量、是否适合进行相机几何定标进行评价。恒星在天球上的分布不均匀，如两极部分稀疏，银道部分较为密集，这种分布情况不利于星地相机定标的稳定性，因此，需要根据需求进行导航星筛选。在恒星较多的天区，可以适当降低高星等恒星的数量，以增加低星等恒星占比提高星点质心提取精度，从而增大定标精度，降低星图匹配的时间消耗。在恒星较少的天区，若参与算法的恒星数量较少，则会影响到最小二乘法的可靠性，因此可以适当提高星等范围，但高星等的星一般较为暗淡，曝光不充分，质心提取精度低，可能会引入误差，因此需要在恒星数量和星等范围之间进行权衡，使相机定标精度得以最大化。

按照 $15°×15°$ 将全天划分为 $12×24$ 个网格，其中，赤纬为 $-90°～90°$，赤经为 $0°～360°$，每个网格即可视为一个索引天区，基于 Hipparcos 星表，将每个天区内的星单独存储，即完成星相机星表索引的构建。与此同时，通过索引的建立，能够评定某个天区相机几何定标的适用性。相机对星点成像时，对于星点较低的、过亮的星点容易发生饱和，而对于星等较高的、较为暗淡的星点，又难以获取较高的信噪比，因此进行星地相机定标时，星等适中的星点对于高精度定标解算的贡献最大。可以将天区中 6 到 9 等星的个数作为评价天区是否适用于几何定标的标准。

6～9 等星的数量主要随赤纬变化，而随赤经的变化并不明显，以纬度为单位划分条带，统计每个 15° 纬度区间内，所有天区的 6～9 等星的平均星数，并绘制二维统计图（图 7-1），其纵坐标代表平均星数，横坐标为赤纬区间的序号，每个区间 15°，1～12 天区对应 $-90°～90°$ 的 12 个区间。

可见，视场越靠近银道面，则能够拍摄到的 6～9 等星的数量越多，具体进行相机定标时，可以根据相机初始姿态判断视场所处天区，从而判断解算出的相机几何参数的质量。基于建立的星表索引，不仅能够大大提高星相机星图处理算法的运行速度，也能够对目前天区是否适用于几何定标进行评价，提高相机星图数据处理的可靠性。

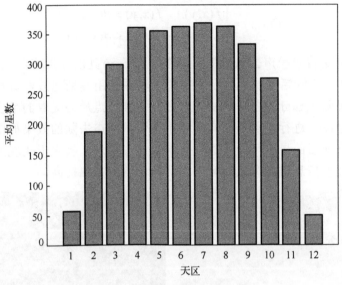

图 7-1　定标天区二维统计图

7.3　对天星图处理

7.3.1　星点质心提取

1. 背景噪声去除

由于阳光以及来自地球的杂光，相机获取的星图一般具有较强的背景噪声，该背景噪声一般与探元性质有关，每个探元输出的背景噪声值均不同但存在一定规律，对星图的处理流程产生较大影响。利用较多数量的时间序列星图，能够计算每个像素的平均背景噪声值，得到背景噪声图像，每幅星图减去背景噪声图像，能够在一定程度上去除背景噪声 (Guan et al., 2019)。背景噪声的计算公式如下：

$$B(x,y) = \frac{\sum_{1}^{k} f(x,y)}{k} \tag{7-3}$$

其中，$B(x,y)$ 为坐标 (x,y) 处的背景噪声值，$f(x,y)$ 为序列星图在坐标 (x,y) 处的像素值，k 为序列星图的总数。

使用 t 表示背景噪声阈值，那么每幅星图去除背景噪声的过程如下式：

$$F(x,y) = \begin{cases} f(x,y), & f(x,y) > B(x,y)+t \\ 0, & f(x,y) < B(x,y)+t \end{cases} \tag{7-4}$$

其中，$F(x,y)$ 是背景噪声去除后的星图在坐标 (x,y) 处的像素值。

在背景噪声去除后的基础之上，对每幅星图使用高斯滤波器进行进一步噪声去除，即可去除大部分星图中的噪声，提高后续星点质心提取的精度。基于在轨获取的真实星图，进行星点提取实验。星图背景噪声去除的效果如图 7-2 所示，通过对比去噪前后的星图可知，进行背景噪声去除后，噪声干扰现象得到了大大改善，星点亮度信息得到有效的突出，信噪比得到大幅提高。

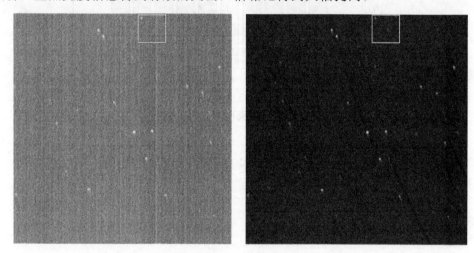

图 7-2　背景噪声去除

2. 质心坐标提取

利用相机姿态四元数初值生产模拟星图来辅助进行质心提取预处理。根据导航星库中记录的星的赤经和赤纬信息，利用相机物理成像模型计算每颗星在星图中的模拟坐标，从而模拟出这一姿态下的星图。

$$\begin{bmatrix} \cos\alpha\cos\delta \\ \cos\alpha\sin\delta \\ \sin\alpha \end{bmatrix} = \boldsymbol{R}_C^{\text{J2000}} \begin{bmatrix} d_x & 0 & 0 \\ 0 & d_y & 0 \\ 0 & 0 & -f \end{bmatrix} \begin{bmatrix} u-u_0 \\ v-v_0 \\ 1 \end{bmatrix} \tag{7-5}$$

其中，(α,δ) 为星点的赤经和赤纬，坐标转换矩阵 $\boldsymbol{R}_C^{\text{J2000}}$ 为 J2000 坐标系到相机坐标系的转换矩阵，可由姿态初值四元数文件求得。

完成星图模拟后，以模拟星图中的各个模拟星点为中心，设置某一像素长度开辟正方形窗口，在原始星图中，保留所有落在窗口内的像素值，落在窗口之外的像素值全部设置为 0，以此去除之前步骤中难以去除的尖锐噪声点，经过这一操作之后，再使用高斯滤波器进行去噪处理，即可消除原始星图中的大量噪声。之后对每个窗口设置自适应阈值，根据阈值来进行图像二值化，得到二值图像，在二值图像上应用连通域标注等算法，提取出每个星点的边缘像素坐标。

星图中不可避免地会出现噪声，这些噪声有一部分可以使用高斯滤波去除，而无法被去除的噪声点将被提取为星点边界，因此需要对所有提取出来的星点边界进行筛选，此时可以根据提取出来的星点大小进行进一步筛选，去除过小或过大的星点即可。

这种借助姿态初值进行星点质心提取的方法受到星图中随机噪声的影响更小，比起直接基于全局图像进行图像二值化，基于姿态初值进行自适应二值化具有更强的针对性，可以精准地在真实星点附近进行自适应阈值和滤波去噪处理，直接忽略掉远离真实星点的噪声点，避免将图像中较大的噪点提取为星点质心从而提高相机处理算法的星图匹配准确率。对于开辟的每个窗口，可以进行自适应的灰度值统计，例如计算窗口内的均值和标准差，自适应设置灰度阈值，实现更准确的边界坐标提取。

完成边界坐标提取后，进行星点质心的提取，提取方法一般有以下几种。

1）矩方法

使用矩方法进行星点质心提取所需的质心计算公式如下（叶宋杭 等，2019）：

$$x_o = \frac{\sum\limits_{x=m_1}^{n_1}\sum\limits_{y=m_2}^{n_2}f(x,y)^2 x}{\sum\limits_{x=m_1}^{n_1}\sum\limits_{x=m_2}^{n_2}f(x,y)^2} \qquad y_o = \frac{\sum\limits_{x=m_1}^{n_1}\sum\limits_{y=m_2}^{n_2}f(x,y)^2 y}{\sum\limits_{x=m_1}^{n_1}\sum\limits_{x=m_2}^{n_2}f(x,y)^2} \qquad (7\text{-}6)$$

式中，m_1, m_2, n_1, n_2 为星点的坐标范围，$f(x,y)$ 为星图在坐标 (x,y) 处的像素值，矩方法的思想是以灰度值为权重，加权提取星点质心坐标。矩方法的提取精度能够达到亚像元级别，这一点已经被前人的大量研究所论证。

2）高斯拟合

相机所拍摄到的恒星可以视为点光源，点光源在相机焦面上将服从二维高斯分布，因此可以基于二维高斯函数，以及星点坐标的灰度值，进行二维高斯函数拟合，解算出函数的中心点，作为星点的中心，完成星点质心的匹配。

二维高斯函数的表达式与 (x,y) 方向相关，在实际使用中，为了简化算法，提高算法的时效性，一般将二维高斯函数的表达式简化如下：

$$f(x,y) = A \cdot \exp\left(\frac{-r^2}{\sigma}\right) \tag{7-7}$$

其中，A 为最大亮度，$r = \sqrt{x^2 + y^2}$ 为星点半径，σ 为标准差，则完成参数拟合后，即可得到星点中心坐标 (x_0, y_0)。

高斯拟合法星点质心提取有着较高的提取精度，相对于矩方法，高斯拟合法对噪声的抗干扰能力更强，或者当星点积分时间过长导致饱和时，高斯拟合法也有着更强的鲁棒性，但是高斯拟合法涉及非线性函数拟合，算法复杂度更高，需要更长的运行时间。

7.3.2　星图匹配

1. 传统星图匹配算法

1）三角形匹配

三角形匹配是最为经典的星图匹配算法，其基本思想是利用三角形的稳定性，即星点在天空中构成的三角形存在较为稳健的结构特性，假设星点 A 在天空中与星点 B、C 构成三角形，那么无论相机的姿态以及几何参数如何，三角形的内角均不会随着姿态和内参数的改变而改变，此外，通过星点识别出三角形三条边的像素坐标差，通过相机的几何参数，将其转换为三条边的角距值，该角距值也不会随着相机的内方位元素或者姿态改变而改变。三角形匹配方法具体步骤如下。

第一步，假设相机的视场角为 δ，则首先对星表进行处理，遍历星表中的所有星点，构建三角形索引，构建所有三边角距小于 δ 的三角形并记录每条边的角距，每个三角形记录三个角距。

第二步，基于待处理星图，以识别出的星点 A 为中心，将其与周围的 N 个星点建立三角形，计算建立的所有三角形的角距大小并记录。

第三步，当需要进行全天星图匹配时，在全天范围内进行搜索，找到与这 $N+1$ 个点匹配的星点即可。

其中第三步所需时间较长，因此，可以利用前一帧星图得到的姿态，结合相机的姿态敏捷速度，对全天的三角形角距进行初步筛选，通过姿态敏捷速度与前一帧的姿态，对当前帧的姿态进行一定程度的预测，进而预测上一帧完成匹配的某颗星，在当前帧中的位置，即可大大降低匹配的数量，提高效率。另外，进行匹配时，若参数设置不当，常会出现一颗星被匹配为多颗星的情况，此时，需要增加 N 的个数，即令星点 A 与更多的恒星建立三角形，以减少多解的情况。

三角形匹配算法经过多年的研究，当前已较为成熟，然而，其仍然存在较多缺点，例如，当相机存在复杂的姿态机动时，难以预测上一帧星点出现在当前帧的大致位置，容易出现跟踪丢失的情况，此时不得不进行全天星图匹配，大大降低了时效性；另外，三角形匹配算法对于匹配阈值的设置较为敏感，不同相机星点质心提取精度一般不同，因此需要设置不同的阈值，即便是同一相机，在不同的在轨运行时间内，也容易出现星点质心提取精度波动的情况，若相机的角分辨率较低，则算出来的星点角距将存在较大误差，极易出现难以匹配的现象，算法的鲁棒性难以完美保证。

2) 网格匹配法

网格匹配法是一种简单的基于星模式的算法。其基本思想是对于每颗待匹配的恒星，以一定的法则，将其与周围星的关联性建立模式，进而与导航星表中已知的星模式进行匹配，从而完成星图匹配，其基本步骤如下。

第一步，对于星图中的某颗待匹配恒星，以其自身作为坐标原点，连接这颗星与邻近星作为一条坐标轴，进而基于原点和坐标轴，建立直角坐标系。

第二步，基于直角坐标系，设置一定的长宽阈值绘制矩形，待匹配星周围的恒星落在这个矩形内，接着以一定间隔绘制网格，有恒星落入的网格标识为 1，其他网格标识为 0，该网格即为这颗星的星模式。

第三步，用类似的方法对导航星表建立模式，进行模式识别，完成星图匹配。

网格匹配法相对简单，但是容易受到星图二值化预处理的影响，二值化的星图如果包含大量未能去除掉的噪声点，将严重影响星模式的正确性，需要进行滤波以去除大量噪声点，但滤波过度又会影响星点质心提取的精度。针对视场相对较窄的高精度星敏感器，存在部分天区恒星较少的情况，若落入网格内的恒星不足，则非常容易发生无法匹配，或匹配多解的情况，影响算法的精确性。此外，这种建立行模式的方法涉及坐标旋转，对导航星表进行扫描时，无疑会消耗大量时间，严重影响使用的时效性。

2. 基于姿态初值的星图匹配算法

一般星相机的视场越窄，主距越深，分辨率越高，星相机的精度越高。但窄视场高精度星敏感器的星图匹配是一个难题，由于视场较窄，在某些天区内，相机拍摄到的星点数量有限，若在全天范围内进行匹配，则很容易出现误匹配的现象，甚至导致解算出的姿态与真实姿态相差千里。因此可以使用星上搭载的其他大视场相机，利用大视场相机获取粗略姿态，然后根据安装矩阵转换为窄视场相机的姿态初值，辅助进行星图匹配。

1）模拟星图生成

与星点质心提取类似，利用粗略姿态，可以计算出高精度相机的视轴指向，从而结合导航星表，能够模拟出该姿态下的星图，将星图中的星点图像坐标和赤经赤纬记录到结构体中以备后续步骤的匹配使用。对于星表中的某颗星，根据成像方程能够反算该星在图像中的坐标，如下式：

$$\boldsymbol{R}_{J2000}^{C} M = w \tag{7-8}$$

其中，坐标转换矩阵 $\boldsymbol{R}_{J2000}^{C}$ 为 J2000 坐标系到相机坐标系的转换矩阵，可由姿态初值四元数文件求得，具体过程在此不再赘述。

2）星点识别

设置像素阈值，以该阈值为边长，以每个模拟星点为中心开辟正方形窗口，若仅有一个真实星点落在窗口内，则将这个模拟星与真实星匹配在一起。如图 7-3 所示，灰色星点为原始图中提取出的星点，白色星点为根据星表模拟出的星点。若在某个真实星点开辟的窗口内，只存在一个模拟星点，那么，就将这两颗星点匹配为同一颗星点。

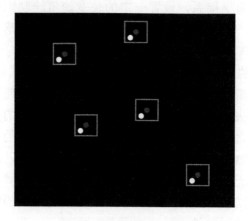

图 7-3　星图匹配示意图

这种引入了相机姿态初值来辅助进行星图匹配的方法，无须构建三角形，也无须构建复杂的星模式，大大增加了算法的运行速度，非常适合处理星点数量较多的星图。另外，这种匹配算法同样具备相当高的匹配精度，这是因为以当前的技术，相机的姿态初值本身就具备了相当高的精度，在姿态初值的基础之上，模拟星点相对真实星点的偏移均为系统误差，即每个星点的偏移方向大致相同，偏移的像素数大致相同。

一个需要注意的问题是，如何设置匹配窗口的边长。若边长设置太大，则会导致多颗星被匹配为同一颗星，若边长设置太小，则会发生匹配遗漏现象。

在前文中提到了双星剔除，若星表中两颗星的角距距离小于 d，就将这两颗星舍去。将这个角距转换为像素距离 d，这个值将大于(或等于)模拟星点和真实星点的偏差值 d_2，那么用来进行星图匹配的距离阈值 d_3 即可设置为 $d > d_3 > d_2$。这里将 d_3 设置为阈值的原因是，第一，这个值必须大于模拟星点和真实星点的偏差值，因此窗口内能够同时囊括某颗星在星图中的星点以及这颗星对应的模拟星点；第二，由于 d_3 小于 d，因此一般情况下在这个窗口内仅存在一颗星，即真实星点对应的模拟星，这是因为，在双星评估步骤中，星表里距离小于 d 的星将被舍去，因此，对应位置的原始星图中的星也将从原始星图中被抹去，这样一来就相当于删去了原始星图中距离小于 d 的星点，所以以 d_3 为阈值的情况下，窗口里要么不存在星，要么只存在一颗星，进而大大增加了匹配的可靠性。

3) 错误星点剔除

匹配结果中有一定可能存在误匹配的情况。这里误匹配一般只表现为将两颗星匹配为同一颗星表中的星，在这种情况下，执行以下筛选步骤能够将误匹配的星舍去：①输入星点匹配的结果，使用最小二乘法进行单张星图的姿态粗解算；②得到粗解算结果后，扫描每一颗星点的解算残差，舍去残差过大的星点。若将两颗或多颗星匹配为同一颗星时，误匹配的星一定会表现出较大的残差，此时设置阈值将残差较大的星点舍去即可。

基于模拟星图的星图匹配算法由于有初始姿态的参与，所以在合理设置参数的情况下，匹配精度能够达到很高的水平，另外由于不需要建立三角形或者星模式，故匹配速度要远远高于一般算法。

7.4　光学遥感卫星对天几何定标方法

本节分别结合对天成像的星相机和对地成像的地相机介绍相应的对天几何定标方法。其中，星相机持续对冷空间拍摄，可直接获取几何定标所需的星图数据，地相机则主要对地进行观测，在进行对天成像几何定标时需利用其卫星机动能力调整姿态，使其对天成像，获取相应的星图。

7.4.1　基于恒星观测值的星相机定标

星相机一般为面阵成像相机，其几何定标算法可分类为姿态独立算法和姿态依赖算法，两者的区别在于定标参数解算过程是否依赖于相机姿态，大量的研究证明，姿态独立算法的适用性一般好于姿态依赖算法。本书介绍一种较为常用的基于星点角距不变性的姿态独立星相机几何定标算法(Wang et al.，2015)。

　　由于星相机较大视场面阵成像的几何特性，采用相机严格模型对其进行几何定标时，主要针对相机的主距 f、主点位置以及光学畸变参数进行定标。其中星相机的光学畸变参数为 k_1, k_2, p_1, p_2，所使用的畸变模型为传统的布朗畸变模型，即使用径向畸变和切向畸变来描述相机的镜头畸变，具体表达公式如下：

$$\begin{cases} dx = kx + p_1(2x^2 + r^2) + 2p_2xy \\ dy = ky + p_2(2y^2 + r^2) + 2p_1xy \end{cases} \tag{7-9}$$

其中，$r = \sqrt{x^2 + y^2}$，$k = k_1r^2 + k_2r^4$，(x, y) 为像点相对于主点 (x_0, y_0) 的坐标，dx 和 dy 为对应的畸变值，k_1, k_2, p_1, p_2 为相机畸变参数。(x, y) 为观测值，$(f, x_0, y_0, k_1, k_2, p_1, p_2)$ 为待解算的定标参数。

　　设完成星点匹配后，某颗星在星表中记录的赤经赤纬为 (α, δ)，则该星在天球坐标系下的观测向量可以表示为

$$v = (\cos\alpha\cos\delta, \sin\alpha\cos\delta, \sin\delta)^{\mathrm{T}} \tag{7-10}$$

　　相应地，设相机主距为 f，主点坐标为 (x_0, y_0)，星点在像面中的坐标为 (x, y)，则该星在相机坐标系下的观测向量 w 即可描述，进而则有下式：

$$w = Mv \tag{7-11}$$

其中，M 为星相机的姿态矩阵。对于两颗相同的星点，在星相机坐标系和天球坐标系下，设其观测向量分别为 w_i, w_j, v_i, v_j；并且 w_i, w_j 构成的夹角角距与 v_i, v_j 构成的夹角角距大小相同，即

$$\cos\theta_{ij} = w_i^{\mathrm{T}}w_j = (Mv_i)^{\mathrm{T}}Mv_j = v_i^{\mathrm{T}}v_j \tag{7-12}$$

　　通过该式可知，两颗星点的角距无论在天球坐标系还是相机坐标系下均保持不变，其中的未知参数仅与内方位元素有关而与姿态等外方位元素无关。进而可根据星点角距的不变性列出几何定标参数平差方程如下：

$$E = v_i^{\mathrm{T}}v_j - w_i^{\mathrm{T}}w_j \tag{7-13}$$

进而，得到待解算定标参数的改正数如下：

$$\hat{X} = \left(\sum_{i=1}^{k} B_i^{\mathrm{T}} P_i B_i\right)^{-1} \left(\sum_{i=1}^{k} B_i^{\mathrm{T}} P_i M_i\right) \tag{7-14}$$

其中，$B_i = \left(\dfrac{\partial E}{\partial f}, \dfrac{\partial E}{\partial x_0}, \dfrac{\partial E}{\partial y_0}, \dfrac{\partial E}{\partial k_1}, \dfrac{\partial E}{\partial k_2}, \dfrac{\partial E}{\partial p_1}, \dfrac{\partial E}{\partial p_2}\right)$ 为单恒星点基于平差方程进行线性化

得到的系数矩阵，$M_i = (-E)$ 为基于平差方程计算的常数向量，P_i 为相应的权矩阵。

根据最小二乘法的原理，解算参数的修正值，将其累加到上一次的参数解算结果之上，如此迭代，直至残差小于限差或者达到最大迭代次数为止，算法结束后得到定标结果。

7.4.2　基于恒星控制点的地相机定标

由于卫星地相机以对地观测为主，因此进行几何定标时需利用其卫星敏捷机动能力进行对天成像，获取序列星图。通常光学遥感卫星的地相机分为面阵相机与线阵相机，不同于星相机，全链路的地相机几何定标需要进行外方位元素的几何定标，即对相机的安装矩阵进行定标，从而保证地相机的绝对几何定位精度。从数学模型的角度，面阵相机和线阵相机的外定标模型是一样的，但内定标模型区别较大，在进行面阵地相机内定标时可以采用和星相机一致的星点角距定标方法，但线阵相机由于每一行的姿态都有所不同，无法使用姿态无关的星点角距算法进行定标，需要基于其严格成像模型进行定标处理。

1. 地相机对天成像模型

根据地相机对天成像原理，可以构建光学卫星地相机对天成像的严密几何成像模型：

$$\begin{pmatrix} \tan(\varphi_x) \\ \tan(\varphi_y) \\ 1 \end{pmatrix} = \lambda \boldsymbol{R}_{\text{body}}^{\text{cam}} \boldsymbol{R}_{\text{J2000}}^{\text{body}} \begin{pmatrix} \cos\alpha\cos\delta \\ \sin\alpha\cos\delta \\ \sin\delta \end{pmatrix} \tag{7-15}$$

其中，(φ_x, φ_y) 为探元指向角，λ 为比例系数，$\boldsymbol{R}_{\text{body}}^{\text{cam}}$ 为广义地相机安装角误差，用于补偿相机外方位元素误差，$\boldsymbol{R}_{\text{J2000}}^{\text{body}}$ 为从 J2000 坐标系到卫星本体坐标系的姿态变换矩阵，由基于成像时间插值得到的卫星姿态确定。

不同于对地成像模型，对天定标模型无须计算惯性坐标系到地固系的旋转矩阵，且模型与卫星的位置无关，因此定标解算过程与遥感影像的成像时间联系较小，无须计算地球的自转，无须考虑章动极移等自转参数，定标解算更加简单。

2. 外定标参数解算

外定标的目的是解算相机安装矩阵，其直接解算的定标参数为地相机相对卫星本体的安装角 (pitch, roll, yaw)，令

$$\begin{cases} \begin{pmatrix} U_x \\ U_y \\ U_z \end{pmatrix} = \boldsymbol{R}_{J2000}^{body} \begin{pmatrix} \cos\alpha\cos\delta \\ \sin\alpha\cos\delta \\ \sin\delta \end{pmatrix} \\ \\ \boldsymbol{R}_{body}^{cam}(pitch, roll, yaw) = \begin{bmatrix} a_1, b_1, c_1 \\ a_2, b_2, c_2 \\ a_3, b_3, c_3 \end{bmatrix} \end{cases} \tag{7-16}$$

进而建立外定标参数平差方程：

$$\begin{cases} F_x(X_E) = \dfrac{a_1 Ux + b_1 Uy + c_1 Uz}{a_3 Ux + b_3 Uy + c_3 Uz} - \tan(\varphi_x) \\ \\ F_y(X_E) = \dfrac{a_2 Ux + b_2 Uy + c_2 Uz}{a_3 Ux + b_3 Uy + c_3 Uz} - \tan(\varphi_y) \end{cases} \tag{7-17}$$

对外定标参数赋初值，这里初值为实验室检校值或初始设计值，将当前内定标参数视为"真值"，将外定标参数视为待求的未知参数。将它们的当前值代入上式，对每个恒星控制点，进行线性化处理，建立误差方程式：

$$V_i = A_i X - L_i \qquad P_i \tag{7-18}$$

其中，

$$A_i = \begin{bmatrix} \dfrac{\partial F_x}{\partial X_E} \\ \dfrac{\partial F_y}{\partial X_E} \end{bmatrix} = \begin{bmatrix} \dfrac{\partial F_x}{\partial pitch} & \dfrac{\partial F_x}{\partial roll} & \dfrac{\partial F_x}{\partial yaw} \\ \dfrac{\partial F_y}{\partial pitch} & \dfrac{\partial F_y}{\partial roll} & \dfrac{\partial F_y}{\partial yaw} \end{bmatrix}、\quad X = dX_E = \begin{bmatrix} dpitch \\ droll \\ dyaw \end{bmatrix}、\quad L_i = \begin{bmatrix} -F_x(X_E^o) \\ -F_y(X_E^o) \end{bmatrix}$$

式中，L_i 是利用内外定标参数当前值代入公式计算得到的常数向量；A_i 是误差方程式的系数矩阵；X 代表外定标参数改正数 dX_E；P_i 是观测值的权。

进而得到外定标参数改正数的解为

$$X = \left(\sum_{i=1}^{K} A_i^T P_i A_i \right)^{-1} \left(\sum_{i=1}^{K} A_i^T P_i L_i \right) \tag{7-19}$$

仍需根据解算的改正数不断更新外定标参数，迭代计算直至参数改正数均小于阈值时停止，并根据解算的外定标参数结果更新相机参数文件。对于外定标参数解算来说，线阵相机与面阵相机的模型基本相同，唯一需要注意的是线阵影像每一行的姿态都发生变化，因此对于 (U_x, U_y, U_z) 的计算与面阵相机将有所不同。

3. 内定标参数解算

面阵相机的内定标模型可采用与星相机定标相同的方法，使用恒星控制点两两之间构建惯性坐标系和相机坐标系下的角距，利用角距在不同坐标系下的不变性来求解内方位元素。

线阵相机获取影像每一行对应的姿态不相同，不同星点一般分布于影像的不同行，因此无法采用与姿态无关的星点角距算法进行内定标，仍需以对天成像模型为媒介进行内定标参数解算。与外定标类似，这里令

$$
\begin{pmatrix} V_x \\ V_y \\ V_z \end{pmatrix} = \boldsymbol{R}_{\text{body}}^{\text{cam}} \boldsymbol{R}_{\text{J2000}}^{\text{body}} \begin{pmatrix} \cos\alpha\cos\delta \\ \sin\alpha\cos\delta \\ \sin\delta \end{pmatrix} \tag{7-20}
$$

进而建立外定标参数平差方程：

$$
\begin{cases} G_x(X_I) = \dfrac{V_x}{V_z} - \tan(\varphi_x) \\[3mm] G_y(X_I) = \dfrac{V_y}{V_z} - \tan(\varphi_y) \end{cases} \tag{7-21}
$$

对内定标参数赋初值，这里初值为实验室检校值或初始设计值，将当前外定标参数视为"真值"，将内定标参数视为待求的未知参数。将它们的当前值代入上式，对每个恒星控制点，进行线性化处理，建立误差方程式：

$$
\boldsymbol{V}_i = \boldsymbol{B}_i \boldsymbol{Y} - \boldsymbol{R}_i \qquad \boldsymbol{Q}_i \tag{7-22}
$$

其中，$\boldsymbol{R}_i$ 是利用内外定标参数当前值代入公式计算得到的常数向量；$\boldsymbol{B}_i$ 是误差方程式的系数矩阵；$\boldsymbol{Y}$ 代表内定标参数改正数 dX_I；$\boldsymbol{Q}_i$ 是观测值的权。

进而得到内定标参数改正数的解为

$$
\boldsymbol{Y} = \left(\sum_{i=1}^{K} \boldsymbol{B}_i^{\text{T}} \boldsymbol{Q}_i \boldsymbol{B}_i \right)^{-1} \left(\sum_{i=1}^{K} \boldsymbol{B}_i^{\text{T}} \boldsymbol{Q}_i \boldsymbol{R}_i \right) \tag{7-23}
$$

最小二乘解算仍需根据解算的改正数不断更新内定标参数，迭代计算直至定标参数改正数均小于阈值时停止，并根据解算的定标参数结果更新相机参数文件。

7.5　相机对天定标在轨实验

目前，具备线阵载荷对天定标功能的卫星较少，数据获取不充分，本节在轨实验对象为面阵星相机，基于恒星控制点进行面阵星相机定标参数的解算，所使用的实验数据为资源三号 02 星搭载的星相机，其载荷参数如表 7-6 所示。

表 7-6　实验星相机参数

焦距	43.2mm	畸变参数 k_1	-6.5555925×10^{-9}
尺寸/像素	1024×1024	畸变参数 k_2	4.4808749×10^{-16}
主点位置/像素	(530, 532)	畸变参数 p_1	1.1720241×10^{-7}
像元大小	15μm	畸变参数 p_2	4.0151479×10^{-7}

7.5.1　星点质心提取与匹配实验

经过预处理后,使用矩方法提取星点质心,并结合星相机初值进行星点识别,然后基于单幅星图的星点提取结果,根据坐标转换关系使用简单的最小二乘法进行粗略定姿,得到的残差分布如图 7-4 所示。经过预处理后,x 方向和 y 方向的星点质心提取残差基本在 0.4 个像素之内,平均残差基本为 0 像素,说明单张星图内的质心提取结果具有较强的一致性,能够反映预处理具有较好的效果以及星点质心提取具有较高精度。

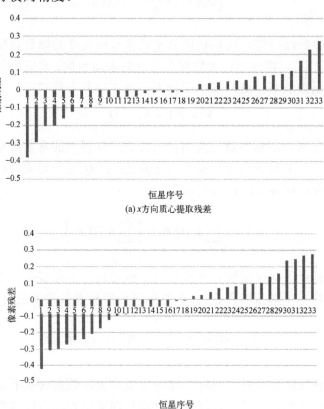

(a) x 方向质心提取残差

(b) y 方向质心提取残差

图 7-4　质心提取残差

　　基于星相机的真实星图和该参数下的仿真星图进行星图匹配，研究星图匹配算法的性能。对于每个星等范围，统计得到的模拟星图内各级星等的星数（即该视场下星表中的星数），与识别得到的各级星等的星数进行对比，得到结果如表 7-7 所示。分析表格可知，导航星库中 6.5 等以下的星基本能够成功识别，而 6.5 等～7 等的星能够识别山的数量有所降低，这是因为星等越高，星越黯淡，越难以被星相机捕获，7 等星已经超过星相机能够捕获到的极限星等，因此星表中记录的 7 等以上星未能全部出现在星图中，或者在阈值分割时被当作噪声舍去。超过或接近星相机最大捕捉星等的星点，本身较暗淡，并没有测量意义，在后续进行姿态解算时最好将其舍去，避免引入过大的星点提取误差。

表 7-7　在轨星图匹配结果

星等范围	星表中的星点数	实际匹配出的星点数
星等≤4.5	9	9
4.5<星等≤5	4	4
5<星等≤5.5	9	7
5.5<星等≤6	13	11
6<星等≤6.5	40	33
6.5<星等≤7	62	41

　　算法中使用的星点匹配算法主要受到星图中星点密度的影响，当星点密度过高时，容易出现一个窗口内存在两颗匹配星的情况，或者一个窗口内存在误匹配星的情况，此时可能发生质心提取误匹配。基于以上可能，对本书的算法进行验证，假设姿态初值存在一定的误差，基于这个误差设置星点匹配窗口的大小，而后基于仿真星图进行星图匹配实验。首先设置姿态初值的误差为 70 个像素，然后逐步减少仿真星图中的星点数，得到的匹配结果如表 7-8 所示。其中，匹配率定义为匹配得到的星点数与仿真星图中的星点总数比值，反映了星图匹配算法能否尽可能识别出较多的星，可见，星点密度较大时，星图匹配的匹配率会受到影响，成功匹配的星数会降低，一定程度上影响星相机的姿态解算精度，因为此时可能存在一个匹配窗口内出现两颗恒星的情况，这种情况下，为了保证星点的匹配准确率，算法会将这两颗恒星全部舍去，避免引入匹配误差。

表 7-8　输入星点与匹配性能关系

仿真星图星点数	匹配星点数	匹配率
64	57	0.890625
34	31	0.911764706

续表

仿真星图星点数	匹配星点数	匹配率
19	18	0.947368421
12	11	0.916666667
4	4	1

然而事实上，姿态初值的误差很少会高达 70 个像素，一般的星相机视场角为 8°×8°，单像素尺寸为十几角秒级或几十角秒级，星敏定标前，姿态初值的精度一般至少能够达到几十角秒，折算为像素一般小于 20 个像素，当设置姿态初值误差为 20 像素时，使用仿真星图得到的匹配结果情况如表 7-9 所示。

表 7-9 输入星点与匹配性能关系

仿真星图星点数	匹配星点数	匹配率
64	64	1
34	34	1
19	19	1
12	12	1
4	4	1

可见，当星相机的姿态初值具备较为正常的精度时，星图匹配算法一般不会出现误匹配，且具有较高的匹配率，能够尽可能地将视场中的恒星正确匹配。此外，绝大多数星图匹配算法受到星点质心提取精度的影响，当星相机角分辨率较低，导致星点质心提取精度较低时，构建的星模式容易发生重复，从而造成误匹配，这种误匹配对于相机定标来说可能是致命的，因为将引入较大的粗差，导致相机定标算法无法收敛，或者解算出的参数与真实参数相差千里。针对这种问题，基于在轨获取的真实星图，在星点质心提取算法中人为加入随机误差，测试本节星图匹配算法对于星点质心提取误差的容忍能力，测试情况如表 7-10 所示。

表 7-10 星点质心提取误差与匹配性能关系

随机误差范围	匹配星点数	与不添加误差时的区别星点数
0(不添加误差)	31	0
−0.5～0.5	31	0
−1～1	31	0
−1.5～1.5	31	0
−2～2	31	0
−2.5～2.5	31	0

可见这里的星图匹配算法几乎不会受到星点质心提取误差的影响。这是因为该算法本质上并没有构建复杂的星模式，且匹配基本只受到像素距离的影响，星点质心提取误差不会被相机参数放大。相比星点质心提取误差，姿态初值误差可能会对算法精度产生影响，但姿态初值本身就具备一定的初始精度，基于这种初始精度，直接开辟窗口进行星图匹配，当窗口大小远远大于星点质心提取误差时，则匹配准确率将完全不会受到影响。

与此相反，对于较为传统的三角形算法，星点质心提取误差将严重影响匹配结果，较大误差的星点质心坐标将被相机参数放大，给折算出的星点角距引入较大的误差，使匹配极易出现多解或者无解的情况，对于星模式星图匹配算法，星点质心的误差也将影响星模式的构建，同样会造成多解或无解的现象。

7.5.2　星相机几何定标实验

星相机定标的最终目的是求解精确的相机姿态，因此本节以星相机定姿的精度来衡量星相机定标算法的有效性。一般使用星相机夹角的中误差作为星相机定姿精度的评价指标。资源三号 02 星上搭载三个星相机，本次对星相机 A 进行处理，计算星相机 A 与星相机 B、C 的夹角中误差作为姿态评价标准。

星敏夹角中误差定义为待评价星相机的光轴与同一时刻卫星上其他星敏感器的光轴的夹角的中误差，通过计算每一幅星图的星相机光轴指向，并计算其与其他星敏的光轴指向的夹角，来获得多个星敏夹角值，进而计算出夹角值的中误差来作为评价指标。待评价星相机的光轴指向由常用的定姿算法计算而出，其他星敏的光轴指向可直接由星上下传获得。

星敏夹角中误差的计算步骤如下：①使用本书中的算法进行星相机定标；②使用姿态差值算法处理星相机 B 和星相机 C 输出的姿态数据，使这些姿态数据与在轨获取用于实验的星图具有相同的时间；③使用目前通用的最小二乘姿态解算算法，结合本书算法得到的定标参数处理星相机 A 输出的星图数据，解算得到每张星图的姿态四元数；④利用星相机 A、星相机 B、星相机 C 对应的姿态数据，分别计算星相机 A 和星相机 B、星相机 A 和星相机 C 的光轴夹角，得到光轴夹角序列 AB、AC；⑤计算序列 AB 和序列 AC 的夹角中误差，即得到星敏夹角中误差。

这种姿态精度评价方法较为常用，进行在轨试验时，星敏 B 和星敏 C 的硬件性能远远高于星相机 A 的性能，因此可以认为星敏 B 和星敏 C 输出的姿态无误差，星敏夹角中误差的主要来源是星相机 A 的定姿误差。首先，进行星相机 A 的定标，解算得到星相机 A 的主距和镜头畸变参数，而后，将定标参数带入星相机成像模型，计算星相机的姿态，最后与星相机 B 和 C 进行夹角计算，得到的实验结果如表 7-11 和表 7-12 所示。通过分析实验结果可知，每个天区的星敏夹角中误差均为角秒级，能够反映出星相机的定标精度和定姿精度均达到了较高水平，验证了星图数据定标算法的可行性以及处理结果的精确性。

表 7-11 AB 星敏夹角精度统计

天区	夹角均值/(°)	夹角中误差/(″)
天区 1	53.30985268	2.183322967
天区 2	53.30905493	2.550807897
天区 3	53.30757347	2.379123001
天区 4	53.30813594	2.515506776
天区 5	53.30898081	2.062516517
天区 6	53.30910557	1.55845853
天区 7	53.30876694	1.975583789
天区 8	53.30832532	2.010622526

表 7-12 AC 星敏夹角精度统计

天区	夹角均值/(°)	夹角中误差/(″)
天区 1	32.81685055	2.125618006
天区 2	32.81686768	2.533964664
天区 3	32.81749868	2.079844402
天区 4	32.81701275	2.688000807
天区 5	32.81657171	2.944701102
天区 6	32.81863307	1.770258503
天区 7	32.81879863	2.389730298
天区 8	32.81888709	2.573403694

本节仅以星相机为例进行相机对天定标的具体实验，若将实验中的星相机换为面阵对地相机，同样可以使用本节中的算法获得类似的结果，但验证精度时，由于地相机更重视的是绝对和相对定位精度，因此可以使用地相机定标后的参数生产与定标景时间最接近的对地影像，结合参考影像评价对地影像的绝对和相对定位精度即可。

综合来说，星地相机定标的基本模型差别不大，均源自传统成像共线方程，仅在内外定标、线阵面阵定标方面有所差别。目前星相机对天定标的算法已经基本成熟，面阵地相机对天定标的算法一定程度上可以直接沿用星相机定标算法，但线阵推扫地相机方面，由于目前国内外在轨真实数据的缺乏，仍需等待硬件方面具备更成熟的条件时再进行深入研究。

7.6　本　章　小　结

　　本章介绍星相机、地相机对天定标的基本流程，介绍面阵、线阵相机对天成像的基本模型，并对星点质心提取、星图匹配、参数解算等重点技术展开讨论分析，从各个方位阐述线阵相机和面阵相机基于恒星控制点定标技术的详细原理，最后基于资源三号卫星星相机的数据进行星相机定标的实验，从真实数据的角度论证本章中相机对天定标各种技术的可行性。

参 考 文 献

樊萌, 2020. 基于 Scilab/Xcos 的星敏感器星图识别仿真研究[D]. 太原: 中北大学.

蒋梦源, 2020. 大视场 CCD 星图处理方法研究[D]. 西安: 中国科学院大学(中国科学院国家授时中心).

凌兆芬, 萧耐园, 1999. 依巴谷星表和第谷星表的特征和意义[J]. 天文学进展, 1: 25-32.

刘佳成, 2012. 新天文参考系若干问题的研究[D]. 南京: 南京大学.

任磊, 徐天河, 龚建, 等, 2020. Gaia DR2 星表在数字天顶摄影定位中的应用[J]. 测绘科学技术学报, 37(3): 226-231.

施云颖, 2019. 基于 Gaia DR2 数据的 PPMXL 和 UCAC5 星表的系统误差研究[D]. 南京: 南京大学.

叶宋杭, 高原, 孙朔冬, 等, 2019. 基于均匀分布的星敏感器导航星库建立研究[C]//2019 年红外、遥感技术与应用研讨会暨交叉学科论坛论文集, 356-361.

Guan Z, Jiang Y, Wang J, et al, 2019. Star-based calibration of the installation between the camera and star sensor of the luojia 1-01 satellite[J]. Remote Sensing, 11(18):2081.

Wang M, Cheng Y F, Yang B, et al, 2015. On-orbit calibration approach for star cameras based on the iteration method with variable weights[J]. Applied Optics, 54(21): 6425-6432.

第 8 章 在轨几何定标软件系统及工程应用

8.1 引　言

几何定标软件系统是光学遥感卫星数据地面处理系统的重要组成部分，主要负责为数据处理系统提供精确的几何成像参数，以确保数据处理系统所生产卫星影像产品的几何质量。针对我国资源、高分、遥感和海洋等系列光学遥感卫星的几何定标需求，本团队在突破多种成像体制光学卫星高精度几何定标关键技术的基础上，研制了一套光学卫星几何定标软件系统，具备线阵推扫式、线阵摆扫式、面阵推帧式和面阵摆帧式光学成像卫星几何定标功能，已成功应用于我国近 30 颗军民光学遥感卫星几何定标处理中，其中，最复杂的线阵卫星载荷有近 40 片 CCD 探测器、最复杂面阵卫星载荷有近 10 片 CMOS 探测器。

本章将重点介绍课题组研制的光学遥感卫星几何定标软件系统，目前该软件系统支持基于定标场参考数据和基于恒星观测值的几何定标，后续自主几何定标功能将陆续接入，下面主要介绍软件的系统组成、系统功能和工程应用等。

8.2 系 统 介 绍

8.2.1 系统概述

光学遥感卫星数据由星上下传至地面之后，数据处理系统需要在线完成卫星影像产品的生产。相比于数据处理系统的实时性，当前的几何定标软件系统往往采用离线处理方式。当产品质量检测系统在线检测发现卫星影像存在几何质量问题（如几何定位精度超限、波段配准错位）时，需利用准备好的待定标影像、辅助数据、相机参数和高精度参考数据等，计算获得卫星载荷的精确几何成像参数，并将其更新部署至数据处理系统中。

随着用户对卫星影像几何质量要求的不断提升，常态化在轨定标已成为必要需求，这也要求定标软件系统具备在线处理能力。因此，本团队的几何定标软件系统采用松耦合方式进行设计和研制，人机交互部分仅为用户提供最简单的数据输入功能，系统算法部分可进行跨平台移植，软件系统主界面如图 8-1 所示。

图 8-1　几何定标软件系统主界面

光学遥感卫星几何定标软件系统具有如下特点。

①支持多种成像体制卫星。几何定标软件系统可以用于线阵推扫式、线阵摆扫式、面阵推帧式和面阵摆帧式成像模式光学卫星的几何定标处理。

②支持对地和对天定标。几何定标软件系统可以利用卫星载荷对地球拍摄的和对恒星拍摄的待定标影像数据进行几何定标处理。

③可自动完成几何定标。用户在几何定标软件系统中输入待定标影像数据和高精度参考影像等数据，软件系统可以自动完成光学卫星几何定标处理。

④算法模块可跨平台移植。几何定标软件系统中的算法模块可以在 x64 或 ARM 架构的 Windows 和 Linux 操作系统下执行，可直接集成至在线定标处理流程当中，实现光学遥感卫星常态化几何定标处理。

8.2.2　系统组成

光学遥感卫星几何定标软件系统组成如图 8-2 所示，其中，线阵推扫卫星定标软件、线阵摆扫卫星定标软件、面阵推帧卫星定标软件和面阵摆帧卫星定标软件分别用于四种成像体制光学卫星的几何定标处理，几何质量评定软件主要用于评定卫星影像产品的几何质量。

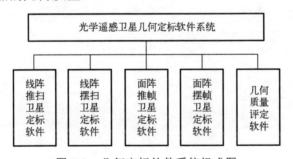

图 8-2　几何定标软件系统组成图

8.2.3　系统功能

1. 线阵推扫卫星定标软件

1）软件概述

线阵推扫卫星定标软件根据线阵推扫卫星的器件结构及其成像机理，构建几何定标模型，从地面参考数据、恒星星库或已定标参考影像中提取控制点，精确求解出卫星载荷的几何成像参数，并对几何定标精度进行评定。

2) 软件功能

线阵推扫卫星定标软件主要由单波段绝对定标模块、双相机相对定标模块和多光谱相对定标模块组成。

(1) 单波段绝对定标模块。

单波段绝对定标模块主要用于线阵推扫式光学卫星全色相机分片探测器或者多光谱相机单个波段分片探测器的绝对几何定标处理，其主界面如图 8-3 所示。

图 8-3　单波段绝对定标模块主界面

相机类型支持全色相机和多光谱相机两种类型。对于多光谱相机，需要指定对哪一个波段的分片探测器进行绝对几何定标处理。定标类型包括内外定标、内定标和外定标三种。内定标只解算每一片线阵探测器的探元指向角系数，外定标只解算相机安装参数，内外定标同时解算相机安装参数和探元指向角系数。对于对地/对天定标模式，可以根据实际情况，选择合适的定标类型。

单波段绝对定标模块允许用户指定控制点提取时的影像起始行号、匹配行数和定标次数。模块根据用户指定的参数确定控制点提取范围，并根据指定的定标次数循环执行控制点提取、定标解算和定标检验。若定标检验合格，提示"定标成功"，否则提示"定标失败"。在用户未指定这些参数的情况下，模块先计算待定标影像和参考数据之间的重叠范围，获得可以执行控制点提取的有效影像区域。然后，根据指定的匹配行数，在有效区域内循环执行控制点提取、定标解算和定标检验，直到定标检验合格，并提示"定标成功"，否则提示"定标失败"。

(2) 双相机相对定标模块。

双相机相对定标模块主要用于两台相机(如全色和多光谱相机)分片探测器之间的相对几何定标处理，以确保两台相机影像之间的几何配准精度，其主界面分别如图 8-4 所示。

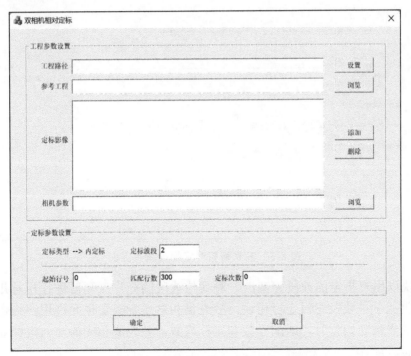

图 8-4　双相机相对定标模块主界面

模块以用户指定的单波段绝对定标工程中已完成定标的一台相机为基准，对另一台相机某个波段的分片探测器进行相对几何定标处理。双相机相对定标模块需要用户指定基准相机分片影像所在的单波段绝对定标工程文件和待定标相机的波段号。类似于单波段绝对定标模块，双相机相对定标模块也允许用户指定控制点提取时的影像起始行号、匹配行数和定标次数，并完成相应的几何定标。

(3) 多光谱相对定标模块。

多光谱相对定标模块主要用于多光谱相机不同波段分片探测器之间的相对几何定标，以确保多光谱影像之间的波段配准精度，其主界面分别如图 8-5 所示。

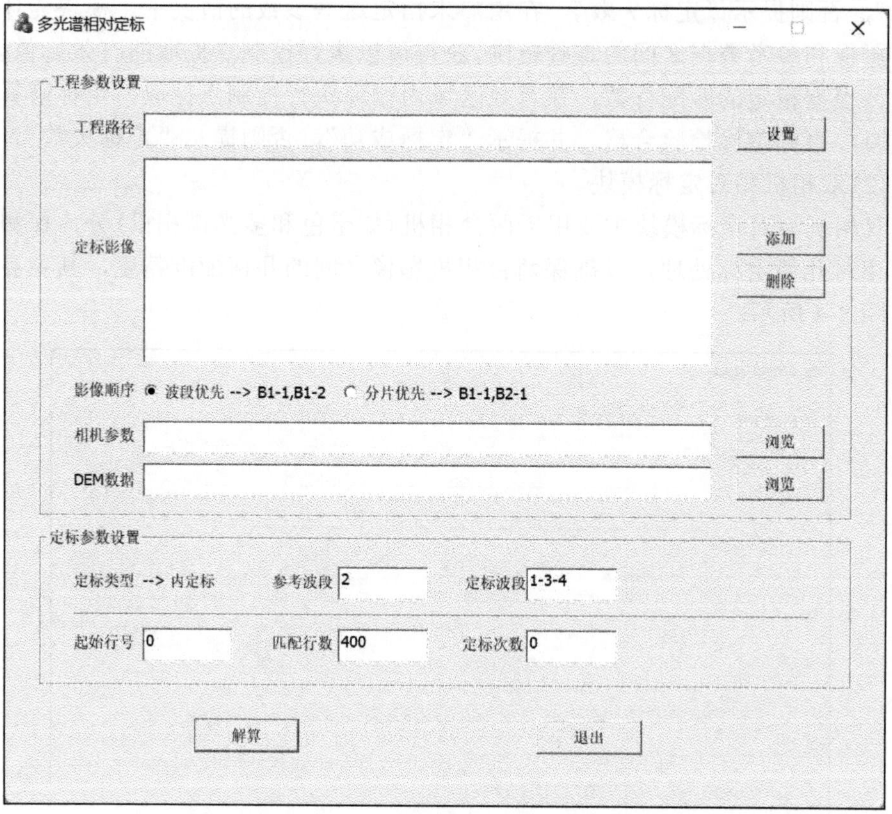

图 8-5　多光谱相对定标模块主界面

模块以用户指定的波段为基准，对其他波段的分片探测器进行相对几何定标处理。类似于单波段绝对定标模块，多光谱相对定标模块也允许用户指定控制点提取时的影像起始行号、匹配行数和定标次数，并完成相应的几何定标处理。

3) 软件接口

线阵推扫卫星定标软件的输入输出接口如表 8-1 所示。

表 8-1　线阵推扫卫星定标软件输入输出接口

模块名称	接口类型	参数名称	备注
单波段绝对 定标模块	输入	待定标影像	分片分波段的影像文件
		影像 RPC 参数	分片分波段影像对应的定位文件

续表

模块名称	接口类型	参数名称	备注
单波段绝对 定标模块	输入	影像辅助参数	卫星姿态、轨道和行时参数文件
		初始相机参数	根据相机设计值计算获得
		参考数据	对地定标时，为 DOM 和 DEM 数据； 对天定标时，为恒星星库文件
	输出	精确相机参数	定标后的相机参数文件
		定标精度报告	定标精度和控制点残差文件
双相机相对 定标模块	输入	单波段绝对定标工程	单波段绝对定标时的所有输入参数及输出的相 机参数文件
		待定标影像	分片分波段的影像文件
		影像 RPC 参数	分片分波段影像对应的定位文件
		影像辅助参数	卫星姿态、轨道和行时参数文件
		初始相机参数	根据相机设计值计算获得
	输出	精确相机参数	定标后的相机参数文件
		定标精度报告	定标精度和控制点残差文件
多光谱相对 定标模块	输入	待定标影像	分片分波段的影像文件
		影像 RPC 参数	分片分波段影像对应的定位文件
		影像辅助参数	卫星姿态、轨道和行时参数文件
		初始相机参数	参考波段的相机参数由单波段绝对定标或双相 机相对定标获得，其余波段的相机参数由相机 设计值计算获得
		DEM 数据	影像覆盖区域的数字高程数据
	输出	精确相机参数	定标后的相机参数文件
		定标精度报告	定标精度和控制点残差文件

2. 线阵摆扫卫星定标软件

1) 软件概述

线阵摆扫卫星定标软件根据线阵摆扫卫星的器件结构及其成像机理，构建几何定标模型，从地面参考数据、恒星星库或已定标参考影像中提取控制点，精确求解出卫星载荷的几何成像参数，并对几何定标精度进行评定。

2) 软件功能

线阵摆扫卫星定标软件主要由单波段绝对定标模块组成，主要用于线阵摆扫式光学卫星全色相机分片探测器或者多光谱相机单个波段分片探测器的绝对几何定标处理，其主界面如图 8-6 所示。

相机类型支持全色相机和多光谱相机两种类型。对于多光谱相机，需要指定对哪一个波段的分片探测器进行绝对几何定标处理。定标类型包括内外定标、内定标、外定标和摆镜定标四种。内定标只解算每一片线阵探测器的探元指向角系数，外定标只解算相机安装参数，内外定标同时解算相机安装参数和探元指向角系数，摆镜定标解算摆镜的摆动参数。对于对天/对地定标模式，可以根据实际情况，选择合适的定标类型。

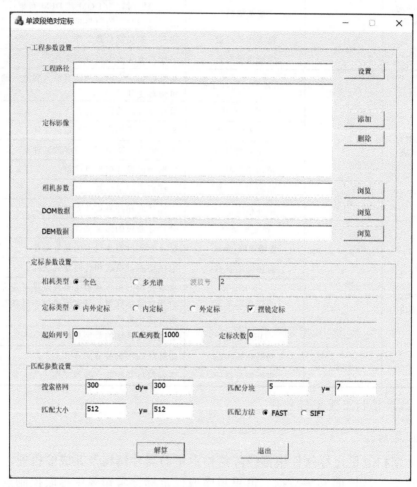

图 8-6 单波段绝对定标模块主界面

单波段绝对定标模块允许用户指定控制点提取时的影像起始列号、匹配列数和定标次数。模块根据用户指定的参数确定控制点提取的影像范围，并根据指定的定标次数循环执行控制点提取、定标解算和定标检验处理。若定标检验合格，提示"定标成功"，否则提示"定标失败"。在用户未指定这些参数的情况下，模块先计算待定标影像和参考数据之间的重叠范围，获得可以执行控制点提取的有效影像区域。然后，根据指定的匹配列数，在有效区域内循环执行控制点提取、定标解算和定标检验处理，直到定标检验合格。当定标检验合格后，提示"定标成功"，否则提示"定标失败"。

　　3）软件接口

线阵摆扫卫星定标软件的输入输出接口如表 8-2 所示。

表 8-2　线阵摆扫卫星定标软件输入输出接口

模块名称	接口类型	参数名称	备注
单波段绝对 定标模块	输入	待定标影像	分片分波段的影像文件
		影像定位参数	分片分波段影像对应的经纬度格网文件
		影像辅助参数	卫星姿态、轨道和行时参数文件
		卫星摆镜参数	卫星摆镜参数文件
		初始相机参数	根据相机设计值计算获得
		参考数据	对地定标时，为 DOM 和 DEM 数据； 对天定标时，为恒星星库文件
	输出	精确相机参数	定标后的相机参数文件
		定标精度报告	定标精度和控制点残差文件

3. 面阵推帧卫星定标软件

　　1）软件概述

面阵推帧卫星定标软件根据面阵推帧卫星的器件结构及其成像机理，构建几何定标模型，从地面参考数据、恒星星库或已定标参考影像中提取控制点，精确求解出卫星载荷的几何成像参数，并对几何定标精度进行评定。

　　2）软件界面

面阵推帧卫星定标软件由单波段绝对定标模块组成，其主界面如图 8-6 所示。

　　3）软件功能

单波段绝对定标模块主要用于面阵推帧式光学卫星全色相机分片探测器或者多光谱相机单个波段分片探测器的绝对几何定标处理。

相机类型支持全色相机和多光谱相机两种类型。对于多光谱相机，同样需要指定对哪一个波段的分片探测器进行绝对几何定标处理。定标类型包括内外定标、内定标和外定标三种。内定标只解算每一片线阵探测器的探元指向角系数，外定标只解算相机安装参数，内外定标同时解算相机安装参数和探元指向角系数。对于对天/对地定标模式，可以根据实际情况，选择合适的定标类型。

　　4）软件接口

面阵推帧卫星定标软件的输入输出接口如表 8-3 所示。

表 8-3 面阵推帧卫星定标软件输入输出接口

模块名称	接口类型	参数名称	备注
单波段绝对定标模块	输入	待定标影像	分片分波段的影像文件
		影像 RPC 参数	分片分波段影像对应的定位文件
		影像辅助参数	卫星姿态、轨道和行时参数文件
		初始相机参数	根据相机设计值计算获得
		参考数据	对地定标时，为 DOM 和 DEM 数据；对天定标时，为恒星星库文件
	输出	精确相机参数	定标后的相机参数文件
		定标精度报告	定标精度和控制点残差文件

4. 面阵摆帧卫星定标软件

1）软件概述

面阵摆帧卫星定标软件根据面阵摆帧卫星的器件结构及其成像机理，构建几何定标模型，从地面参考数据、恒星星库或已定标参考影像中提取控制点，精确求解出卫星载荷的几何成像参数，并对几何定标精度进行评定。

2）软件功能

面阵摆帧卫星定标软件主要由单波段绝对定标模块组成，主要用于面阵摆帧式光学卫星全色相机分片探测器或者多光谱相机单个波段分片探测器的绝对几何定标处理，其主界面如图 8-6 所示。

相机类型支持全色相机和多光谱相机两种类型。对于多光谱相机，需要指定对哪一个波段的分片探测器进行绝对几何定标处理。定标类型包括内外定标、内定标、外定标和摆镜定标四种。内定标只解算每一片线阵探测器的探元指向角系数，外定标只解算相机安装参数，内外定标同时解算相机安装参数和探元指向角系数，摆镜定标解算摆镜的摆动参数。对于对天/对地定标模式，可以根据实际情况，选择合适的定标类型。

3）软件接口

面阵摆帧卫星定标软件的输入输出接口如表 8-4 所示。

5. 几何质量评定软件

1）软件概述

几何质量评定软件主要用于评定卫星影像产品的影像定位精度、波段配准精度、片间拼接精度和立体相对精度等几何指标，并提供精度报告查看功能。

表 8-4　面阵摆帧卫星定标软件输入输出接口

模块名称	接口类型	参数名称	备注
单波段绝对定标模块	输入	待定标影像	分片分波段的影像文件
		影像 RPC 参数	分片分波段影像对应的定位文件
		影像辅助参数	卫星姿态、轨道和行时参数文件
		卫星摆镜参数	卫星摆镜参数文件
		初始相机参数	根据相机设计值计算获得
		参考数据	对地定标时，为 DOM 和 DEM 数据；对天定标时，为恒星星库文件
	输出	精确相机参数	定标后的相机参数文件
		定标精度报告	定标精度和控制点残差文件

2) 软件功能

几何质量评定软件主要由影像定位精度评定模块、波段配准精度评定模块、片间拼接精度评定模块、立体相对精度评定模块和精度报告查看模块组成。

(1)影像定位精度评定模块。

影像定位精度评定模块主要用于评定卫星影像产品的绝对和相对几何定位精度，其主界面如图 8-7 所示。

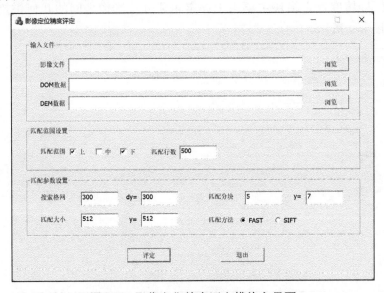

图 8-7　影像定位精度评定模块主界面

(2)波段配准精度评定模块。

波段配准精度评定模块主要用于评定全色和多光谱影像之间以及多光谱影像不同波段之间的波段配准精度，其主界面如图 8-8 所示。

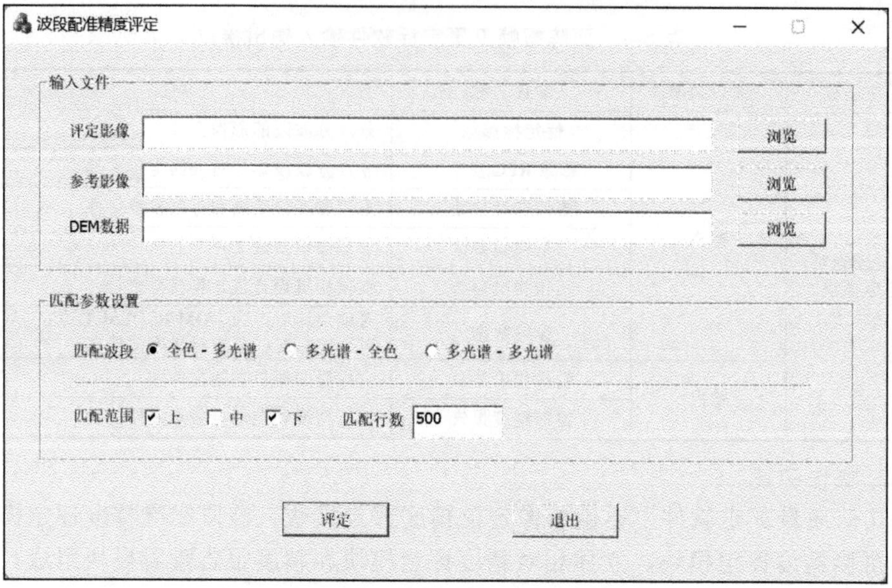

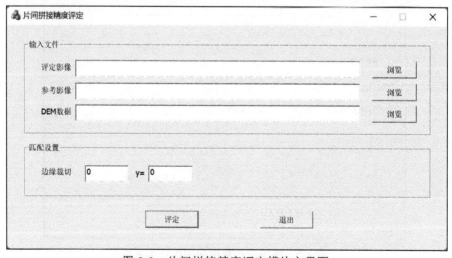

图 8-8　波段配准精度评定模块主界面

(3) 片间拼接精度评定模块。

片间拼接精度评定模块主要用于评定相邻分片影像之间的几何拼接精度，其主界面如图 8-9 所示。

图 8-9　片间拼接精度评定模块主界面

(4) 立体相对精度评定模块。

立体相对精度评定模块主要用于评定双线阵立体影像、三线阵立体影像、全色和多光谱影像之间的相对几何精度，其主界面如图 8-10 所示。

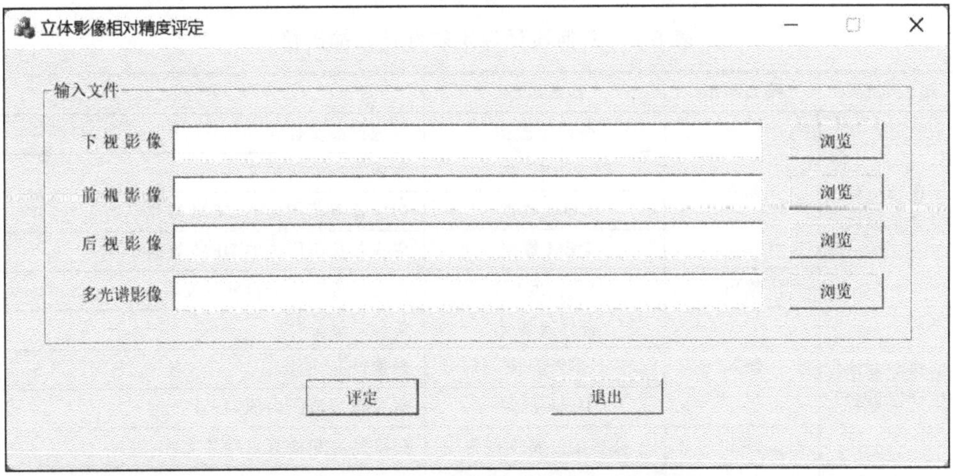

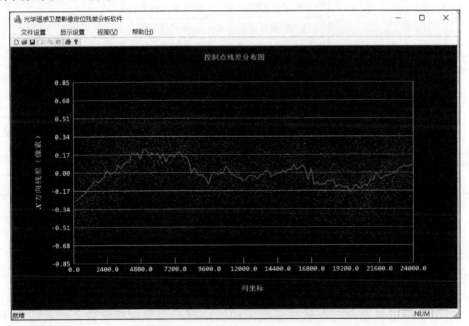

图 8-10　立体相对精度评定模块主界面

（5）精度报告查看模块。

精度报告查看模块主要用于查看精度评定过程中的检查点残差分布情况，其主界面如图 8-11 所示。

图 8-11　精度报告查看模块主界面

3）软件接口

几何质量评定软件的输入输出接口如表 8-5 所示。

表 8-5　几何质量评定软件输入输出接口

模块名称	接口类型	参数名称	备注
影像定位精度评定模块	输入	待评定影像	影像产品文件
		影像 RPC 参数	影像对应的定位文件
		DOM 数据	影像覆盖范围内的 DOM 数据
		DEM 数据	影像覆盖范围内的 DEM 数据
	输出	定位精度报告	定位精度和检查点残差文件
波段配准精度评定模块	输入	待评定影像	影像产品文件
		参考影像	影像产品文件
		DEM 数据	影像覆盖范围内的 DEM 数据
	输出	波段配准精度报告	配准精度和检查点残差文件
片间拼接精度评定模块	输入	待评定影像	影像产品文件
		参考影像	影像产品文件
		DEM 数据	影像覆盖范围内的 DEM 数据
	输出	片间拼接精度报告	拼接精度和检查点残差文件
立体相对精度评定模块	输入	下视影像	影像产品文件
		下视影像 RPC 参数	影像对应的定位文件
		前视影像	影像产品文件
		前视影像 RPC 参数	影像对应的定位文件
		后视影像	影像产品文件
		后视影像 RPC 参数	影像对应的定位文件
		多光谱影像	影像产品文件
		多光谱影像 RPC 参数	影像对应的定位文件
	输出	立体相对精度报告	立体相对精度和检查点残差文件
精度报告查看模块	输入	精度报告	精度评定模块输出的精度报告
	输出	残差分布	检查点残差分布图

8.3　工 程 应 用

8.3.1　线阵推扫卫星几何定标

　　光学遥感卫星几何定标软件系统中的线阵推扫卫星定标软件已成功应用于高分系列、资源系列、遥感系列和海洋系列等多颗卫星的几何定标处理。本节以高分六号卫星全色相机为例,介绍线阵推扫卫星定标软件的工程应用。

　　高分六号卫星全色相机几何定标的输入数据具体包括分片影像文件、影像对应辅助数据文件、初始相机参数文件、DOM 数据文件和 DEM 数据文件等，数据示例如图 8-12 所示。

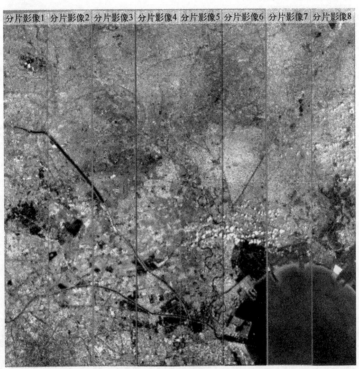

(a) 分片影像

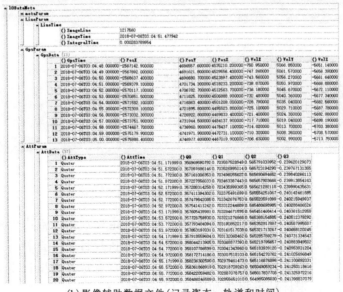

(b) 影像辅助数据文件（记录姿态、轨道和时间）

```
nCamPoly=5
bandCount=1
sensorCount=8
angleBiasRoll=0.000000000000000000
angleBiasPitch=-5.285499999999999900
angleBiasYaw=0.000000000000000000
angleBiasR:9.958133785998484200e-001 4.107493604244751200e-004 9.140867730427915100e-002 -4.6769521969883813
width=48312
lookAngleX: 3.944041753457749900e-003 0.000000000000000000e+000 0.000000000000000000e+000 0.00000000000000000
lookAngleY: 7.375142517851385200e-002 -3.056489497908980100e-006 -0.000000000000000000e+000 0.00000000000000000
width=6144
lookAngleX: 8.004605834582745300e-007 -8.824301020573973800e-010 1.197329873605280200e-013 -8.98275692834789
lookAngleY: -5.510421261061082500e-002 -3.057910535128301500e-006 6.704151885467699400e-013 -7.2405353179902
width=6144
lookAngleX: -1.412188432259280400e-006 1.047822551374680900e-009 -2.983868251080344000e-013 3.53219945648883
lookAngleY: -3.669154311301858800e-002 -3.059318514025619100e-006 9.065962799647837400e-013 -8.6120247566710
width=6144
lookAngleX: 7.785594020787346300e-007 -3.199548141407892600e-010 -4.296466809758007300e-013 6.11667672290518
lookAngleY: -1.827920543444999700e-002 -3.060211469123504100e-006 1.277265217318479300e-012 -1.1283523870884
width=6144
lookAngleX: -2.504790882706142500e-006 3.072944845542089000e-009 -1.324776276885131900e-012 1.58441731729455
lookAngleY: 1.332211733312549400e-004 -3.058631252450712300e-006 2.959741841447805400e-013 1.08139944934068
width=6144
lookAngleX: -5.842986547435611500e-007 7.436611456555583400e-009 -1.835414305241400300e-012 1.28786602192281
lookAngleY: 1.854635440716644400e-002 -3.060185009688031400e-006 6.821395583914955900e-013 -1.50362172442093
width=6144
lookAngleX: 2.470157665306600200e-006 4.746773548463818900e-009 -9.313646913841704200e-013 2.26063266034620
lookAngleY: 3.695673021866124900e-002 -3.059894072448372500e-006 8.897233139870181700e-013 -4.75238006018138
width=6144
lookAngleX: -1.875152860696260200e-006 6.462619196683264600e-009 -1.121845989437146900e-012 3.44729606942482
lookAngleY: 5.536878746459406000e-002 -3.059509498112671100e-006 6.910404433535109900e-013 -3.32105627662206
width=6144
lookAngleX: 4.824050490471836200e-006 -3.049482566609605200e-006 1.446839698909530500e-012 -1.71854463366537
lookAngleY: 7.377750684467709900e-002 -3.055146391284582800e-006 -7.532476831062138100e-013 1.02036330826586
```

(c) 初始相机参数(记录指向角模型系数)

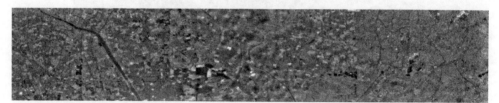

(d) 参考 DOM 数据

(e) 参考 DEM 数据

图 8-12　高分六号卫星全色相机待定标数据

在线阵推扫卫星定标软件中依次输入各项待定标数据，点击"解算"即可自动完成几何定标处理。若定标失败，可以在软件执行目录下查看日志文件，确认失败的具体原因。若定标成功，可在工程目录下查看定标精度报告文件和定标后的相机参数文件，定标精度报告如图 8-13 所示。

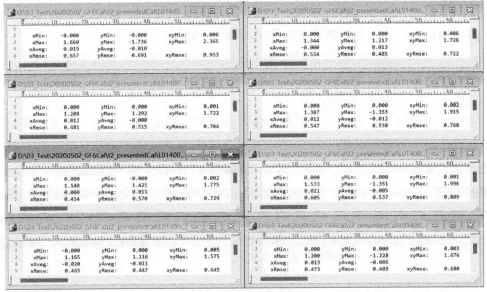

(a) 分片影像定标解算精度

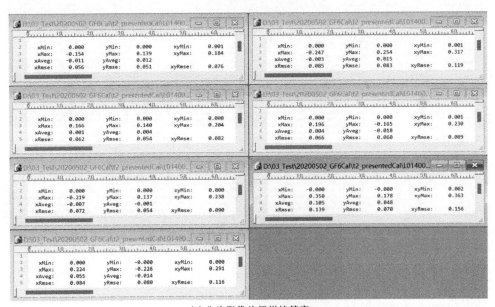

(b) 分片影像片间拼接精度

图 8-13　高分六号卫星全色相机定标精度报告

8.3.2　线阵摆扫卫星几何定标

光学遥感卫星几何定标软件系统中的线阵摆扫卫星定标软件已成功应用于大

气一号卫星宽幅成像光谱仪的几何定标处理。本节以宽幅成像光谱仪中 75m 分辨率的探测器为例，介绍线阵摆扫卫星定标软件的工程应用。

　　大气一号卫星宽幅成像光谱仪几何定标的输入数据具体包括单摆影像文件、影像对应辅助数据文件、初始相机参数文件、DOM 数据文件和 DEM 数据文件等，部分数据示例如图 8-14 所示。

　　在线阵摆扫卫星定标软件中依次输入各项待定标数据，点击"解算"即可自动完成几何定标处理。若定标失败，可以在软件执行目录下查看日志文件，确认

(a)单摆影像(由于影像过长，这里分成四部分表示)

(b)影像辅助数据文件(记录姿态、轨道和时间)

```
type=1
nCamPoly=3
bandCount=1
sensorCount=1
angleBiasRoll=-0.079521943835853981
angleBiasPitch=0.062567728358341873
angleBiasYaw=0.035474298032026405
angleBiasR=9.999992111466060600e-001 -6.206583912481214200e-004 1.092011596526983600e-003 6.191425389335279500e-004 9.99998845
width=20480
height=120
lookAngleX=-6.570000000000000800e-002 5.774637632376217200e-021 1.000000000000000600e-005 -1.693130953414366300e-024 6.638125
lookAngleY=1.240000000000000100e-001 -1.000000000000000600e-005 -3.922924649827910100e-021 -4.098746845108898100e-025 6.24087
width=20480
height=120
lookAngleX=6.826789109535029700e-001 -6.759460996704717100e-005 -1.073105767626812000e-002 3.223353809417721400e-009 9.573665
lookAngleY=5.644330714418828200e+001 -5.512050083935335400e-003 0.000000000000000000e+000 -2.709025759861411100e-011 0.000000
```

(c)初始相机参数(记录指向角模型系数)

(d) 参考 DOM 数据

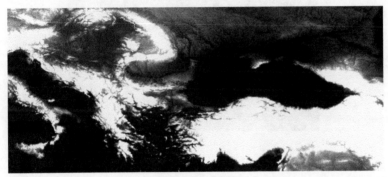

(e) 参考 DEM 数据

图 8-14　大气一号卫星宽幅成像光谱仪待定标数据

失败的具体原因。若定标成功，可在工程目录下查看定标精度报告文件和定标后的相机参数文件，定标精度报告如图 8-15 所示。

```
D:\Figure\DQ1\E5_DQ1_WSI_20220513_491_017_L0000000...
1
2   xMin:    0.001    yMin:   -0.102    xyMin:   0.182
    xMax:   -0.940    yMax:   -1.103    xyMax:   1.281
4   xAveg:  -0.000    yAveg:  -0.000
5   xRmse:   0.434    yRmse:   0.593    xyRmse:  0.735
```

图 8-15　大气一号卫星宽幅成像光谱仪定标精度报告

8.3.3　面阵推帧卫星几何定标

光学遥感卫星几何定标软件系统中的面阵推帧卫星定标软件已成功应用于我国高分四号、高分十二号等卫星的几何定标处理。本节以高分四号卫星全色相机为例，介绍面阵推帧卫星定标软件的工程应用。

　　高分四号卫星全色相机几何定标的输入数据具体包括分片影像文件、影像对应辅助数据文件、初始相机参数文件、参考 DOM 数据文件和 DEM 数据文件等，数据示例如图 8-16 所示。

(a)分片影像

		GpsTime	PosX	PosY	PosZ	VelX	VelY	VelZ
	1	2021-10-17T02:28:19.500000	-11385980.505380019546	40587372.025774806738	-21316.294869202673	-1.262046849984	-1.249666816649	-0.558233377178
	2	2021-10-17T02:28:29.700000	-11385541.480046531186	40587486.197042659259	-21321.698292310063	-1.263457679278	-1.248343616665	-0.557089087874
	3	2021-10-17T02:28:40.000000	-11384806.213540029193	40587682.187052278069	-21327.489768054787	-1.265076564629	-1.247966108681	-0.555944564546
	4	2021-10-17T02:28:49.200000	-11383076.983645916965	40588159.506804009736	-21332.274463231493	-1.266326120746	-1.247645544375	-0.554963252560

		AttType	AttTime	Roll	Pitch	Yaw	VelRoll	VelPitch	VelYaw
	1	Euler	2021-10-17T02:28:20.321900	0.107515737676	0.020767149171	-0.000004607669	0.000000000000	0.000000383972	-0.00002303836
	2	Euler	2021-10-17T02:28:30.305900	0.107512281923	0.020775596664	-0.000002303835	-0.000000383972	-0.000009983283	0.000000383972
	3	Euler	2021-10-17T02:28:40.290000	0.107511130006	0.020768301088	-0.00001151917	-0.000001635890	-0.000007295476	0.000000383972
	4	Euler	2021-10-17T02:28:49.890100	0.107514201785	0.020772140812	-0.00003071779	-0.00001151917	-0.000010761228	-0.000000767945

(b)影像辅助数据文件(记录姿态、轨道和时间)

```
type=1
nCamPoly=3
bandCount=1
sensorCount=1
angleBiasRoll=0.118193568243271040
angleBiasPitch=-2.366993255673837100
angleBiasYaw=-0.509148342800508470
angleBiasR:9.991065814628754500e-001 8.963809333809197000e-003 4.129998789096453500e-002 -8.886179102486983400e-003 9.99958389337
width=10240
height=10240
lookAngleX: -6.717866801775805800e-003 1.331284898762951700e-006 -1.598335708861620600e-008 1.211172777362832700e-012 2.123769015
lookAngleY: -6.937392337936771100e-003 -5.833796092969652900e-009 1.331233733691814500e-006 3.250250994518122200e-012 2.080948804
width=10240
height=10240
lookAngleX: -6.725612248366437400e-003 1.331326114345406400e-006 -2.003851306855807100e-008 3.163864407145716000e-012 2.128513888
lookAngleY: -6.931473980484437200e-003 -8.895090380786000800e-010 1.331393358211784800e-006 1.084020863239359100e-012 2.097693706
```

(c)初始相机参数(记录指向角模型系数)

(d) 参考 DOM 数据

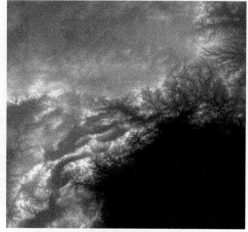

(e) 参考 DEM 数据

图 8-16　高分四号卫星全色相机待定标数据

　　在面阵推帧卫星定标软件中依次输入各项待定标数据，点击"解算"即可自动完成几何定标处理。若定标失败，可以在软件执行目录下查看日志文件，确认失败的具体原因。若定标成功，可在工程目录下查看定标精度报告文件和定标后的相机参数文件，定标精度报告如图 8-17 所示。

```
 D:\Figure\GaoFen4\GF4-PMS-20211017-022842-L00000529...

 1
 2    xMin:     -0.000      yMin:    -0.000      xyMin:     0.003
 3    xMax:      1.169      yMax:    -1.120      xyMax:     1.538
 4    xAveg:     0.000      yAveg:   -0.000
 5    xRmse:     0.459      yRmse:    0.441      xyRmse:    0.637
```

图 8-17　高分四号卫星全色相机定标精度报告

8.4　本 章 小 结

　　本章主要介绍了课题组研制的光学遥感卫星几何定标软件系统及其工程应用情况。首先，详细介绍了几何定标软件系统中线阵推扫卫星定标软件、线阵摆扫卫星定标软件、面阵推帧卫星定标软件、面阵摆帧卫星定标软件和几何质量评定软件等的软件界面、功能和接口等内容。然后，结合几何定标软件系统在我国资源、高分、遥感和海洋等系列光学遥感卫星几何定标处理中的应用情况，简要介绍了几何定标软件系统的工程化应用。

彩 图

(a) B1-B2　　　(b) B3-B2　　　(c) B4-B2　　　(d) B5-B2

(e) B6-B2　　　(f) B7-B2　　　(g) B8-B2

图 4-18　相对定标后宽幅相机波段间配准局部效果

以 B2 波段为参考，灰色显示

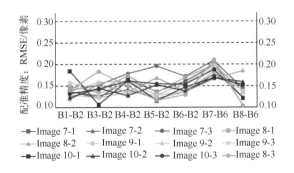

(a) 垂轨方向精度(X方向)

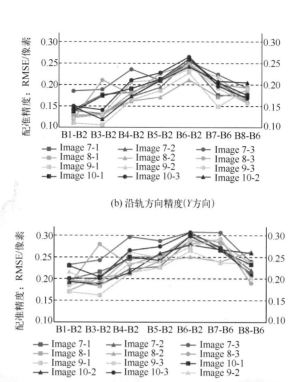

(b) 沿轨方向精度(Y方向)

(c) 平面精度

图 4-19　测试景的波段配准精度

Image7-1：Image7 表示影像编号，-1 表示分块编号，其他类同

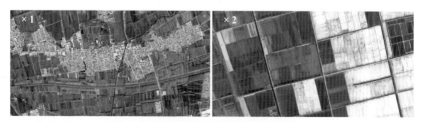

(a)定标前

(b)定标后

图 4-27　多光谱影像的配准(Pi et al., 2022b)

原始图像和 2 倍放大下的图像部分

图 5-13　重叠影像对上同名像点和控制点的分布（皮英冬，2021）

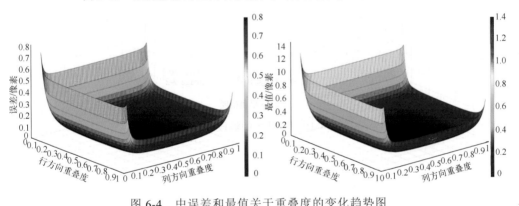

图 6-4　中误差和最值关于重叠度的变化趋势图

图 6-7　高分四号重叠影像及密集同名像点

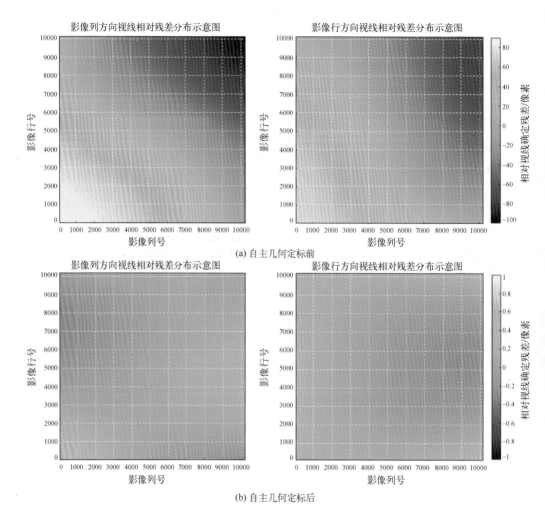

(a) 自主几何定标前

(b) 自主几何定标后

图 6-8　定标前后行列两个方向残差分布和变化趋势图